U0215387

我国林学研究生教育教学改革实践与探索

骆有庆　杨传平　主编

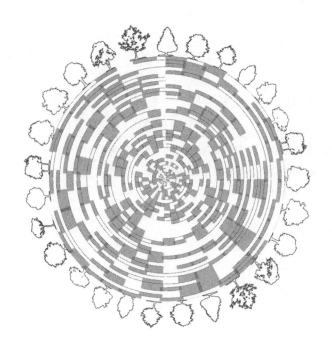

中国林业出版社
China Forestry Publishing House

图书在版编目（CIP）数据

我国林学研究生教育教学改革实践与探索 / 骆有庆，杨传平主编. —北京：中国林业出版社，2018.7
ISBN 978-7-5038-9410-7

Ⅰ．①我… Ⅱ．①国… ②北… Ⅲ．①林学 – 研究生教育 – 教学改革 – 研究 – 中国 Ⅳ．①S7 – 4

中国版本图书馆 CIP 数据核字（2018）第 012468 号

中国林业出版社·教育出版分社
策划、责任编辑：康红梅　　　　　　　电话：83143551

出版发行　中国林业出版社（100009　北京市西城区德内大街刘海胡同 7 号）
　　　　　　E-mail：jiaocaipublic@163.com　电话：（010）83143500
　　　　　　http：//www. lycb. forestry. gov. cn
经　　销　新华书店
印　　刷　中国农业出版社印刷厂
版　　次　2018 年 7 月第 1 版
印　　次　2018 年 7 月第 1 次印刷
开　　本　787mm×1092mm　1/16
印　　张　16.5　　　彩插 12
字　　数　407 千字
定　　价　68.00 元

《我国林学研究生教育教学改革实践与探索》
编研组人员

主　编：骆有庆　第七届国务院学科评议组林学组　　召集人
　　　　　　　　北京林业大学　　　　　　　　　　教授、博士生导师
　　　　杨传平　第七届国务院学科评议组林学组　　召集人
　　　　　　　　东北林业大学　　　　　　　　　　教授、博士生导师

副主编：王兰珍　第七届国务院学科评议组林学组　　秘书
　　　　　　　　北京林业大学研究生院培养处　　　副研究员
　　　　张志强　北京林业大学　　　　　　　　　　教授、博士生导师

编写人员（按姓氏笔画排序）：
　　　　马祥庆　第七届国务院学科评议组林学组　　成员
　　　　　　　　福建农林大学　　　　　　　　　　教授、博士生导师
　　　　方升佐　第七届国务院学科评议组林学组　　成员
　　　　　　　　南京林业大学　　　　　　　　　　教授、博士生导师
　　　　卢孟柱　第七届国务院学科评议组林学组　　成员
　　　　　　　　中国林业科学研究院　　　　　　　研究员、博士生导师
　　　　张　健　第七届国务院学科评议组林学组　　成员
　　　　　　　　四川农业大学　　　　　　　　　　教授、博士生导师
　　　　郭晓敏　第七届国务院学科评议组林学组　　成员
　　　　　　　　江西农业大学　　　　　　　　　　教授、博士生导师
　　　　唐　明　第七届国务院学科评议组林学组　　成员
　　　　　　　　西北农林科技大学　　　　　　　　教授、博士生导师
　　　　魏美才　第七届国务院学科评议组林学组　　成员
　　　　　　　　中南林业科技大学　　　　　　　　教授、博士生导师
　　　　赛江涛　北京林业大学研究生院　　　　　　副研究员

研究工作人员：
　　　　王　晨　北京林业大学自然保护区学院　　　博士研究生
　　　　贾　畅　北京林业大学研究生院
　　　　常新华　北京林业大学研究生院　　　　　　副研究员
　　　　刘翠琼　北京林业大学研究生院　　　　　　副研究员

序

　　研究生教育在国民教育体系中承担着最高层次人才的培养重任，具有一定的学术创新能力是对研究生毕业论文应该具有的基本要求，因此研究生教育是培养创新型高层次人才的重要基地。习近平总书记2018年在中国科学院第十九次院士大会、中国工程院第十四次院士大会上指出："创新决胜未来，改革关乎国运"，他又指出："牢固确立人才引领发展的战略地位，全面聚集人才，着力夯实创新发展人才基础"。创新型人才的培养也是创新性国家建设的重要任务。因此研究生教育必须适应创新性国家建设的需求而进行必要的改革创新。在加快一流大学和一流学科建设，实现高等教育内涵式发展的新形势下，在现代林业转型发展的国际背景下，如何提高林学学科人才培养质量，培育创新能力是我们林业高等教育面临的重要使命。改革开放以来，我国的研究生教育取得了举世瞩目的成就。特别是党的十八大以来，随着2013年教育部、国家发展改革委、财政部《关于深化研究生教育改革的意见》的持续推进，以"服务需求、提高质量"为主线的研究生教育改革更是取得前所未有的成就，我国林学学科研究生教育和学科建设也取得了长足的进步。2016年国务院学位委员会立项支持林学学科评议组开展研究生课程建设情况调研，要求全面摸清研究生的课程设置、教材使用、教学内容、教学方法、评价方式等情况，并结合国际上林学学科研究生课程建设趋势，分析问题，提出对策。

　　林学评议组按照研究生教育改革的任务要求，组织优势力量成立课题组开展调研工作。课题组深入国家级、省部级林业行业管理部门，各级科研、教学部门，及生产第一线的单位，分别调研了培养单位和用人单位的人才管理部门，组织已经从业的林学学科毕业研究生们和已修完课程的在读研究生进行交流研讨。调研内容涵盖林学一级学科专业设置、研究生培养目标、培育大纲、课程建设、教学质量监控与评价、课程教学内容、教学方式、教学手段、满意程度等方方面面；课题组还对欧美等发达国家涉林研究生教育课程情况进行了典型个案调研，并对比我国国情和我国研究生教育现状进行分析。在这些调查、研究、系统分析的基础上，提出我国林学研究生教育教学改革思路与方案，并编著了《我国林学研究生教育教学改革实践与探索》一书。该书从我国林学研究生教育基本情况、我国林学研究生课程建设现状与教学质量、林学研究生课程国内外比较与分析、林学研究生教育课程的借鉴与启示4个方面，系统地对我国和世界主要国家林学学科研究生课程设置、教学模式、教学手段、教学质量监控等进行了系统的比较与分析，对我国目前林学学科研究生培养存在的问题进行了深入的剖析，特别是在此基础上，就我国林学学科研究生课程建设提出了很多很好的改革意见与建议。

该书凝结了第七届国务院学位委员会林学学科评议组各位专家的智慧，也凝结了课题组其他同志的辛勤劳动和付出。我相信，本书的出版一定会对我国未来的林学学科研究生培养起到重要的指导作用。值此书出版之际，祝愿我国的林业研究生教育在改革创新的道路上取得更大的成就！为我国生态文明建设，改善生态环境培养出更多创新能力强的科技支撑人才，为中华民族伟大复兴，实现美丽中国的宏伟目标做出更大贡献！

中国工程院　院士

北京林业大学　原校长

2018 年 6 月

前　言

按照《教育部 国家发展改革委 财政部关于深化研究生教育改革的意见》(教研[2013]1号)精神，2014年教育部下发了《关于改进和加强研究生课程建设的意见》(教研[2014]5号)》。为充分发挥国务院学科评议组在研究生培养中的咨询和指导作用，进一步提高研究生课程教学质量，2016年国务院学位委员会办公室下发了《关于委托有关国务院学位委员会学科评议组开展研究生课程建设情况调研的函》(教研司便字[20160503]号)。国务院学位办要求学科评议组按照一级学科全面摸清本学科研究生的课程设置、教材使用、教学内容、教学方法、评价方式等情况，同时对国外相同或相关学科研究生的课程教学进行调研，分析我国研究生课程教学和管理中存在的主要问题，提出有针对性的指导意见。

林学评议组按照本次调研要求，在召集人单位成立了专项课题组，研究设计了调查问卷，分别面向培养单位、已修完课程的在读研究生、毕业生开展了林学一级学科专业设置及研究生课程建设调研。本次调研对18所国内林学研究生教育主体及涉林研究生培养单位的林学博士、硕士研究生随机发放了调查问卷1690份，回收有效问卷1116份，对有效问卷中的相关信息进行了多角度多维度的统计分析。林学学科评议组成员主要负责调查问卷的框架设计，研究人员主要负责调查问卷的发放、回收、统计、分析。课题组同时对国外高校涉林学科专业设置和课程体系设置也进行了调研。

学科是人才培养和科学研究的基础，随着社会、经济、科技与文化的发展，学科内涵与外延的拓展也与时俱进。作为创新体系生力军的研究生培养质量与学科专业设置密不可分，同时，课程体系与教育方式是保证研究生培养质量的基础。

《我国林学研究生教育教学改革实践与探索》一书是课题组在完成国务院学位办委托的专项调研基础上，对我国林学研究生教育教学改革中取得的成就和存在的问题进行了较全面的分析与总结。同时，通过各种方式方法收集国外高校涉林学科研究生教育的学科设置、课程体系、学分要求、学位授予要求等有关资料，整理出了其中15所具有典型代表性高校涉林学科研究生教育的现状。通过国内外比较与分析，提出了提高我国林学研究生培养质量的建议和对策。

第1章是"我国林学研究生教育基本情况"。从我国学位授权审核制度的发展历史和林学学科专业的演变发展、学位授权单位、学科方向设置、规模与结构、质量保障体系建设、培养条件建设、学位授予质量等方面，对我国林学研究生教育的学科专业设置和人才培养现状进行了总结和回顾。

第 2 章是"我国林学研究生课程建设现状与教学质量"。从培养方案、课程体系设置、课程建设、课程教学质量、培养环节等 5 个方面，对我国林学研究生培养中的课程设置、学分要求、课程建设、教学质量、教学管理等方面进行了全面的分析与评价。重点针对课程教学质量，从课程教学质量的总体满意度、教学内容、授课方式、教学环节、考核方式、外部环境及其它等 7 个方面对我国林学研究生教学质量的现状进行了全面分析，明确了在课程设置、课程教学、课程质量评价、课程建设、外部环境等方面的问题。提出了影响我国林学研究生教育质量的制约因素和主要问题。

第 3 章是"比较与分析"。通过对国外知名高校的涉林研究生的学科专业设置、培养目标、课程体系设置、学分要求等情况展开的广泛调研，对其中 15 所有代表性的高校涉林学科专业设置、培养目标和课程体系设置特点进行了分析和总结。

第 4 章是"借鉴与启示"。他山之石，可以攻玉。依据国内外林学研究生教育的多方面分析与比较，提出了提高我国林业研究生培养质量的建议和对策，期望对各培养单位开展林学研究生教育教学改革、制定培养质量提升方案提供借鉴。

附录中编录了 2016 年课题组关于林学一级学科研究生课程建设现状和教学质量评价的问卷，其中针对在读研究生发放的问卷由"基本信息和总体评价""研究生课程学习的一般描述""开放性问题"3 个部分的问题组成；针对毕业生发放的问卷由"基本信息与总体评价""在校期间研究生课程学习的评价""开放性问题"3 个部分的问题组成；针对培养单位发放的问卷由"林学一级学科招生及课程总体情况""课程开设情况""课程建设情况""课程教学管理与运行"5 个部分组成。

此项研究和编撰工作还得到中国研究生院院长联席会 2016 年的立项资助，该资助也是完成本书的助推剂。同时，对相关调研问卷的设计给予帮助的北京林业大学刘勇教授、李勇研究员，以及在调查问卷的统计分析中给予帮助的北京林业大学数学专业硕士研究生于汝川同学。课题组在此一并表示衷心感谢。

因编著者水平所限，在信息提取的广度、信息分析的精度、问题把握的针对性，以及指导意见方面，定有不完善与偏颇之处，请读者不吝赐教。

编者

2018 年 6 月

目 录

第 1 章
我国林学研究生教育基本情况

1.1　学位授权与学科设置

1.1.1　学位授权审核与学科专业发展

1.1.1.1　学位授权审核

我国的学位授权审核制度是随着高等教育的恢复逐渐发展起来的，自 1981 年国务院学位委员会实施《中华人民共和国学位条例》以来，国务院学位委员会先后组织开展了 11 批博士、硕士学位授权审核工作。经过 30 余年的建设与努力，我国的研究生教育得到了快速发展，根据全国学位与研究生教育质量平台 2017 年 3 月 25 日公布的数据，我国现有学术学位授权点 11 751 个，其中博士学位授权一级学科点 2991 个，博士学位授权二级学科点 535 个，硕士学位授权一级学科点 5623 个，硕士学位授权二级学科点 2602 个；专业学位授权点 7552 个，其中专业学位博士授权点 139 个，专业学位硕士授权点 7413 个。

1981 年 11 月 3 日，国务院批准了我国首批博士点 812 个，硕士点 3185 个；批准博士学位授予单位 151 个，硕士学位授予单位 358 个。1983 年第二次学位授权审核后，我国有博士点 1151 个，硕士点 4254 个；批准博士学位授权单位 196 个，硕士学位授权单位 425 个。1986 年，第三次学科授权审核后，我国有博士点 1830 个，硕士点 6407 个；批准博士学位授权单位 238 个，硕士学位授权单位 545 个。1990 年，第四次学位授权审核后，我国有博士点 2107 个，硕士点 7534 个；博士学位授予单位 271 个，硕士学位授予单位 586 个。1993 年 12 月 10~11 日，国务院学位委员会第十二次会议在北京召开，审议通过了第五批学位授权审核结果；审改了《关于进一步改革学位授权审核办法的意见》；原则通过了《关于开展学位与研究生教育评估工作的报告》，并公布给予"黄牌""红牌"警告的单位及其学科、专业点名单；开展由省级学位委员会组织审批硕士点的试点工作。第五次学位授权审核后，我国有博士点 2398 个，硕士点 8467 个；博士学位授予单位 271 个，硕士学位授予单位 586 个。1996 年，第六次学位授权审核后，我国有博士点 2604 个，硕士点 9799 个；博士学位授予单位 277 个，硕士学位授予单位 633 个。1997 年 4 月 23~24 日，国务院学位委员会第十五次会议在北京召开，审批了《授予博士、硕士和培养研究生的学科、专业目录》，审议并通过了关于 1997 年博士、硕士学位授权审核工作的意见，设置医学和工程硕士专业学位方案等。6月6日，国务院学位委员会、国家教育委员会颁布了新修订的《授予博士、硕士学位和培养研究生的学科、专业目录》；新的学科、专业目录是对1990年目录的修订；新目录增加了管理学学科门类，授予学位的学科门类增加到12个。第七次学位授权审核和调整对应学科专业目录后，我国有博士、硕士学位授权一级学科点388个，博士点1769个，硕士点8361个；博士学位授予单位303个，硕士学位授予单位655个。2000年，第八次学位授权审批，增列博士学位授权一级学科点310个；增列博士点442个，调整原有博士点1个；增列硕士点2598个（其中国务院学位委员会审批的硕士点229个，省级学位委员会审批的硕士点1765个，部分学位授予单位自行审批的硕士点604个），调整原有硕士点11个。此次审核工作还结合硕士学位授予单位研究生培养工作的评估，新增7所院校为博士学位授予单位，此次授权审核较大幅度地扩大了按一级学科审核学位授权的学科范围，扩大了省级学位委员会和部分学位授予单位自审硕士点的试点范围，总体上实现了授权点适度增列的目标，较好地调整和优化了学位授权点的学科结构和布局，急需和应优先发展的学科点获得较大幅度增列，部分长线或社会需求量少的学科没有增列，其他学科也基本做到了适度增列。2003年，第九次学位授权审核后，我国有博士、硕士学位授权一级学科点974个，博士点1707个，硕士点12 590个；博士学位授权单位341个，硕士学位授权单位775个。强调要继续深入研究博士、硕士学位授权审核办法的改革，逐步形成以国家宏观管理与高等学校自主办学有机结合，与社会主义市场经济体制相适应的学位授权审核制度。2006年，第十次学位授权审核，增设马克思主义理论一级学科及所属二级学科，共批准新增马克思主义理论博士学位授权一级学科点21个，新增二级学科博士点55个；新增马克思主义理论硕士学位授权一级学科点74个，新增二级学科硕士点186个。批准增列博士学位授权一级学科点390个，博士点678个；增列硕士学位授权一级学科点2163个，硕士点4099个；新增博士学位授予单位19个，新增硕士学位授予单位32个；撤销3个博士点，6个博士学位授权一级学科点和16个博士点，责令其进行整改，并于两年之后重新进行评估。2011年，第十一次学位授权审核，共审核通过博士学位授权一级学科点1004个，硕士学位授权一级学科点3806个；审核主要是对已有二级学科博士点的一级学科申请增列一级学科博士点和已有二级学科硕士点的一级学科申请增列一级学科硕士点的审核工作，授权审核全部按一级学科进行。其中58所经教育部批准设立研究生院的学位授予单位新增博士、硕士点，由学位授予单位自行审核。其他学位授予单位新增博士点由省级学位委员会进行初审，国务院学位委员会学科评议组进行复审；新增硕士学位授权点由省级学位委员会进行审核。2016年，根据《关于开展博士、硕士学位授权学科和专业学位授权类别动态调整试点工作的意见》和《博士、硕士学位授权学科和专业学位授权类别动态调整办法》，在全国范围内开展了博士、硕士学位授权学科和专业学位授权类别动态调整工作。共有25个省份的175所高校撤销576个学位点，其中博士学位授权一级学科点28个，博士点23个；硕士学位授权一级学科点201个，硕士点220个；硕士专业学位授权点104个。共有178所高校增列了365个学位点，其中博士学位授权一级学科点32个，硕士学位授权一级学科点169个，硕士专业学位授权点164个。同时，于2014年启动了学位授权点的合格评估和专项评估。

　　为使我国学位工作更好地适应经济建设和社会发展的需要，近年来，学位授权审核办法的改革迈出了较大的步伐，主动适应国家现代化建设的需要，注意调整授权学科、专业的结构和硕士授权学科、专业合理的地区布局，按需授权，适当增加国家急需发展的学科，特别是直接为国民经济建设和社会发展服务的学科、新兴、边缘学科和高技术学科，同时兼顾一些当代科学发展前沿的基础研究骨干队伍建设的需要。从 1995 年开始，逐步实行新的学位授权审核办法：新增博士、硕士学位授予单位和博士点由国务院学位委员会组织审核和批准；硕士点由地方、部门或学位授予单位根据统一规定的办法组织审核、批准；学位授予单位在自行审核招收培养博士生计划的同时，遴选确定博士生指导教师。在一定的学科范围内和一定的总量控制下，硕士点审批权也下放给成立了省级学位委员会的省、自治区、直辖市和一部分条件较好的高等学校。学位授权审核办法的改革，发挥了有关部门在学位授权审核中的作用，扩大了高等学校的办学自主权。为适应现代科学技术交叉融合、向纵深发展的趋势，以及我国高等教育管理体制改革的客观要求，从 1996 年起，国务院学位委员会通过一级学科选优评估，在有条件的博士学位授予单位中，确定在部分学术水平高、整体力量强、培养研究生质量好的一级学科范围内招收培养研究生并授予博士、硕士学位，其博士、硕士学位授权范围由原来的若干二级学科扩大到一级学科，成为具有博士、硕士学位授予权的一级学科。目前已有 134 个单位(其中高等学校 103 所)在部分一级学科获准开展按一级学科行使学位授予权的工作。这一工作的开展，有利于进一步扩大研究生培养单位的办学自主权，促进其合理配置教育教学资源，加强学科建设，造就出具有较宽知识面和较强适应能力的高水平科学技术人才。

1.1.1.2　学科专业发展

我国的学科专业目录是与学位制度建设密切联系的，1981 年我国设置学科专业目录以来，先后经过 4 次较大的调整，即：1983 年《高等学校和科研机构授予博士和硕士学位的学科专业目录(试行草案)》，1990 年《授予博士、硕士学位和培养研究生的学科、专业目录》，1997 年《授予博士、硕士学位和培养研究生的学科、专业目录(1997 年)》和 2011 年《学位授予和人才培养学科目录(2011 年)》。

各阶段的学科设置情况为：1981 年制定了《高等学校和科研机构授予博士和硕士学位的学科、专业目录》(草案征求意见稿)，共设置 10 个学科门类，60 个一级学科，666 种专业；1983 年进行了第一次调整和修改，提出的《高等学校和科研机构授予博士和硕士学位的学科、专业目录》(试行草案)，最终设置 11 个学科门类，63 个一级学科，638 种专业；1990 年国务院学位办对《试行草案》进行第二次调整和修订，在颁布《授予博士、硕士学位和培养研究生的学科、专业目录》中，共设置 11 个学科门类，72 个一级学科，620 个学科专业；1997 年进行了第三次调整和修订，在颁布《授予博士、硕士学位和培养研究生的学科、专业目录(1997 年)》中，共设置 12 个学科门类，89 个一级学科，382 个学科专业；2011 年进行了第四次修订，在颁布《学位授予和人才培养学科目录(2011 年)》中，共设置 13 个学科门类，110 个一级学科，二级学科由学位授予单位在一级学科授权范围内自主设置。

各时期的涉林学科目录详见表 1-1 至表 1-5。

表 1-1　我国 1983 年涉林学科专业目录

学科门类	一级学科	二级学科(专业)	备　注
理　学	生物学	植物学	
		生态学	
		土壤学	
工　学	林学工程	木材采伐运输	
		木材加工	
		林产化学加工	
		林区道路与桥梁工程	
		林业机械化	
		森工电气化、自动化	
农　学	林　学	森林植物学	
		森林生态学	
		森林土壤学	
		林木遗传育种学	
		造林学	
		森林经理学	
		森林保护学	
		经济林	
		木材学	
		水土保持	
		园林植物	
		园林规划设计	
		野生动物	
		林业经济	

表 1-2　我国 1990 年涉林学科专业目录

学科门类	一级学科	二级学科(专业)	备　注
理　学	生物学 0710	植物学	将 1983 年版的森林植物学放在其中
		生态学	将 1983 年版的森林生态学放在其中
工　学	林学工程 0825	森林采运工程	放在其中
		木材加工与人造板工艺	
		林产化学加工	
		林区道路与桥梁工程	
		林业与木工机械	
		林业自动化	
		木材学	
	建筑学	风景园林规划设计	
农　学	农　学	土壤学	将 1983 年版的森林土壤学放在其中
	林　学	林木遗传育种	
		造林学	
		森林经理学	
		森林保护学	
		经济林	

（续）

学科门类	一级学科	二级学科（专业）	备 注
农 学	林 学	水土保持	
		园林植物	
		野生动物	
		林业经济及管理	

表 1-3 我国 1997 年涉林学科专业目录

学科门类	一级学科	二级学科（专业）	备 注
理 学	生物学	植物学	
		生态学	
工 学	建筑学	城市规划与设计（含风景园林规划与设计）	
	林业工程	森林工程	
		木材科学与技术	
		林产化学加工工程	
农 学	农业资源利用	土壤学	
		林木遗传育种	
		森林培育	
		森林保护学	
	林 学	森林经理学	
		野生动植物保护与利用	
		园林植物与观赏园艺	
		水土保持与荒漠化防治	
管理学	农林经济管理	林业经济及管理	

表 1-4 我国 2011 年涉林学科专业目录

学科门类	一级学科	二级学科（专业）	备 注
理 学	生物学	植物学	设 12 个方向
		生态科学	设 3 个方向
	生态学	生态工程	
		生态管理	
工 学	风景园林学	风景园林历史与理论	设 6 个方向
		园林与景观设计	
		地景规划与生态修复	
		风景园林遗产保护	
		风景园林植物应用	
		风景园林技术科学	
		森林工程	设 6 个方向
	林学工程	木材科学与技术	
		林产化学加工	
		家具设计与工程	
		生物质能源与材料	
		林业装备与信息化	

（续）

学科门类	一级学科	二级学科（专业）	备 注
农 学	农业资源与环境	土壤学	
		林木遗传育种	设9个方向
		森林培育	
		森林保护学	
		森林经理学	
	林 学	野生动植物保护与利用	
		园林植物学	
		水土保持与荒漠化	
		经济林学	
		自然保护区学	
管理学	农林经济管理	林业经济与管理	设4个方向
		农业经济与管理	
		农村与区域发展	
		食物经济与管理	

表1-5 我国现行林学一级学科下各培养单位招生的二级学科目录

门 类	一级学科	二级学科（专业）	备 注
农 学	林 学	林木遗传育种	
		森林培育	
		森林保护学	
		森林经理学	
		野生动植物保护与利用	
		园林植物与观赏园艺	
		水土保持与荒漠化防治	
		林业信息	自主设置
		森林植物资源学	自主设置
		自然保护区学	自主设置
		生态环境工程	自主设置
		林木基因组学	自主设置

由此可见，随着经济建设和社会发展的需要，我国林学学科专业设置是动态变化、不断完善调整的，但其学科内涵和学科方向基本保持一致，学科发展方向的目的是更好地服务于国家林业建设和生态文明建设的需要，提供人才保障和科技支撑。

1.1.2 学位授权概况

1.1.2.1 博士学位授权

目前我国林学博士学位授权单位有19个，其中博士一级学科授权单位15个，博士二级学科授权单位4个，2016年中国农业大学自行撤销了林学二级学科博士学位授权点。我国林学博士学位授权单位分布在北京、黑龙江、江苏等18个省（自治区、直辖市），其中华东地区4个，西南地区3个，华南地区1个，华中地区3个，华北地区5个，西北地区

2 个，东北地区 1 个(表 1-6)。从上述情况可以看出，我国林业高层次人才培养单位的区域分布比较均衡，基本可以满足各区域林业及生态环境建设对高层次人才和科技研发推广的需求。但东北三省是我国的林业资源储备大省，目前只有一个博士一级学科学位授权单位；华南地区地处亚热带，拥有较多有地域特色的林木资源，也只有 1 个林学博士学位授权单位，在国家学位授权和学科专业设置中需予以重视。

表 1-6　我国林学博士学位授权单位(截至 2017 年 10 月)

序号	单位代码	单位名称	学科代码与学科专业名称	授权类型	所在地区	备注
1	10022	北京林业大学	0907 林学	博一	北京	
2	10225	东北林业大学	0907 林学	博一	黑龙江	
3	10298	南京林业大学	0907 林学	博一	江苏	
4	10712	西北农林科技大学	0907 林学	博一	陕西	
5	10538	中南林业科技大学	0907 林学	博一	湖南	
6	10389	福建农林大学	0907 林学	博一	福建	
7	10677	西南林业大学	0907 林学	博一	云南	
8	82201	中国林业科学研究院	0907 林学	博一	北京	
9	10626	四川农业大学	0907 林学	博一	四川	
10	10129	内蒙古农业大学	0907 林学	博一	内蒙古	
11	10466	河南农业大学	0907 林学	博一	河南	
12	10086	河北农业大学	0907 林学	博一	河北	
13	10364	安徽农业大学	0907 林学	博一	安徽	
14	10410	江西农业大学	0907 林学	博一	江西	
15	10564	华南农业大学	0907 林学	博一	广东	
16	10019	中国农业大学	090706 园林植物与观赏园艺 090707 水土保持与荒漠化防治	博二	北京	2016 年撤销博士点
17	10113	山西农业大学	090702 森林培育学	博二	山西	
18	10434	山东农业大学	090702 森林培育学	博二	山东	
19	10657	贵州大学	090702 森林培育学	博二	贵州	
20	10733	甘肃农业大学	090702 水土保持与荒漠化防治	博二	甘肃	

1.1.2.2　硕士学位授权

我国林学一级学科硕士学位授权单位共有 18 个，硕士一级学科授权单位分布均衡，以农业大学和师范类、综合类大学为主，分布的区域上较博士一级学科学位授权点分布又增加了辽宁、吉林、新疆、西藏、重庆、浙江 6 个省份(自治区、直辖市)，布局更趋均匀(表 1-7)。

表 1-7　我国林学一级学科硕士学位授权单位(不含博士学位授权单位)

序号	单位代码	单位名称	学科代码与学科专业名称	授权类型	所在省份	备注
1	10113	山西农业大学	0907 林学	硕一	山西	
2	10434	山东农业大学	0907 林学	硕一	山东	
3	10657	贵州大学	0907 林学	硕一	贵州	
4	10733	甘肃农业大学	0907 林学	硕一	甘肃	

（续）

序号	单位代码	单位名称	学科代码与学科专业名称	授权类型	所在省份	备注
5	10020	北京农学院	0907 林学	硕一	北京	
6	10157	沈阳农业大学	0907 林学	硕一	辽宁	
7	10201	北华大学	0907 林学	硕一	吉林	
8	10341	浙江农林大学	0907 林学	硕一	浙江	
9	10574	华南师范大学	0907 林学	硕一	广东	
10	10504	华中农业大学	0907 林学	硕一	湖北	
11	10517	湖北民族学院	0907 林学	硕一	湖北	
12	10758	新疆农业大学	0907 林学	硕一	新疆	
13	11347	仲恺农业工程学院	0907 林学	硕一	广东	
14	14430	中国科学院大学	0907 林学	硕一	北京	
15	10730	兰州大学	0907 林学	硕一	甘肃	
16	10694	西藏大学	0907 林学	硕一	西藏	
17	10635	西南大学	0907 林学	硕一	重庆	
18	10638	西华师范大学	0907 林学	硕一	四川	

1.1.2.3　专业硕士学位授权

　　自 2014 年西南大学撤销了林业硕士专业学位授权点以来，我国共有林业硕士专业学位授权单位 18 个（表 1-8），基本以农业和林业等大学为主，包括了教育部直属和省属院校两类，分布在河南、河北等 17 个省、自治区、直辖市，成为我国培养林业及生态环境建设高层次应用型人才的阵地，也为各省、自治区、直辖市开展现代林业及生态环境建设提供技术支撑，为林业创新驱动的发展奠定了基础。

表 1-8　我国林学专业硕士学位授权单位

序号	单位代码	单位名称	学科代码与学科专业名称	授权类型	所在省份	备注
1	10022	北京林业大学	095400 林业	专硕	北京	
2	10086	河北农业大学	095400 林业	专硕	河北	
3	10129	内蒙古农业大学	095400 林业	专硕	内蒙古	
4	10225	东北林业大学	095400 林业	专硕	黑龙江	
5	10298	南京林业大学	095400 林业	专硕	江苏	
6	10364	安徽农业大学	095400 林业	专硕	安徽	
7	10389	福建农林大学	095400 林业	专硕	福建	
8	10410	江西农业大学	095400 林业	专硕	江西	
9	10434	山东农业大学	095400 林业	专硕	山东	
10	10466	河南农业大学	095400 林业	专硕	河南	
11	10504	华中农业大学	095400 林业	专硕	湖北	
12	10538	中南林业科技大学	095400 林业	专硕	湖南	
13	10626	四川农业大学	095400 林业	专硕	四川	
14	10677	西南林业大学	095400 林业	专硕	云南	
15	10712	西北农林科技大学	095400 林业	专硕	陕西	

（续）

序号	单位代码	单位名称	学科代码与学科专业名称	授权类型	所在省份	备　注
16	10610	四川大学	095400 林业	专硕	四川	
17	10733	甘肃农业大学	095400 林业	专硕	甘肃	
18	10758	新疆农业大学	095400 林业	专硕	新疆	
19	10635	西南大学	095400 林业	专硕	重庆	2014 年撤销

1.1.3　学科方向设置

1.1.3.1　博士学位授权学科方向设置

我国林学博士一级学科学位授权单位的学科方向主要集中在林木遗传育种学、森林培育、森林保护学、森林经理学、野生动植物保护与利用、园林植物与观赏园艺、水土保持与荒漠化防治 7 个传统的林学一级学科的方向领域（图 1-1，另见彩图 1，表 1-9）。部分培养单位根据自己单位的学科优势和地域特点自设了特色的学科方向。如福建农林大学设置了药用植物栽培与利用、海岸带森林与环境，东北林业大学自设了森林防火学，拓展了传统林学学科领域范畴，促进了多学科方向的交叉融合。

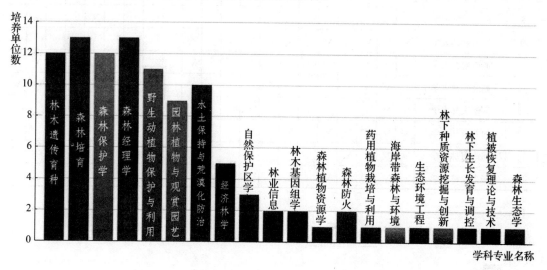

图 1-1　我国林学博士一级学科授权单位学科方向设置

1.1.3.2　硕士学位授权学科方向设置

我国林学硕士一级学科学位授权单位的学科方向主要集中在林木遗传育种学、森林培育、森林保护学、森林经理学、野生动植物保护与利用、园林植物与观赏园艺、水土保持与荒漠化防治 7 个传统的林学一级学科主干学科方向领域（图 1-2，另见彩图 2）。但博士与硕士学位授权学科方向设置的集中点并不相同，且在博士学位授权点中比较突出的经济林学和自然保护区学这两个学科方向在硕士学位授权点中并不突出；同时，部分高校也根据自己的学科优势和地域特点自设了一些新兴的学科方向，学科方向较博士学位的学科方向更加丰富。

表1-9　林学博士一级学科授权单位学科方向设置

序号	培养单位	学科方向设置																				
---	---	林木遗传育种	森林培育	森林保护学	森林经理学	野生动植物保护与利用	园林植物与观赏园艺	水土保持与荒漠化防治	林业信息	自然保护区	经济林学	森林植物资源学	林木基因组学	森林防火	药用植物栽培与利用	海岸带森林与环境	生态环境工程	竹资源与高效利用	林木种质资源挖掘与创新	林木生长发育与调控	植被恢复理论与技术	森林生态学
1	北京林业大学	√	√	√	√	√	√	√	√	√							√					
2	东北林业大学	√	√	√	√	√	√	√					√									
3	南京林业大学	√	√	√	√	√	√				√			√								
4	福建林业大学	√	√	√	√	√	√								√	√						
5	西南林业大学	√	√	√	√	√																
6	西北农林科技大学	√	√	√	√	√	√															
7	中南林业科技大学	√	√	√	√	√					√											
8	浙江农林大学																	√				
9	四川农林大学	√	√	√	√	√	√	√		√	√											
10	河南农林大学											√		√						√	√	√
11	湖北农林大学		√	√	√																	√
12	河南农林大学	√	√	√	√	√	√															
13	河北农林大学	√	√	√	√	√																
14	河南农林大学	√	√	√	√		√															
15	华南农林大学	√	√	√	√		√															

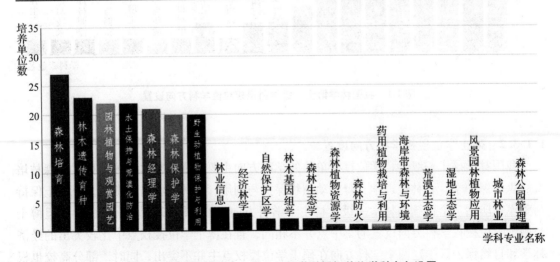

图1-2　我国林学硕士一级、二级学科授权单位学科方向设置

1.2　规模与结构

1.2.1　全国农学研究生招生情况

　　1999 年以来，受教育部大幅度扩大高等教育招生规模的影响，我国的高等教育进入一个空前发展时期，农学类研究生的招生数量也随之增加，1997—2015 年我国农学研究生的招生人数呈持续上涨的趋势（表 1-10），其中 2003 年研究生招生数涨幅最高，博士招生数比前一年上涨 42.2%，硕士招生数比上一年上涨 33.49%。19 年来农学研究生招生数占总体研究生招生数的百分比趋势平稳，大多数在 3%～4% 之间波动，仅 2008—2010 年研究生总体招生数大幅减少，但只减少了硕士招生数，博士招生数仍然逐年增加，没有受到影响，而农学硕士研究生的招生数和所占总硕士招生数的比例大幅下降（表 1-10，图 1-3，图 1-4，另见彩图 3，彩图 4）。

表 1-10　1997—2015 年全国研究生招生情况

年代	合计			博士			硕士		
	研究生总数（人）	农学研究生（人）	百分比（%）	博士总数（人）	农学博士（人）	百分比（%）	硕士总数（人）	农学硕士（人）	百分比（%）
1997	63 749	2404	3.77	12 917	501	3.88	50 315	1903	3.78
1998	72 508	2830	3.90	14 962	664	4.44	57 300	2166	3.78
1999	92 225	3450	3.74	19 915	887	4.45	71 847	2563	3.57
2000	128 484	4847	3.77	25 142	1172	4.66	102 923	3675	3.57
2001	165 197	5687	3.44	32 093	1187	3.70	132 762	4500	3.39
2002	202 611	6521	3.22	38 342	1379	3.60	164 162	5142	3.13
2003	268 925	9693	3.60	48 740	1961	4.02	220 007	7732	3.51
2004	326 286	11 577	3.55	53 284	1971	3.70	273 002	9606	3.52
2005	364 831	13 864	3.80	54 794	2253	4.11	310 037	11 611	3.75
2006	397 925	14 841	3.73	55 955	2289	4.09	341 970	12 552	3.67
2007	418 612	15 733	3.76	58 022	2395	4.13	360 590	13 338	3.70
2008	446 422	13 259	2.97	59 764	2591	4.34	386 658	10 668	2.76
2009	510 953	14 800	2.90	61 911	2733	4.41	449 042	12 067	2.69
2010	538 177	14 874	2.76	63 762	2831	4.44	474 415	12 043	2.54
2011	560 168	20 063	3.58	65 559	2979	4.54	494 609	17 084	3.45
2012	589 673	21 080	3.57	68 370	3105	4.54	521 303	17 975	3.45
2013	611 381	23 388	3.83	70 462	3092	4.39	540 919	20 296	3.75
2014	621 323	23 383	3.76	72 634	3181	4.38	548 689	20 202	3.68
2015	645 055	24 147	3.74	74 416	3172	4.26	570 639	20 975	3.68

　　数据来源：教育部 1997—2015 年教育统计数据，教育部网站（http://www.moe.gov.cn/s78/A03/ghs_left/s182/）。

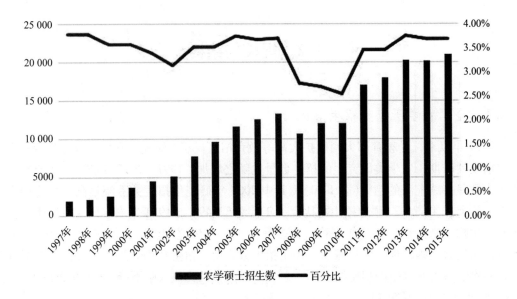

图 1-3 1997—2015 年农学硕士研究生招生规模变化趋势图

数据来源：教育部 1997—2015 年教育统计数据，教育部网站（http：//www.moe.gov.cn/s78/A03/ghs_left/s182/）。

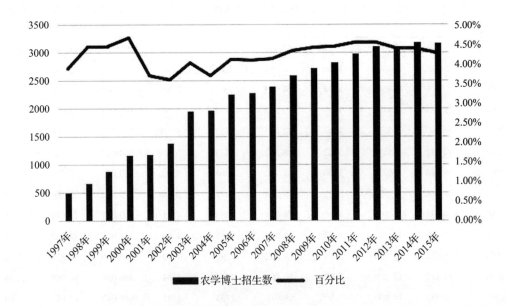

图 1-4 1997—2015 年农学博士招生规模变化趋势图

数据来源：教育部 1997—2015 年教育统计数据，教育部网站（http：//www.moe.gov.cn/s78/A03/ghs_left/s182/）。

1.2.2 林学研究生招生规模

将林学一级学科博士学位授权单位在 2012—2015 年期间的林学博士、硕士研究生的招生规模占全国农学门类研究生在此期间的招生规模比例进行了分析，可以看出，2012—

2015 年，农学门类和林学一级学科研究生的招生人数都呈现出了增长趋势（图 1-5，另见彩图 5），尤其是 2013 年以前的增长速度更是显著；但林学一级学科研究生的招生规模增长幅度远小于农学门类的招生规模，林学一级学科研究生在农学门类研究生招生规模中所占的比例很小，仅占 8% ~ 9%，其中 2012 年、2014 年、2015 年 3 年的招生比均在 8.6% 左右，2013 年由于农学招生人数较 2012 年增长 2308 人，增长幅度较大，林学一级学科研究生的招生人数虽然也有所增长，但增长的幅度较低，因此 2013 年林学一级学科研究生的招生比例相对较低，只占农学招生人数的 8.04%，但随着农学招生增长速度趋于平稳，以及林学招生增长率的提高，林学在农学研究生中的招生比例也有所回升。2013 年林学一级学科研究生招生规模占农学研究生招生规模比例突然下降也与中国农业大学通过学科自主设置的动态调整政策，撤销了水土保持与荒漠化防治学科博士授权点，从 2013 年开始停止招生有一定的关系。

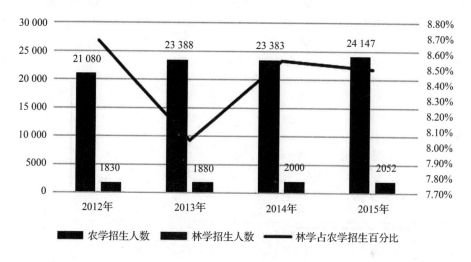

图 1-5　林学在农学研究生中的招生比例

1.2.3　林学研究生招生结构

从 19 个林学博士学位授权单位 2012—2016 年林学专业研究生的招生情况可以看出，近 5 年我国林学专业博士、硕士、专业学位研究生的招生规模都在稳步增长，但增长的幅度比较平稳缓慢；博士研究生的招生规模基本稳定，仅从 2012 年的 1149 人增长到了 2016 年的 1217 人；专业硕士研究生的增长幅度明显高于学术型硕士研究生的增长幅度，这与我国近几年主要发展高层次实践应用型人才的教育导向有关（表 1-11）。每个培养单位的增长幅度也不同，其中北京林业大学增长幅度最大，相比 5 年前增长了 68 人。但整体而言，林学研究生教育的总体规模仍然偏小，5 年总计招收博士研究生不足 2000 人，学术型硕士研究生 6000 人左右，专业硕士 2000 余人。

在学术型硕士研究生的招生方面，招生人数增加最多的 3 所学校分别为：北京林业大学，相比 5 年前增加了 32 人；福建农林大学增加了 30 人；内蒙古农业大学增加了 25 人。此外，超过半数的学校都减少了学术型硕士研究生招生人数，指标都调整到了专业学位研究生招生当中。相比 2012 年，2013—2016 年 19 个林学学科博士学位授权单位的学术型硕士研究生招生人数总共只增加了 4800 人，而专业硕士研究生的招生人数增长了 1797 人，增长幅度为 2.67 倍。

表 1-11　林学一级学科博士学位授权单位 2012—2016 年林学专业研究生招生情况　　　　人

序号	单位代码	单位名称	类型	2012 年	2013 年	2014 年	2015 年	2016 年	小计
1	10022	北京林业大学	专业型硕士	65	79	107	106	133	490
			学术型硕士	220	241	265	256	252	1234
			博士	108	90	120	116	105	539
2	10225	东北林业大学	专业型硕士	18	25	21	23	32	119
			学术型硕士	167	172	166	168	143	816
			博士	61	55	63	65	62	306
3	10298	南京林业大学	专业型硕士	29	40	41	44	54	208
			学术型硕士	113	104	117	121	120	575
			博士	35	35	36	39	52	197
4	10712	西北农林科技大学	专业型硕士	26	26	24	25	25	126
			学术型硕士	44	45	37	48	49	223
			博士	19	17	16	14	15	81
5	10538	中南林业科技大学	专业型硕士	11	9	13	13	16	62
			学术型硕士	102	106	107	108	114	537
			博士	21	25	12	20	16	94
6	10389	福建农林大学	专业型硕士	27	27	21	30	35	140
			学术型硕士	37	34	52	64	67	254
			博士	8	9	10	8	11	46
7	10677	西南林业大学	专业型硕士	22	28	28	27	31	136
			学术型硕士	87	94	98	79	74	432
			博士	5	8	8	5	7	33
8	82201	中国林业科学研究院	专业型硕士	0	0	0	0	0	0
			学术型硕士	56	51	59	50	54	270
			博士	70	62	60	60	61	313
9	10626	四川农业大学	专业型硕士	28	32	48	50	48	206
			学术型硕士	53	47	47	59	48	254
			博士	8	9	6	9	8	40
10	10129	内蒙古农业大学	专业型硕士	6	6	14	15	21	62
			学术型硕士	32	37	47	51	57	224
			博士	10	8	7	9	13	47
11	10466	河南农业大学	专业型硕士	0	1	4	15	18	38
			学术型硕士	19	27	26	15	18	105
			博士	3	3	4	4	4	18
12	10086	河北农业大学	专业型硕士	15	21	22	21	31	110
			学术型硕士	35	32	28	25	33	153
			博士	6	5	5	6	7	29

（续）

序号	单位代码	单位名称	类　型	2012 年	2013 年	2014 年	2015 年	2016 年	小计
13	10364	安徽农业大学	专业型硕士	4	15	14	16	18	67
			学术型硕士	55	55	55	40	40	245
			博士	8	8	8	8	8	40
14	10410	江西农业大学	专业型硕士	17	24	26	23	28	118
			学术型硕士	24	26	19	15	21	105
			博士	7	8	7	8	7	37
15	10019	中国农业大学	专业型硕士	0	0	0	0	0	0
			学术型硕士	21	7	7	7	8	50
			博士	11	2	2	2	2	19
16	10113	山西农业大学	专业型硕士	5	5	8	5	11	34
			学术型硕士	33	30	23	16	31	133
			博士	3	3	1	2	2	11
17	10434	山东农业大学	专业型硕士	18	19	27	27	25	116
			学术型硕士	30	36	34	34	34	168
			博士	4	3	4	1	3	15
18	10733	甘肃农业大学	专业型硕士	0	0	0	27	29	56
			学术型硕士	21	25	22	13	17	98
			博士	3	4	4	4	5	20
19	10657	贵州大学	专业型硕士	0	0	0	0	0	0
			学术型硕士	0	0	0	36	37	98
			博士	0	0	0	0	0	0
		合　计	专业型硕士	291	357	418	467	555	2088
			学术型硕士	1149	1169	1209	1205	1217	5949
			博士	390	354	373	380	388	1885

对林学一级学科硕士学位授权单位（不含博士学位授权单位）2012—2016 年林学专业研究生的招生情况进行了统计，见表 1-12，从表中可以看出，多数林学一级学科硕士授权单位都没有开展林业专业学位研究生的培养工作，7 所院校中仅有华中农业大学和新疆农业大学开展了专业型硕士研究生教育，这虽然与学位授权改革中的专业学位类型设置有一定关系，但从中也可以看出，地方性院校作为专业硕士研究生培养主战场的格局尚未形成。另外，学术型硕士研究生的招生规模也很小，招生规模最大的是浙江农林大学，5 年招生总量高达 450 人，规模相对较大的培养单位为华中农业大学、沈阳农业大学、仲恺农业工程学院，5 年招生总量在 100～200 人之间；其次为华南农业大学和新疆农业大学，5 年的招生规模总量接近 100 人。由此可见，林学一级学科硕士研究生授权单位作为专业型人才培养的格局应尽快形成，为地方经济社会的发展提供人才支持。

2011 年以来，共有 19 个培养单位开展了林业硕士专业学位研究生教育，其中西南大学 2014 年撤销了授权。表 1-13 对目前的 18 个林业硕士专业学位授权单位 2012—2016 年的林学学术型硕士和林业硕士的招生情况进行了统计。

表 1-12　农业类林学一级学科硕士学位授权单位 2012—2016 年林学专业招生情况

（不含博士授权单位）　　　　　　　　　　　人

序号	单位代码	单位名称	类　型	2012 年	2013 年	2014 年	2015 年	2016 年	小计
1	10020	北京农学院	专业型硕士	0	0	0	0	0	0
			学术型硕士	13	6	10	9	10	48
2	10157	沈阳农业大学	专业型硕士	0	0	0	0	0	0
			学术型硕士	26	34	43	47	46	196
3	10564	华南农业大学	专业型硕士	0	0	0	0	0	0
			学术型硕士	23	18	13	15	15	84
4	10504	华中农业大学	专业型硕士	18	19	19	29	18	103
			学术型硕士	37	28	23	18	22	128
5	10758	新疆农业大学	专业型硕士	0	0	0	10	6	16
			学术型硕士	8	25	20	19	14	86
6	11347	仲恺农业工程学院	专业型硕士	0	0	0	0	0	0
			学术型硕士	11	15	28	21	30	105
7	10341	浙江农林大学	专业型硕士	0	0	0	0	0	0
			学术型硕士	85	88	90	95	92	450
8	10201	北华大学	专业型硕士	0	0	0	0	0	0
			学术型硕士	6	14	13	12	10	55
合　计			专业型硕士	18	19	19	39	24	119
			学术型硕士	209	228	240	236	239	1152

表 1-13　2012—2016 年 18 个培养单位林学学术型硕士和林业硕士招生情况　　　　　人

序号	单位代码	单位名称	类　型	2012 年	2013 年	2014 年	2015 年	2016 年	小计
1	10022	北京林业大学	林业硕士	65	79	107	106	133	490
			学术型硕士	220	241	265	256	252	1234
2	10086	河北农业大学	林业硕士	15	21	22	21	31	110
			学术型硕士	35	32	28	25	33	153
3	10129	内蒙古农业大学	林业硕士	6	6	14	15	21	62
			学术型硕士	32	37	47	51	57	224
4	10225	东北林业大学	林业硕士	18	25	21	23	32	119
			学术型硕士	167	172	166	168	143	816
5	10298	南京林业大学	林业硕士	29	40	41	44	54	208
			学术型硕士	113	104	117	121	120	575
6	10364	安徽农业大学	林业硕士	4	15	14	16	18	67
			学术型硕士	55	55	55	40	40	245
7	10389	福建农林大学	林业硕士	27	27	21	30	35	140
			学术型硕士	37	34	52	64	67	254

（续）

序号	单位代码	单位名称	类　型	2012 年	2013 年	2014 年	2015 年	2016 年	小计
8	10410	江西农业大学	林业硕士	17	24	26	23	28	118
			学术型硕士	24	26	19	15	21	105
9	10434	山东农业大学	林业硕士	18	19	27	27	25	116
			学术型硕士	30	36	34	34	34	168
10	10466	河南农业大学	林业硕士	0	1	4	15	18	38
			学术型硕士	19	27	26	15	18	105
11	10504	华中农业大学	林业硕士	18	19	19	29	18	103
			学术型硕士	37	28	23	18	22	128
12	10538	中南林业科技大学	林业硕士	11	9	13	13	16	62
			学术型硕士	102	106	107	108	114	537
13	10626	四川农业大学	林业硕士	28	32	48	50	48	206
			学术型硕士	53	47	47	59	48	254
14	10677	西南林业大学	林业硕士	22	28	28	27	31	136
			学术型硕士	87	94	98	79	74	432
15	10712	西北农林科技大学	林业硕士	26	26	24	25	25	126
			学术型硕士	44	45	37	48	49	223
16	10610	四川大学	林业硕士	0	0	0	0	12	12
			学术型硕士	2	2	2	2	3	11
17	10733	甘肃农业大学	林业硕士	0	0	0	27	29	56
			学术型硕士	21	25	22	13	17	98
18	10758	新疆农业大学	林业硕士	0	0	0	10	6	16
			学术型硕士	8	25	20	19	14	86
合　计			林业硕士	304	371	429	501	580	2185
			学术型硕士	1086	1136	1165	1135	1126	5648

　　从表 1-13 可以看出，林学学术型硕士共招生 5648 人，林业硕士共招生 2185 人，两者之比为 2.58∶1。2012 年，两者之比为 3.57（1086∶304），2016 年两者之比已达到 1.94∶1（1126∶580），学术型硕士研究生所占比重逐年降低（图 1-6）。

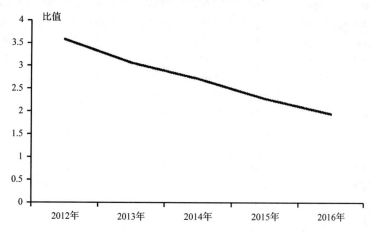

图 1-6　2012—2016 年林学学术型硕士与林业硕士招生数的比值变化曲线

期间，林学学术型硕士累计招生超过 500 人的共有 4 个培养单位，按招生数量多少排序依次是北京林业大学、东北林业大学、南京林业大学和中南林业科技大学；林业硕士招生超过 200 人的有 3 个培养单位，依次是北京林业大学、南京林业大学和四川农业大学。其中，北京林业大学学术型硕士招生 1234 人，占全国招生总量的 21.85%；林业硕士招生 490 人，占全国的 22.43%，北京林业大学的招生规模最大，与其作为全国林业专业学位研究生教育指导委员会挂靠单位的地位也是相辅相成的。

培养单位在开展林业硕士专业学位研究生教育初期普遍招生量较小。2012 年，还没有一个培养单位的林业硕士招生规模大于林学学术型硕士，而到 2016 年，林业硕士招生规模等于或超过林学学术型硕士的培养单位已达 5 个，分别是江西农业大学、河南农业大学、四川农业大学、甘肃农业大学和四川大学。

1.2.4 全国农学研究生毕业生情况

在农学研究生毕业生数量方面，1997—1999 年农学博士和硕士毕业生数量总体呈上升趋势（图 1-7，图 1-8，另见彩图 6，彩图 7），其中 2007 年毕业生数涨幅最大，博士毕业生数比前一年增加了 18.8%，硕士毕业生数比前一年增加了 28.5%，农学研究生毕业生数在毕业研究生总数中的占比大多数年份在 3%~4%，波动较小，仅 2011 年学位授予数和授予比例均出现大幅下降（表 1-14）。

表 1-14 1997—2015 年全国研究生毕业生数量情况

年 份	合 计			博 士			硕 士		
	研究生总数（人）	农学研究生总数（人）	百分比（%）	博士总数（人）	农学博士总数（人）	百分比（%）	硕士总数（人）	农学硕士总数（人）	百分比（%）
1997	46 539	1788	19.61	7319	346	4.73	39 114	1442	3.69
1998	47 077	1715	3.65	8957	468	5.22	38 051	1247	3.28
1999	54 670	1949	3.41	10 320	460	4.46	44 189	1489	3.37
2000	58 767	2282	22.68	11 004	499	4.53	47 565	1783	3.75
2001	67 809	2136	3.16	12 867	510	3.96	54 700	1626	2.97
2002	80 841	2790	3.45	14 638	626	4.28	66 203	2164	3.27
2003	11 1091	3849	3.46	18 806	756	4.02	92 241	3093	3.35
2004	150 777	5009	3.32	23 446	910	3.88	127 331	4099	3.22
2005	189 728	6038	3.18	27 677	1093	3.95	162 051	4945	3.05
2006	255 902	8853	3.46	36 247	1544	4.26	219 655	7309	3.33
2007	311 839	11 297	3.62	41 464	1903	4.59	270 375	9394	3.47
2008	344 825	12 879	3.73	43 759	1936	4.42	301 066	10 943	3.63
2009	371 273	13 425	3.62	48 658	2006	4.12	322 615	11 419	3.54
2010	383 600	14 079	3.67	48 987	1973	4.03	334 613	12 106	3.62
2011	429 994	12 845	2.99	50 289	2241	4.46	379 705	10 604	2.79
2012	486 455	16 313	3.35	51 713	2365	4.57	434 742	13 948	3.21
2013	513 626	17 464	3.40	53 139	2435	4.58	460 487	15 029	3.26
2014	535 863	19 443	3.63	53 653	2382	4.44	482 210	17 061	3.54
2015	551 522	20 288	3.68	53 778	2549	4.74	497 744	17 739	3.56

数据来源：教育部 1997—2015 年教育统计数据，教育部网站（http://www.moe.gov.cn/s78/A03/ghs_ left/s182/）。

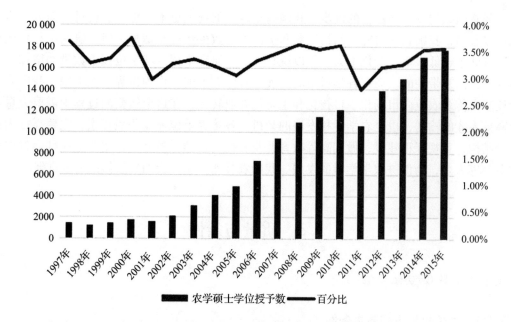

图 1-7　1997—2015 年农学硕士毕业生人数统计

数据来源：教育部 1997—2015 年教育统计数据，教育部网站（http：//www. moe. gov. cn/s78/A03/ghs_ left/s182/）。

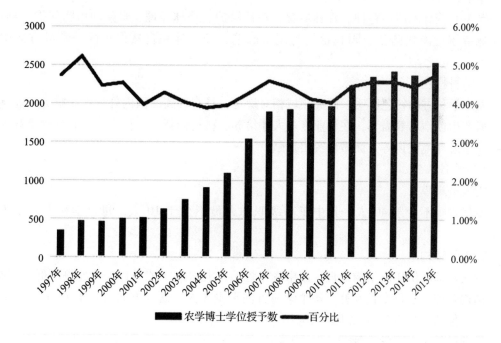

图 1-8　1997—2015 年农学博士学位授予人数情况统计

数据来源：教育部 1997—2015 年教育统计数据，教育部网站（http：//www. moe. gov. cn/s78/A03/ghs_ left/s182/）。

随着国家的发展和社会的进步，我国高等教育的规模也不断扩大。通过前面的分析我们可以看出，我国农学研究生的招生数和学位授予数虽然逐年增加，但占研究生总数比例却一直处于较低水平，变化不大，可以说我国农学研究生招生和学位授予数量的增加是靠研究生扩招来带动的，而在各学科中的开展一直停滞不前。作为世界农业大国，我国农业也逐步由传统农业向市场化、科技化和生态化农业转变，在这个转变的过程中需要大量农业高等人才的输送，也是农学学科发展的契机。各培养单位还需积极探索，完善高校内部管理结构，重视课程建设，做到高等教育普及和提高培养质量并重，培养适应社会发展的农业高等人才，为促进农学学科的发展、我国农林业乃至社会的发展做出更多贡献。

1.3　质量与条件

1.3.1　质量保障体系建设

1.3.1.1　学位授权审核基本条件

1）林学博士学位授权点申请基本条件

（1）学科方向与特色

①学科方向

至少涵盖林木遗传育种、森林培育、森林保护、森林经理、野生动植物保护与利用、水土保持与荒漠化防治、园林植物与观赏园艺、经济林和自然保护区等学科方向中的4个。

②学科特色

每个学科方向特色鲜明、研究领域相对稳定，具有较高的国内外学术影响力，能满足博士研究生创新培养需要，在林业专业人才培养、科技创新、学科发展、服务国家和地方林业及生态环境建设等方面做出突出贡献。

（2）学科队伍

①人员规模

专任教师不少于40人，其中正高级职称人员不少于10人，每个学科方向不少于2人。

②人员结构

专任教师队伍年龄结构合理，以中青年骨干为主体，45岁及以下的比例不低于40%；学缘结构合理、学科专长互补，每个学科方向至少8人，研究方向与主干方向紧密相关，获博士学位的人员占70%以上。

③学科带头人与学术骨干

学科带头人应具备以下条件：a. 为国家或省部级人才计划入选者或学术技术带头人；b. 主持过省部级以上重要科研项目，近5年纵向科研经费至少100万元；c. 取得了2项以上高水平学术成果，有排名第一的省部级二等奖，或排名第二的省部级一等奖，或获国家级科技成果奖，或经具有资质的第三方评价机构认定并达国内领先水平的成果；d. 在本学科完整指导过 3 届以上硕士研究生，或在本学科或相近学科博士点担任博士生导师并已完整指导过 1 届博士研究生。

学术骨干中具有国家或省部级人才计划入选者 3 人以上，并有人在中国林学会或与林学相关的全国性学会担任理事以上职务，或在省级林学会及与林学相关的其他省级学会担任常务理事以上职务，或在省级学会专业委员会(分会)担任副主任委员以上职务；近 5 年科研经费至少达 500 万元，并取得高水平学术成果；至少有 2 人协助指导过博士研究生。

(3)人才培养

①培养概况

获一级学科硕士或二级学科博士学位授权并实际招生 3 届以上，累计授予硕士学位人数不低于 60 人。

②课程与教学

具有完整的硕士研究生课程体系，已连续开设 3 年及以上，能开设与博士研究生培养目标相适应的学位课程，课程内容能反映学科发展前沿，并与本科、硕士研究生课程体系和内容有明显的区分度。

③培养质量

近 5 年，研究生在学期间在国内外本学科领域重要学术期刊上发表过高水平学术研究论文或获得过发明专利、新品种授权等成果；研究生学位论文质量高。近 5 年毕业研究生职业发展良好，用人单位和社会评价高，有一定比例的毕业生继续攻读国内外博士学位研究生。

(4)培养环境与条件

①科学研究

近 5 年，在研国家或省部级科研项目不低于 15 项(其中国家自然科学基金项目至少 5 项)，到账科研经费不少于 1000 万元，其中纵向经费不少于 50%，或师均纵向经费不少于 15 万元，并满足下列条件之一：a. 作为主持单位获国家级科技奖励 1 项；b. 作为主要完成单位获国家级科技奖励 2 项；c. 作为主持单位获省部级科研成果一等奖 1 项，并作为主要完成单位获国家级科技奖励 1 项；d. 作为主持单位获省部级科研成果一等奖 2 项；e. 作为主持单位获省部级科研成果二等奖 3 项。有一定比例的研究生参与省部级以上科研项目。

②学术交流

近 5 年，主办或承办过林学学科相关的国际或国内学术会议 2 次以上，参加国际学术会议不少于 10 人次、全国性学术会议不少于 50 人次；学校设有资助研究生参加国内外学术交流的专项经费。

③支撑条件

建有稳定的能满足林学学科研究生教学、科研的省部级(含)以上重点实验室或野外观测台站不少于 1 个，建有苗圃、试验林基地等科研或实训基地 3~5 个。有丰富的专业图书资料和方便快捷的网络资源。图书馆拥有充足的全文期刊数据库及学位论文、会议论文等中文数据库和能够满足博士研究生培养的国际学术期刊数据库。有完善的研究生奖助体系和制度。重视学风和学术道德制度建设，有良好的育人环境，学校学科建设、研究生考核与管理制度健全，管理人员齐备。

2）林学硕士学位授权点申请基本条件

（1）学科方向与特色

①学科方向

至少涵盖林木遗传育种、森林培育、森林保护、森林经理、野生动植物保护与利用、水土保持与荒漠化防治、园林植物、经济林和自然保护区等学科方向中的 3 个。

②学科特色

在林业专业人才培养、科技创新、学科发展、服务国家和地方林业及生态环境建设做出积极贡献。

（2）学科队伍

①人员规模

专任教师不少于 20 人，其中正高级职称人员不少于 6 人，每个学科方向不少于 1 人。

②人员结构

专任教师队伍年龄结构合理，以中青年骨干为主体，45 岁及以下的比例不低于 50%；学缘结构合理、学科专长互补，每个学科方向不少于 5 人，研究方向均与主干方向紧密相关；获博士学位的人员占 50% 以上。

③学科带头人与学术骨干

学科带头人应为省部级以上学术技术带头人，主持过国家或部省级科研项目，近 5 年纵向科研总经费达 50 万元以上；有排名第一的省部级科技成果奖或经具有资质的第三方评价机构认定并达国内领先水平的成果；在林学相关硕士点担任硕士生导师并已完整指导过 1 届硕士研究生。学术骨干中也有省部级人才计划入选者；近 5 年科研总经费不少于 100 万元，并取得高水平学术成果；学术骨干有独立指导硕士研究生的经历。

（3）人才培养

①课程与教学

年均培养本专业或相关专业的本科生 30 人以上（科研院所除外），年均培养相关学科硕士生 10 人以上。硕士生课程应符合林学一级学科硕士学位基本要求，专业核心课程既要包括能够反映本学科专业特色和优势的专业类课程，也要有部分以小学分为主的突出前沿性和专题性的课程，还应开设部分跨专业、跨学科选修课，满足按宽口径培养研究生和创新能力培养的需求。

②培养质量

毕业生有较好的社会评价，在学期间积极参加省级及以上各类专业竞赛，有一定比例的本科生能参加各类科研创新实践，50% 以上的相关学科硕士学位论文选题来源于省部级及以上科研课题或工程项目。

（4）培养环境与条件

①科学研究

承担国家、省部项目或其他推广类、工程类项目，科研经费较充足，近 5 年在研省部级科研项目 8 项以上，到账科研经费不少于 500 万元，其中纵向经费不少于 20%，并满足下列条件之一：a. 作为第一完成人获省部级科研成果三等奖以上科技奖励；b. 作为主要完成人获得省部级科研成果一等奖；c. 作为主要完成人获国家级科研成果奖 1 项。有一定比例的本科生参与国家、省部科研课题或其他工程项目。

②学术交流

学科有较浓郁的学术氛围，积极开展学术交流与合作。近 5 年参加国际学术会议不少于 5 人次，参加全国性学术会议不少于 30 人次；学校设有资助研究生参加国内外学术交流的专项资金。

③支撑条件

有支撑研究生培养的教学和科研平台，拥有校级（含）以上教学科研平台、基地、观测站、苗圃、试验林基地和实验室。国内外图书、文献资料，数据库等资源较充足，能满足规模培养硕士研究生的需要。建立了完善的研究生奖助制度，奖助额可以满足研究生的基本生活需要。学风和学术道德建设与监督制度健全，学科建设管理与运行机制有效。服务社会能力较强，且已取得一定成效。研究生培养管理制度完备，机构和人员落实。

3）林业专业学位授权审核基本条件

（1）专业特色

在森林资源培育、经营、保护与管理、生态环境保护、修复与建设等领域有较强的技术研发能力和服务区域林业建设优势。具有培养林业领域高层次应用型人才的基础，培养方向应能满足区域林业及生态环境建设需要，研究生通过课程学习和专业实践训练，能够较快适应并承担林业行业专业技术或管理工作。

（2）师资队伍

①人员规模

有与林业行（企）业共同建设的专业教学团队和导师团队，其中专任教师不少于 20 人，职称结构合理；行业教师、导师不少于 10 人。

②人员结构

专任教师队伍年龄结构合理，45 岁以下的教师不低于 50%。承担专业课程的授课教师中，具有副高级及以上职称不低于 80%，其中具有博士学位的人员不低于 1/3。校内导师中，具有博士学位的导师不低于 40%；校外导师中副高级职称或中层以上管理人员不低于 60%。90% 以上的导师参加过技术革新与推广、技术咨询服务、项目研发、新品种培育等林业行业一线实践活动。

③骨干教师

30% 及以上的骨干教师是林业与生态环境建设、林业资源培育、保护与管理等领域全国性或省级学会（协会）等学术团体会员，近 5 年骨干教师科技研发成果或技术推广为林业建设发挥了实质性支撑作用，导师队伍具有指导林学一级学科学术型研究生或林业相关专业学位研究生的经验。

（3）人才培养

①课程与教学

年均培养林学类专业或与林学紧密相关专业的本科生 30 人以上（科研院所除外），年均培养相关学科硕士生不低于 10 人。为林业硕士拟开设的基础课程，应能使研究生进一步提升林学基础知识、专业理论和基本技能的实践应用能力，使其获得生态学原理与应用、现代信息技术、高级试验设计与数据分析处理、现代科学技术创新理论和方法、经济学与管理学、政策法规等方面的相关知识与技能，并能针对林业硕士职业特点和职业范围，有选择性地开设专业课程，使研究生达到能胜任相关领域技术和管理工作的培养目标。

②培养质量

林学本科及研究生毕业生就业率高，有代表性的行业用人单位对毕业生的职业胜任能力、职业道德评价较高。

(4)培养环境与条件

①科研水平

承担国家、省部级项目或其他推广类、工程类项目，科研经费较充足；近5年在研省部级科研项目不低于8项，专任导师人均研发经费不低于10万元，获得省部级以上科技奖项不少于2项，授权的发明专利或审定通过的新品种总数不少于3项，项目的研发和技术研究成果能较好地为社会服务。

②实践教学

能够为研究生提供符合职业需求和实践创新能力培养的多样化实践训练条件与方法（如调查分析、规划设计、实践模拟、案例分析、项目或方案策划、计划制订、项目评估、信息管理、技术或产品研发等），使研究生掌握解决实际问题的策略和方法，培养研究生探究问题、分析问题、解决问题的能力。拟开设适合采用案例式教学法的课程不少于1门；有实践环节的课程至少占总课程数的30%；聘请行业专家为研究生开设专题讲座的课程不少于3门。

③支撑条件

能为林业硕士实践能力培养提供较为充足的校内外实验实践条件和各类创新活动平台。具备相对稳定、特色突出、针对性强的实践基地条件（如自然保护区、森林公园、湿地、试验林基地、种苗繁育基地、林木良种基地、经济林基地、城市林业建设区、生态治理区等林业管理部门和企事业单位的实践与研究场所等），实践基地具备能够满足林业硕士专业实践训练所需的软硬件条件，其中已签订协议的基地数不少于3个。管理机构设置合理、职责明确、制度健全；课程教学管理较规范，能够及时进行教学质量评价和质量跟踪；论文评阅、答辩等学位授予制度健全，档案齐全，管理规范。重视学风和学术道德制度建设，已制定研究生学术规范；医疗保险制度健全、奖助制度完善，落实较好，能有效激发研究生学习潜力；有较丰富的专业图书资料和方便快捷的网络资源。

1.3.1.2　学位基本要求

1)林学一级博士、硕士学位基本要求

学科概况和发展趋势是：森林是最大的陆地生态系统，是人类和地球上许多生物赖以生存的资源和环境。林学是研究森林的形成、培育、经营管理以及保护利用理论与技术的学科。随着人类对森林功能认识的不断加深，森林及林业在保障人类社会经济可持续发展中的地位越来越重要。林学学科以生物学、生态学等所揭示的森林生长和发育、系统演替、生物间相互作用、森林功能等为理论基础，开展林木遗传改良、森林培育、森林经营管理、森林有害生物防治、野生动植物保护、水土保持与荒漠化防治等理论与技术的研究。主要研究方向和内容包括：在揭示林木遗传与变异基本规律和性状形成机理的基础上，研究林木新品种选育技术；在揭示林木个体及群体生长与发育生理生态机制基础上，开展林木种子生产、苗木培育、森林营造、森林抚育、森林主伐更新等基础理论与应用技术研究；在揭示有害生物与树木、环境的相互作用关系的基础上，研究森林有害生物综合控制的理论与技术；在揭示森林生长规律基础上，开展森林资源管理、森林生长与收获预估、森林可持续经营管理理论及技术研究；研究野生动植物保护与管理、经济野生动物驯养与繁育、产品开发、疫病防控等的理论与技术；研究园林植物的资源与育种、繁育与栽培养护、生态功能与评价的理论与技术；在揭示各类型土地退化机制与过程的基础上，研究利用工程、生物和农业技术等综合措施保护与可持续利用水土资源的理论与技术。

随着现代生物学、生态学及计算机科学与技术等学科的发展，林学学科将呈现多学科、多层次、多角度、多时空的多元化研究格局，围绕森林多功能发挥、生态体系和产业体系建设等开展研究，在生态文明建设、促进社会经济可续发展中发挥更加重要的作用。

（1）林学博士学位基本要求

①获本学科博士学位应掌握的基本知识及结构

林学学科博士的培养目标是造就该领域的拔尖创新人才。林学学科博士应掌握本学科坚实宽广的基础理论和系统深入的专门知识，同时有广博的知识面。其知识水平及结构能够与开展林学学科相关前沿科学研究和发挥科研创新能力相适应。博士生所掌握的基本知识和形成的知识结构需通过博士生综合考试来考核，要考核博士生对林学基础和专业知识综合应用和分析解决问题的能力。

林学学科博士应在本学科硕士所要具备的基本知识结构和水平的基础上，在专业基础及专业知识、工具性知识方面达到以下要求。

A. 专业基础及专业知识：林学学科博士生要根据重点研究方向的不同，有选择地精深学习和掌握与本学科领域的研究有密切关联的植物生理学、森林生态学、森林土壤学、动物学、微生物学、生物化学与分子生物学、细胞遗传学、分子遗传学、保护生物学等 5~8 门相关专业基础理论和该学科领域的国际前沿研究进展，并能灵活运用于自己的科研创新中。要在林学一级学科所包含的林木遗传育种、森林培育、森林保护学、森林经理学、园林植物学、经济林学、野生动植物保护与利用、水土保持与荒漠化防治、自然保护区学等几个主要研究方向上能精深掌握 1~2 个研究方向的专业理论和国内外该学科科学理论和应用技术的前沿研究进展，并能使自己的研究内容有创新性突破。

根据林学学科多元化发展趋势，该学科博士生还可有选择性地拓展学习生物学、生态学、风景园林学、农业资源与环境、计算机科学与技术、环境科学与工程等一级学科的前沿知识，充分利用学科交叉优势促进科研创新。

B. 工具性知识：

外语知识　要求熟练掌握一门外国语，具有熟练的阅读理解和写作能力，有较熟练的听说交流能力。在自己的研究方向上，有很高的专业外语水平和较强的国际交流能力，熟悉国内、外林学学科研究领域主要学术刊物和学术出版物种类。

试验（实验）技术知识　掌握国内外本学科主要研究方向先进的研究方法和试验（实验）技术，在先进仪器分析和测试技术、现代生物技术、遥感技术、地理信息系统、卫星导航与定位系统技术、计算机技术等若干先进的研究技术手段上有 1～2 方面专长，并能够科学应用于研究工作中，促进科研创新。

②获本学科博士学位应具备的基本素质

A. 学术素养：要求林学学科博士有较强的学术潜质，热爱林业事业，具有强烈的事业心，对科学研究有浓厚的兴趣，具有科学的生态科学观；具有吃苦耐劳、勇于实践、敢于质疑、追根溯源、锲而不舍、坚持真理的科学态度；具有较强的创新意识、创新思维和创新实践能力，严谨求实、勤于思考、善于学习的精神；掌握知识产权的相关法律法规，尊重知识产权，恪守科学研究理论。

B. 学术道德：要求林学学科博士恪守学术道德规范，遵纪守法。杜绝考试作弊和以不正当手段获取学习成绩；尊重他人的科研成果，规范引用，不剽窃抄袭；不伪造或篡改试验数据、研究成果；学位论文不弄虚作假；不违反国家有关保密的法律法规。

③获本学科博士学位应具备的基本学术能力

A. 获取知识能力：要求林学学科博士具备很强的自学和合作学习的能力，具有通过各种科技媒介、计算机网络、国内外同行交流等途径快速获取知识的能力。通过学习，掌握本学科学术研究前沿动态，高效获取专业知识和研究实验方法，并能够探究知识的来源，进行研究方法的推导等。

B. 学术鉴别能力：林学学科博士需熟悉国内外有关知识产权的法律和法规，具有本学科领域知识产权的查询能力，能够对学术研究中的研究结果、研究过程的创新性做出科学判断，能够对自己和他人已有研究成果的科学性做出客观真实的鉴别和评价。

C. 科学研究能力：林学学科博士需具有独立和组织开展高水平科学研究的能力。能通过阅读国内外相关研究领域科技文献，分析和评价该领域当前的研究进展，开展理论思考，提出有价值的科学问题和技术问题；具备创新思维能力，能够科学确定前沿理论及技术研究内容，设计出科学合理、切实可行的研究方案，撰写出高水平开题报告并通过专家论证；具备很强的组织、协调和调动利用科研资源和力量的能力，按照研究计划开展科学研究和技术开发工作的能力；具备较强的理论思维和数据分析能力，能够通过科学分析数据、逻辑推理等发现和总结出创新性科学规律，开发出新品种、新技术、新产品；具有较强的文字表达能力，能够发表高水平学术论文。通过科研实践，能解决所发现的科技问题，推动该学科的理论与技术发展。

D. 学术创新能力：林学学科博士应具有较强的创新思维、创新实践和取得创新性成果的能力。应具有较为系统的林学学科某一领域的基础理论和应用技术功底，有较好的逻辑推理能力，较强的想象力和洞察力，能够独立或组织开展创新性思维活动，形成创新思维成果，提出新观点、新命题；应掌握研究领域先进的研究方法，并能出色地应用于研究工作中，形成创新性研究方法；能够独立或组织开展创新性科研实践，具有较强的分析问题和解决问题的能力，敏锐抓住研究过程中的创新苗头，从复杂的现象中发现和总结提炼出创新性规律或技术；具有较好的口头与文字表达能力，能够利用学术交流、论文发表等手段传播创新性成果。

E. 学术交流能力：要求林学学科博士通过参加课程讨论、各类科研研讨活动，国内、国外学术活动等，培养较好的学术表达和交流能力，掌握合作学习能力，能够在国内外学术会议、学术访问等学术交流活动中出色完成学术报告、学术张贴等，充分表达自己的学术思想，展示学术成果。

F. 其他能力：要求林学学科博士具有较强的组织、协调、沟通等能力，能够组织、领导或参与相关领域的科研、教学和高层次管理等工作，出色完成所承担的各类任务。

④学位论文基本要求

A. 选题与综述的要求：林学学科博士学位论文选题应来源于林学学科有关研究方向的理论或技术问题，应充分阅读国内外林学学科相关文献，充分掌握林学学科某研究领域国内外研究前沿和进展，围绕论文选题核心，撰写出高水平的文献综述。综述应在阐述论文研究领域的国内外研究前沿的基础上，就研究水平、存在问题进行分析和评述，提出未解决或需要进一步研究的科学问题和技术难题。在此基础上，在导师的指导下认真选择自己的研究课题，并对其先进性和可能形成的创新性科研成果进行深入的理论思考和讨论。拟解决的问题要有相当的难度和工作量，选题要具有理论深度和先进性，其研究成果要在基础理论或应用技术上有重要突破，或具有很强的生产实际应用价值或应用潜力，对学科发展和林业产业产生重要的影响。林学博士学位论文开题报告需导师审核并经本学科和相关学科专家评审通过。研究生需在开题评审会上阐明选题的国内外研究现状、选题依据和意义、研究内容、拟采取的研究方法和技术路线、预期成果和创新性、研究工作的可行性和存在的主要困难、现有工作基础、总体时间安排和进度、经费预算等。

B. 规范性要求：林学学科博士学位论文形式应为科学研究类，具体内容如下：

封面　应包括：题目、作者、导师、学科、研究方向。题目应概括学位论文最主要内容，恰当、简明，一般不超过 20 个字。

独创性声明　论文应有独创性声明和关于论文使用和授权的声明，需有研究生和导师亲笔签名。

中英文摘要　中文摘要包括论文题目、论文摘要和关键词。论文摘要需简要说明论文的研究目的意义、研究方法、主要结果和结论、建议和展望。摘要需要突出研究的创新性，语言力求精炼，结果力求定量表达。中文关键词一般 4～5 个，要能反映论文的主要研究对象或研究内容，每个关键词以 2～5 个字为宜。英文摘要包括论文题目、研究生姓名及导师姓名、论文摘要、关键词，论文题目、摘要内容和关键词应与中文摘要相同。

目录　是论文内容的索引，一般最多在每章下设置 3 级目录。

前言　在论文正文前，应阐述本课题研究依据、目的和意义、主要研究内容及预期的成果。字数 600～1500 字。

文献综述　围绕本研究领域相关的几个方面，按层次详细阐述国内外研究的历史与现状，目前的研究进展，尤其是要提出尚存在的问题，值得深入研究的科学或技术难题。在综述中应准确标引全部引文出处。

正文　是学位论文的核心部分。文体上可分若干章或不分章。若分章则每章中应包括引言、材料与方法、结果与分析、结论与讨论。引言是交代本章研究的目的意义和主要研究内容；材料与方法需详细具体说明研究材料的来源、主要研究方法等，借鉴别人的研究试验方法应标明出处；结果与分析应给出主要研究结果的文字叙述和经过科学统计处理的核心图表；结论与讨论则要在本研究结果分析的基础上，提炼出相应的明确结论，并与前人的相关研究结论进行比较，对于本研究中涉及的有关重要问题进行有观点的讨论。对于不分章的文体，则总体上也同样有引言、材料与方法、试验结果与分析等几部分。

全文总结与展望　全文总结和讨论是学位论文的整体研究结果和结论的概括性总结和讨论，应该精炼、完整、准确，注重体现论文的核心创新。展望是就论文未解决的问题、下一步研究设想、研究成果应用前景等提出相应的建议。不分章论文该部分同结论与讨论部分合并。

论文创新性　将论文的主要创新性分若干点逐一列出。

参考文献　准确、规范列出论文中所有引用的文献。

个人简介　个人的教育和学术简介，发表论文和取得其他成果情况。

导师简介　导师的简历及学术成就简况。

致谢　略。

必要的附录　包括图表、序列、缩略语等。

C. 成果创新性要求：林学学科博士论文的研究成果要在某一领域的基础理论和应用技术上有重要突破，具有重要的理论意义或有较强的生产实际应用价值或应用潜力，对学科发展和林业事业产生重要的影响。具体来说应具备以下的一项或几项：

——学位论文中提出了林学学科某一研究领域的新命题。

——学位论文中形成了林学学科某一研究领域的创新性研究方法。

——学位论文中填补了林学学科某一领域的理论研究空白，或在某一领域有理论突破，对学科发展具有较大推动作用。

——学位论文中研制出新的植物品种或新的产品。

——学位论文中创造性地解决了林学学科某一领域的技术难题，或针对某一技术难题有突破性进展，有很高的应用价值或应用潜力。

（2）林学硕士学位的基本要求

① 获本学科硕士学位应掌握的基本知识

A. 基础知识：在掌握林学本科毕业生所必须掌握的数学、化学和物理等基础知识的基础上，还要根据林学学科的特点学习和掌握数理统计、多元统计分析等应用数学知识，有选择地学习和掌握生物物理学和生物化学等理化基础知识。能够运用数学语言，借助必要的计算机软件，科学分析试验数据，揭示试验数据的科学内涵，为发现各专业方向深层次科学规律、突破技术难题奠定基础。

B. 专业知识：要求掌握林学某个研究方向的专业基础知识及系统深入的专业知识。专业基础知识包括有选择性地学习和掌握"高级森林生态学""高级植物生理学""生物化学与分子生物学""细胞遗传学""分子遗传学""植物生理生态学""土壤学""保护生物学"等相关课程；专业知识包括有选择性地学习和掌握林木遗传育种、森林培育学、森林病理学、森林昆虫学、森林经理学、园林植物学、野生动植物保护与利用、水土保持与荒漠化防治等方向理论和技术的国内外研究前沿和进展。根据林学学科多元化发展方向，研究生可以拓展学习生物学、生态学、风景园林学、农业资源与环境、计算机科学与信息技术、环境科学与工程等学科的基础理论与专业知识。跨学科考入的研究生需在导师指导下选修必要的本科专业基础课程或专业课程。

C. 工具性知识(包括实验知识)：

外语知识　要求较为熟练地使用一门外国语，具有较熟练的阅读理解能力，较好的听说交流能力和翻译写作能力。在林学专业外语方面，能够熟练地阅读专业性国际科技文献，了解本学科领域国内外主要的学术刊物种类。

科学研究方法知识　较为扎实地掌握自然科学类科学研究方法，包括国内、外科技文献的信息检索、科技信息分析和科学问题提出、研究计划和方案制订、试验设计、研究工作的组织和实施、科技论文和学位论文写作、学术报告等方法。

试验(实验)技术知识　林学是实践性极强的应用科学，掌握扎实和先进的试验(实验)技术和方法至关重要。本学科硕士应该学习和掌握较强的森林生物(动物、植物、微生物)认知知识；学习和掌握林学基础实验技术，如森林调查和计测技术、土壤理化分析技术、植物生理实验技术等；选择性地掌握本学科方向的先进试验(实验)技术，如先进仪器分析和测试技术、现代生物技术、遥感技术、地理信息系统技术、卫星导航与定位系统技术、计算机技术等。

②获本学科硕士学位应具备的基本素质

A. 学术素养：要求林学学科硕士热爱林业事业，具有强烈的事业心，具有科学的生态科学观；具有吃苦耐劳、勇于实践、敢于质疑、锲而不舍、坚持真理的科学态度；具有科学精神，掌握科学的思想和方法，严谨求实、勤于思考、善于学习、勇于创新的精神；掌握知识产权的相关法律法规，掌握知识产权查询方法，尊重知识产权，恪守科学研究理论。

B. 学术道德：要求林学学科硕士恪守学术道德规范，遵纪守法。杜绝考试作弊和以不正当手段获取学习成绩；尊重他人的科研成果，不剽窃抄袭；不伪造或篡改试验数据、研究成果；学位论文不弄虚作假；不违反国家有关保密的法律法规。

③ 获本学科硕士学位应具备的基本学术能力

A. 获取知识的能力：要求林学学科硕士除具备在课堂听讲获取知识的能力外，还具有从书本、媒体、期刊、报告、计算机网络等一切可能的途径快速获取符合自己需求的知识和研究方法，并具备自学、总结与归纳的能力。

B. 科学研究能力：要求林学学科硕士能通过阅读国内外相关研究内容的科技文献和其他科技资料，综合评价已有的科研成果，在导师指导下发现应解决的林学基础理论、生产技术等科技问题；能够科学确定自己的研究内容，设计出科学合理、切实可行的研究方案，撰写出开题报告并通过专家论证；具有一定的组织、协调和调动所具备的科研资源和力量的能力，按照研究计划开展科学研究和技术开发工作；具备较强的理论思维和数据分析能力，能够通过计算机软件等手段科学分析数据，发现和总结出科学规律；具有较强的文字表达能力，能够将科研成果撰写为学术论文；能够通过科研实践，较为出色地解决所发现的林学科技问题，具有一定的创新能力。

C. 实践能力：要求林学学科硕士通过参加科研实践、教学实践、生产实践等活动培养较强的林业生产、管理、教学和科研实践能力。具有较强的林业生产业务能力，能够胜任所研究方向的林业生产、管理实践工作，具有较强的调查、规划、技术开发、生产管理等能力，并有较强的适应性；通过协助导师和学科完成一些教学辅助工作，能够承担一定的所研究方向教学工作，具备较强的业务表达能力；具备较强的实验技能，能够完成所承担的科研任务；具有很强的合作精神，能够与导师、同学、同行等形成很好的合作关系。

D. 学术交流能力：要求林学学科硕士通过参加课程讨论、各类科研研讨活动、国内外学术会议等培养良好的学术表达和交流的能力，能够在国内学术会议上作较为出色的学术报告，具备一定的通过张贴、小组讨论或学术报告开展国际学术交流的能力。

E. 其他能力：要求林学学科硕士具有良好的组织、协调、联络等能力，能够组织、领导或参与相关领域的科技开发、生产、管理等工作。

④学位论文基本要求

A. 规范性要求：

选题要求 林学学科硕士学位论文选题应来源于该学科各研究方向的理论、方法或技术问题，拟解决的问题要有一定的难度和工作量，选题要具有一定的理论深度和先进性，其研究成果要在基础理论或技术上有所突破，或具有一定的生产实际应用价值，产生一定的生态、经济和社会效益。具体可选取林学相关研究方向：基础理论和方法研究；新品种、新产品、新工艺等的研制与开发；技术开发与改造等。

林学学科硕士学位论文选题及开题报告需导师审核并经本学科及相关学科专家评审通过。研究生需在相关评审会上阐明选题的国内外研究现状、选题的目的和意义、具体的研究内容、拟采取的研究方法及技术路线、预期成果及其先进性、研究工作的可行性和各方面基础、研究工作的总体安排与具体进度等。

形式要求 林学学科硕士学位论文形式应为科学研究类。

内容要求

●封面内容：封面内容包括题目、作者、导师、学科、研究方向。题目应概括学位论文最主要内容，恰当、简明，一般不超过20个字。

●独创性声明：论文应有独创性声明和关于论文使用和授权的声明，需有研究生和导师亲笔签名。

●中英文摘要：中文摘要包括论文题目、论文摘要和关键词。论文摘要需简要说明论文的研究目的意义、研究方法、主要结果和结论、建议和展望。摘要需要突出研究的创新性，语言力求精炼，结果力求量化表达。中文关键词一般4~5个，关键词要能反映论文的主要研究对象或研究内容，每个关键词以2~5个字为宜。英文摘要包括论文题目、研究生姓名及导师姓名、论文摘要、关键词，论文题目、摘要内容和关键词应与中文摘要相同。

●目录：目录是论文的内容的索引。一般最多在每章下设置3级目录。

●前言：在论文正文前，应阐述本课题研究依据、目的和意义、主要研究内容及预期的成果。字数在500~1000字。

●文献综述：围绕本研究领域相关的几个方面，按层次详细阐述国内外研究的历史与现状，目前的研究进展，尤其是要提出尚存在的问题，值得深入研究的科学或技术难题。在综述中应准确标引全部引文出处。

●正文：这是学位论文的核心部分。文体上可分若干章或不分章。若分章则每章中应包括：引言、材料与方法、结果与分析、结论与讨论。引言是交代本章研究的目的意义和主要研究内容。材料与方法需详细具体说明研究材料的来源、主要研究方法等，借鉴别人的研究试验方法应标明出处；结果与分析应给出主要研究结果的文字叙述和经过科学统计处理的核心图表；结论与讨论则要在本研究结果分析的基础上，提炼出相应的结论性东西，并与前人的相关研究结论进行比较，对于本研究中涉及的有关重要问题进行有观点的讨论。对于不分章的文体，则总体上也同样有引言、材料与方法、试验结果与分析、结论与讨论等几部分。

- 全文总结与展望：全文总结是学位论文的整体研究结果和结论的概括性总结，应该精炼、完整、准确，注重体现论文的核心创新。展望是就论文未解决的问题、下一步研究设想、研究成果应用前景等提出相应的建议。
- 参考文献：准确、规范列出论文引用的所有文献。
- 个人简介：个人的教育和学术简介、获得成果清单。
- 导师简介：导师的简历及学术成就简况。
- 致谢：略。
- 必要的附录：包括图表、序列、缩略语。

B. 质量要求：

——选题应来源于该学科各研究方向的理论、方法或技术问题，要有一定的难度和工作量，具有一定的理论深度和先进性。

——论文工作应在导师指导下独立完成，论文工作量饱满，应有足够的科研实践时间。

——文献综述应对选题所涉及的研究领域的国内外状况有清晰的论述、分析和评价。

——论文的正文应综合应用基础理论、科学方法、专业知识和技术手段对所解决的问题进行分析研究，并能在某些方面提出独立见解或有所创新，或具有一定的生产实际应用价值，产生一定的生态、经济和社会效益。

2）林业硕士专业学位基本要求

林业硕士专业学位（Master of Forestry）是为适应我国生态文明建设与现代林业发展对林业高层次应用型专门人才的需求，创新林业人才培养模式，完善林业人才培养体系，提高林业人才培养质量而设置的。其培养目标是：造就具备服务国家和人民的社会责任感，扎实的林业基础理论和宽广的专业知识，善于运用现代林业科技手段解决实际问题，能够创造性地承担林业及生态建设的专业技术或管理工作的高层次应用型专门人才。

森林的可持续经营已成为国际社会关注的热点，林业也从以木材生产为主要目标的传统林业过渡到以发挥森林多种功能为目标的现代林业。通过森林资源恢复、培育、经营、管理和保护，充分发挥森林在应对全球气候变化中的重要作用与功能；提升森林在涵养水源、保持水土、固碳释氧、生物多样性保护等生态环境服务功能；增强林业在木材与林副产品生产、生物质能源材料的产出、生态旅游、休闲娱乐等经济功能；挖掘林业生态文化载体，以及在生态文明建设中发挥林业的独特功能；改善人居环境的绿色基础设施功能等，都是现代林业理论研究、技术创新和林业建设的重点。因此，现代林业承担着保护和改善国土生态环境，培育和开发丰富多样的林业资源并发展相关产业，建设和发展生态文化等重要任务。

随着现代林业的内涵和外延的丰富与发展，林业的地位、使命和功能的提高与增强，林业硕士专业学位研究生的人才培养方向必须要满足现代林业建设各方面的需要。根据现代林业建设重点和林业职业认证类别，林业硕士主要服务于森林与自然资源的保护、培育、经营与管理以及生态与环境的修复、保护与建设等领域。主要包括：林木良种工程、森林培育、森林可持续经营、森林资源管理与监测、森林保护；林业生态环境工程、退化植被修复、水土保持与荒漠化防治、流域综合管理、野生动植物保护与利用、自然保护区建设与管理、湿地保护与管理、森林公园建设与管理；经济林和林特产品开发、木本生物质能源、碳汇林业、复合农林业与林下经济、森林旅游与游憩；设施栽培；信息技术与数字林业；林业与区域可持续发展、林业经济与政策、林业生态文化建设；城市与社区林业等。针对我国林业发展的实际需要，培养具有较强职业能力的高素质林业硕士，对实现科教兴林、人才兴林，进而推动现代林业发展、促进我国生态文明建设具有长远的战略意义。

（1）硕士专业学位基本要求

①获本专业学位应具备的基本素质

现代林业具有特殊的战略地位和重要的历史使命。林业硕士专业学位获得者需要具有与之相适应的基本学术道德，较高的专业素养和职业奉献精神，能够担当起相应的社会责任。

A. 学术道德：应严格遵守国家有关法律、法规、社会公德及学术道德规范，要坚持科学真理，尊重科学规律，崇尚严谨求实，勇于探索创新，维护科学诚信。

B. 专业素养：对林业及生态建设事业的社会意义有充分的认识和理解，具有较系统的林业基本理论和专业知识，善于发现并运用现代林业知识与技术解决林业及生态建设的实际问题。增强创新创业能力。

C. 职业精神：有献身林业及生态建设事业的人生价值和职业理想，遵守职业道德，重视职业信誉；有勤思善学，不断增强专业能力的职业态度；有较强的社会责任感和团队意识，能够认真履行职业责任，努力进取，积极贡献。

②获本专业学位应掌握的基本知识

应具有扎实的林业基础理论和宽广的专业知识。其基础理论与知识应能支撑各服务领域技术创新；其专业知识应能适应林业服务领域和地区特点，以及新的行业方向和林业生态文化建设的需求，并与国家行业职业资格相衔接。

A. 基础知识：在掌握林学本科毕业生专业基础知识的同时，还应具备生态学原理与应用、现代信息技术、高级试验设计与分析方法、森林资源调查评价与规划、数据分析处理方法、现代科学技术创新理论和方法、经济学与管理学、政策法规等知识。

B. 专业知识：针对服务的不同领域与方向，有选择性地深入学习和掌握植物生理生态学、森林生态系统理论与应用、森林遗传与林木育种、现代森林培育理论与技术、经济林学、城市林业、森林资源监测与评价、森林可持续经营理论与技术、野生动植物保护与利用、自然保护区建设与管理、湿地保护与管理、水土保持与荒漠化防治、保护生物学、森林灾害防控、生态环境建设与管理、森林植物资源开发与利用、木本生物质能源与碳汇林业、森林生态环境服务功能评价、林业经济政策与项目管理、现代林业信息技术与数字林业、林业生态文化建设、社会学等专业知识，能胜任相关领域的开拓性技术和管理工作。

③获本专业学位应接受的实践训练

根据林业专业硕士学位不同服务领域的专业培养要求，结合专业知识教学和毕业实践环节，利用相对稳定、特色突出、针对性强的实践基地条件（如自然保护区、森林公园、湿地、林场、种苗繁育基地、林木良种基地、经济林基地、城市林业建设区、生态治理区等林业管理部门和企事业单位的实践与研究场所等），针对专业领域的实际问题，拟定实践主题，采用具有符合职业需求和实践创新能力培养的多样化实践训练方法（如调查分析、规划设计、实践模拟、案例开发、项目或方案策划、计划制订、项目评估、信息管理、技术或产品研发等），通过林业生态环境理论和专业技术方法的综合运用与探究，掌握解决实际问题的策略和方法，培养研究生探究问题、分析问题、解决问题的能力。

根据林业生产实际过程的技术需求和研究生的专业知识背景、职业经历与目标，可选择以下内容进行专业实践，达到熟悉林业行业特点与生产实践、独立解决相应实践领域生产技术和管理问题能力的训练目标。

A. 林木种苗工程技术实践：包括林木良种选育、遗传测定、良种繁殖、苗木培育、现代苗圃生产技术等。

B. 森林培育技术实践：包括森林营造、抚育间伐、主伐更新等。

C. 森林经营与资源管理：包括森林资源调查、森林经营方案编制与实施、资源动态监测与信息管理、森林资源评价、林地管理、森立认证等。

D. 森林保护技术实践：包括现代林火管理、森林病虫害防治等。

E. 林业生态环境工程技术实践：包括防护林体系建设、水土保持与荒漠化防治、荒漠化防治、生态与环境修复（如植被恢复、矿山修复、土地复垦等）、森林生态环境服务功能监测与评价等。

F. 复合农林业与林下经济技术实践：包括林粮间作、林牧间作、林药间作、林菌间作、林下养殖等的规划设计与技术实施。

G. 经济林、林特产品及森林食品开发技术实践：包括经济林育种技术、栽培管理技术、林特产品研发、林特产品质量检测等。

H. 野生动植物保护与利用：包括野生动植物调查与监测、栖息地保护管理与恢复、再引人或野化放归、人工驯养繁殖、野生动物园规划设计与管理等。

I. 自然保护区、湿地、森林公园建设保护与管理：包括保护对象的认知、保护措施、监测、生态旅游、宣传教育、社区共管等。

J. 城市林业工程技术实践：包括城市森林景观生态规划、树种选择与配置、营造与管护、城市森林生态环境效益监测与评价等。

K. 社区林业与区域可持续发展：主要包括社区林业发展与参与式决策、林下经济与森林资源多目标利用、林业合作组织与规模化经营、集体林权制度改革与配套政策制定等。

L. 林业政策与管理：包括林业法律、法规、政策等制度的制定，实施效果调研，林业管理体制、机制的改革和创新，林权改革，林地流转等。

M. 林业生态文化建设：包括生态文化内涵挖掘、生态文化产品开发、生态文化传播方式、生态文化活动创意等。

N. 信息技术与林业信息化：包括3S（地理信息系统、全球卫星定位系统、遥感）技术、数据库技术以及物联网、云计算、移动互联网、大数据等新一代信息技术在林业中的应用。

④获本专业学位应具备的基本能力

根据林业的公益性行业特点，林业专业学位获得者应该在实际工作中能够善于调动一切积极因素，通过团队合作或协作等途径，创造性地解决实际问题。需要具备的基本职业能力有：

A. 获取知识能力：善于获得与专业领域密切相关的理论和技术发展，关注概念、理论和方法的创新，提高对专业实践问题的认知能力。

B. 实践研究能力：善于从实际出发，针对实际需求，发现对其影响的主要问题和主要因素，洞悉问题和因素的本质、相互联系及发展规律，能够有效利用专业基础理论知识和先进的技术方法，解决实践问题。

C. 沟通、协调与执行能力：应具备解决复杂林业实际问题的沟通、协调与执行能力。在实际工作中，具有全局观，能够以主要目标和任务落实为中心，充分发挥团队作用，统筹协调各方面积极因素和有利资源。有明确的目标、任务和计划，有切实可行的技术措施和行动方案，能够按时高质量完成任务。

D. 专业写作能力：熟悉林业各类技术和管理文件的规范格式和要求，能够根据实际需要，简明、规范地撰写有关专业文本。

⑤学位论文基本要求

学位论文是培养研究生解决实际问题能力和创新能力的关键环节，通过学位论文阶段的教学和训练，可以使林业硕士专业学位研究生在工程技术或科学研究实践中得到全面训练。论文质量应能够反映研究生是否具备扎实的林业基础理论和宽广的专业知识，善于运用现代林业科技手段解决实际问题。

A. 选题要求：学位论文必须强化应用导向，选题应紧密联系林业和生态建设实际。具体选题范围与方向应与林业硕士服务领域相对应，鼓励与行业最新发展密切相关领域的选题，可以来自生产实践、管理实践或研究实践，尽量做到与专业实践训练环节相结合。无论哪种选题，必须能够较好地解决生产、管理、规划设计中存在的实际问题，或在科学技术观点、试验材料和方法上有一定特色或新意。

B. 学位论文形式和规范要求：

学位论文内容　学位论文可将试验研究、调研分析、林业生产项目规划与设计、产品与技术研发、案例分析、项目管理、分析评估等作为主要内容，以论文形式表现。

学位论文规范　学位论文须体现研究生在掌握选题领域国内外现状和进展的基础上，具有综合运用科学理论、方法和技术解决实际问题的能力。

学位论文须在校内外指导教师的共同指导下独立完成，应做到思路清晰，结构合理，文字顺畅，数据翔实，图表规范，结论可靠，字数一般不少于3万字。

学位论文必须建立在作者本人的调查、观察或试验分析数据和事实基础上，论文中的数据和事实信息必须有可靠的来源依据，引用他人的研究结果和资料必须加以明确标注。学位论文结构一般要包括中英文摘要、目录、前言、文献综述或背景分析、研究方法、结果分析、讨论、结论、参考文献及必要的附录等。

C. 学位论文水平要求：学位论文应具有明确的应用目的、实践价值或理论意义，内容应符合实用性、科学性、先进性和规范性基本要求。论文工作应体现一定的方法难度和工作量，具有一定特色和创新。论文应体现出作者具有独立从事林业和生态建设科技工作的能力，正确运用林业专业基础理论、专业知识和技术方法，解决林业与生态建设中实际问题的能力。

1.3.1.3　学位授予标准

学位授予标准是国家为保障学位授予质量，对学位申请、答辩、审批等学位授予过程中的具体流程进行规范，对授予学位需达到的标准设置的最低门槛，可以说学位授予标准保障了学位的含金量，促进了高校学位授予工作的健康发展。各高校也可基于国家设定的最低要求，建立自身的学位授予标准。

在开展林学博士、硕士、专业学位研究生教育规模相对较大的林学培养单位中，我们例举了东北林业大学、南京林业大学、中南林业科技大学 3 个单位编制的研究生学位授予标准，其中东北林业大学一、二级学科为划分标准，南京林业大学和中南林业科技大学以林学一级学科为划分标准，各培养单位都在国家颁布的学位授予标准基础上结合学校和学科的自身特点制定了自己的研究生学位授予标准，具体内容如下：

1.3.1.3.1　学位授予标准目的意义

2013 年国务院学位委员会第六届学科评议组制订了《学位授予和人才培养一级学科简介》（以下简称《简介》）、《一级学科博士、硕士学位基本要求》（以下简称《基本要求》）。《简介》对各学科的概况、内涵、范围和培养目标等进行界定和规范，为学位授予单位加强学科建设、制订培养方案和开展学位授予等工作提供了参考，也为各级教育行政部门开展学科管理提供了依据，同时为社会各界了解我国学科设置、学生报考研究生、开展国际学术交流提供了方便，是各类研究生学位授予应该达到的国家基本标准。《基本要求》是在《中华人民共和国学位条例》及其暂行实施办法有关规定的基础上，根据学术学位和专业学位特点由各学科评议组和专业学位教育指导委员会分别制定的，具有较强的指导性和针对性，是各类研究生学位授予应该达到的基本标准。而学位授予标准是由各学位授予单位在《简介》和《基本要求》的基础上，结合本单位的学科实际和特色，制定的各学科专业研究生学位授予的标准，更突出了办学特色，简洁明确又具有可操作性，不低于相应学科《基本要求》，是各培养单位落实教育部、国务院学位办关于提高研究生培养质量整体部署、完善本单位研究生教育质量保障体系、推行分类管理、促进研究生学位授予质量提升的举措和规范。

1.3.1.3.2　学位授予标准内容

学位标准是衡量博士、硕士学位授予质量的重要指标，是研究生导师指导研究生的重要参考，是社会各界了解培养单位研究生培养质量的基本环节。学位授予标准要求按照学术型和专业型两个学位授予类型和博士、硕士两个学位授予层次分别制定，原则上按照一级学科制定学术型博士、硕士学位授予标准，也可以按照二级学科分别制定各学科专业的学位授予标准，要突出本专业的特色和要求；学位标准应包含学科定位与发展目标、基本知识、基本素质、学术能力及学位论文的要求等几个方面的内容，指标更加具体化和具有可操作性。

1.3.1.3.3 学位授予标准案例分析

选择东北林业大学和南京林业大学两个分别以二级学科和林学一级学科为单位制定的学术型林学博士、硕士研究生学位授予标准的典型案例来介绍不同培养单位学术型林学研究生的学位授予标准的内容和要求；同时也反映出位于不同类型研究生的学位授予标准区别很显著。

Ⅰ．东北林业大学的学位授予标准

分别按照二级学科制定了林学一级学科下相应二级学科的博士、硕士学位授予标准，具体如下：

1）林木遗传育种学科博士研究生学位授予标准

（1）学位论文开题报告、中期考核和论文进展检查的基本要求

①学位论文开题报告的要求 博士生在第二学期即进入论文选题阶段。第三学期完成开题报告，开题报告应包括文献综述、研究意义、主要研究内容、试验方法及技术路线、工作特点及难点、预期成果及可能创新点等。开题报告应在二级（或一级）学科范围内相对集中、公开地进行，并由以博士生导师为主体组成的考核小组评审。开题报告会应吸收有关教师和研究生参加，跨学科的论文选题应聘请相关学科的导师参加。若学位论文课题有重大变动，应重新选做课题报告，以保证课题的前沿性和创新性。评审通过的选题报告，应以书面形式交系（院、所）审批后，交研究生部备案。

②中期考核和论文进展检查的要求 博士生的中期考核一般在第三学期内进行，考核的内容包括政治思想，业务能力（检查课程学习情况、结合开题报告、专业综合考试考察科研能力），健康状况等。考核合格者继续论文工作，不合格者终止博士生培养，予以肄业处理或改做硕士论文。为保证论文工作的顺利进行和博士学位质量，实行论文的中期检查制度。在学位论文工作的中期（一般在第三学年初），博士生要在学科内报告论文工作情况，学科审查小组要对其论文工作进展以及工作态度、精力投入等方面进行考查。并对论文工作汇总的问题提出合理的修改意见，甚至另行立题。考查通过者，准予继续论文工作；否则，按肄业处理或改做硕士论文。论文中期检查由博士生所在学科统一组织。

（2）科研能力与水平的基本要求

①研读与所涉及的研究方向有关的主要经典著作和专业学术期刊上的有关文章，以及导师制定学习的相关领域的基础理论和专业知识，熟悉并能够恰当分析学科前沿状况，进行2次学术报告。

②能够独立寻找或提出具有较重要学术意义和一定研究难度的课题。能够正确确定自己的突破方向、研究路线和工作方法，具有独立从事本领域研究工作的能力，明确所研究课题的重难点，能够实施和完成研究计划。论证严密，研究结果可靠，并能形成较高水平的学术论文。能够围绕一个主攻方向有计划、分阶段地完成有一定难度的系列研究工作。能够完成导师布置的其他研究任务。

③能够熟练地检索、阅读本专业的中、外文资料，能够很好地分析、评价和利用本专

业和相关专业的中外文资料；在从事某项研究时（例如在完成学位论文时）不遗漏重要文献。

④充分熟悉和掌握学术规范，熟悉相关的研究方法，掌握科研论文的写作规范，不把自己的研究结果与他人的发现、观点、数据、材料相混淆，尊重他人劳动成果，实事求是地表达自己的研究成果。以第一作者或独立地在本专业或相近的专业刊物上发表与学位论文内容有关的学术论文 2～3 篇（其中国家级学术期刊或国外相同专业外文期刊论文至少 1 篇）。

⑤具有创新精神和创新能力，富于学术勇气和学术敏感性，敢于向有重要意义的难题挑战；具有较强的把握问题的能力，在研究中能够做到问题集中、突出，主题明确、具体；学术兴趣广泛，善于学习、吸收并综合各方面的知识；表达能力较强，能够最终将自己独立的发现与创造性总结出来，形成让同行专家乃至更广泛的范围理解的研究成果。

（3）学位论文的基本要求

①资格要求　第一，按时完成本方案规定的学习任务，并顺利通过学科综合考试，成绩达到优或良；第二，以第一作者或独立的在本专业或相近专业的学科级刊物上发表与学术论文内容有关的学术论文，SCI 收录文章至少一篇，第一署名单位必须是"林木遗传育种与生物技术教育部重点实验室（东北林业大学）"，英文为："Key Laboratory of Forest Tree Genetic Improvement and Biotechnology（Northeast Forestry University）, Ministry of Education"；第三，没有侵犯他人著作权行为；第四，没有发表有严重科学性错误的文章、著作和严重歪曲原作的译作；第五，和导师一起在《学位论文原创性声明》和《学位论文版权协议》上签名，并附在学位论文首页。

②内容要求　第一，选题为本学科前沿，有重要的理论意义或现实意义，研究工作有一定的难度；第二，研究主题明确，问题集中，材料翔实；第三，能反映出作者掌握了深厚宽广的基础理论和系统深入的专门知识；第四，熟悉与论文有关的学术背景，了解与论文相关的前沿研究动态，论文没有遗漏重要文献，能反映出作者熟练检索、阅读、分析、评价和利用本专业外文文献资料的能力；第五，在理论或者方法上有创新，有创造性成果，达到国内或国际同类学科先进水平，具有较好的社会效益或应用前景，能表明作者具有独立科学研究的能力。

③技术规范要求　第一，自己的研究成果与他人的观点、材料、数据等不相混淆，引用他人的观点、材料、数据等注明来源。第二，独立完成论文。在准备和撰写过程中接受导师指导、采纳专家意见、获得他人帮助等应实事求是地表示感谢，但不能把未对论文提供帮助的人名等列入致谢之列。第三，涉及的背景知识、引用的资料和数据准确无误，所用概念、术语、符号、公式等符合学术规范，没有严重错译或使用严重错译的译文；对问题的论述完整、系统，推理严密，关键词得当。第四，语言精练，文字表达准确，语句符合现代汉语规范，错别字、标点符号错误、外文拼写错误、笔误和校对错误等总计不超过论文的千分之一（按排版篇幅计）。

（4）需阅读的主要文献（表 1-15）

表 1-15   林木遗传育种子学科博士研究生需阅读的主要文献

序号	著作或期刊名称	作者或者出版单位
1	《林木遗传育种学》	王明庥，中国林业出版社，2000
2	《长白落叶松种群、遗传变异与利用》	杨传平，东北林业大学出版社，2001
3	《中国林木育种区》	顾万春，中国林业出版社，1995
4	*Somatic cell genetics and molecular genetics to trees*	Ahuja MR，Kluwer Academic Publishers，1996
5	*Drought tolerance in higher plants*	Belhassen E，Kluwer Academic Publishers，1998
6	《林业科学》	中国林学会
7	《遗传学报》	中国遗传学会
8	《植物生理学通讯》	中国植物学会
9	《生物工程学报》	中国微生物学会
10	《遗传》	中国科学院学会
11	《世界林业研究》	林业部科学技术委员会
12	《林业科学研究》	中国林业科学院
13	《东北林业大学学报》《北京林业大学学报》《南京林业大学学报》	
14	*Plant Physiol*	
15	*Plant Science*	
16	*Plant Breeding*	
17	*Acta Genetica Sinica*	
18	*Biochem Biophys Res Commun*	

2）林木遗传育种学科硕士研究生质量标准

（1）培养方式与方法

硕士生采取课程学习与论文并重的原则，用于学位论文研究时间不得少于2年。

①制订培养计划 一学期规定时间内在导师或导师组的指导下制订"研究生个人培养计划"一式两份，一份由研究生自己保存，一份报学院（实验室）备案。

②开题报告 这是学位论文研究的一个重要环节。硕士生学位论文开题时间放在第三学期或第四学期初，可与中期考核同时进行。学院（实验室）根据研究生选题情况，按二级学科成立若干开题报告审查小组。审查小组由具有研究生培养经验、副高级以上职称的专家3～5人组成，对论文选题的可行性进行论证，分析难点，明确方向，以保证学位论文按时完成并达到预期结果。

③中期考核 据本院（实验室）研究生规模和学科点现状，按照学校研究生中期考核实施办法提出本院研究生中期考核工作的具体时间和办法，中期考核安排在第四学期初进行。第一，考核在学院统一组织领导下，以学院或学科为单位成立考核工作领导小组对硕士研究生组进行考核。第二，业务方面主要考核眼激素恒课程学习是否达到规定要求，通过课程学习反映出来的科研及思维能力；政治、思想、品德方面的考核由研究生党组织负责，组成以辅导员、班委会等组成的考核组进行考核。第三，研究生需参加由学校统一组织的综合考试，考试方式为笔试。第四，经过中期考核的硕士研究生，按考核成绩分为5种流向：免试提前攻读博士学位；两年毕业或提前报考博士；正常毕业（3年）；亮黄牌；终

止学业。

④学位论文中期进展及检查　为保证论文工作的顺利进行和硕士学位质量，进行硕士生学位论文中期进展，检查时间放在第五学期末，由指导老师检查。论文中期检查由硕士生所在的学科统一组织。硕士生要在学科内报告论文工作情况，学科审查小组要对其论文工作进展以及工作态度、精力投入等方面进行考查，并对论文工作中的问题提出合理的修改意见，甚至另行立题。考查通过者准予继续论文工作；否则按肄业处理或延期毕业。

（2）科研能力与水平及学位论文基本要求

①研能力与水平的基本要求　第一，研究方向有关的主要经典著作和专业学术期刊上的有关文章，以及导师制定学习的相关领域的基础理论和专业知识，熟悉并能够恰当分析学科前沿状况，做一次学术报告。第二，立从事本领域研究工作的能力，明确所研究课题的重难点，能够实施和完成研究计划。论证严密，研究结果可靠，并能形成较高水平的学术论文，能够完成导师布置的其他研究任务。第三，检索、阅读本专业的中、外文资料，能够很好地分析、评价和利用本专业和相关专业的中外文资料：在从事某项研究时（如在完成学位论文时）不遗漏重要文献。第四，熟练掌握学术规范，熟悉相关的研究方法，掌握科研论文的写作规范。第五，能够做到问题集中、突出，主题明确、具体；学术兴趣广泛，善于学习吸收并综合各方面的知识。第六，期刊发表论文 1～2 篇。

②学位论文的基本要求　第一，学位论文的基本要求是：论文的选题应有理论意义和实践意义，研究结果应有新的见解或能解决实际产生问题，能表明作者具有从事科学研究或独立承担技术工作的能力。第二，应以严谨求实的态度对待科研工作，以获得准确的实验数据和资料，并进行认真整理、分析、撰写论文。第三，论文应在导师指导下独立完成，论文篇幅一般在 3 万字左右，摘要在 1000 字左右，要求立论准确、概念清楚、分析严谨、计算无误、数据可靠、文字简练、图标清晰。

（3）需阅读的主要文献（表 1-16）

表 1-16　林木遗传育种学科硕士研究生需阅读的主要文献

序号	著作或期刊名称	作者或者出版单位
1	《林木遗传育种学》	王明庥，中国林业出版社，2000
2	《长白落叶松种群、遗传变异与利用》	杨传平，东北林业大学出版社，2001
3	《中国林木育种区》	顾万春，中国林业出版社，1995
4	*Somatic Cell Genetics and Molecular Genetics to Trees*	Ahuja MR，Kluwer Academic Publishers，1996
5	*Drought Tolerance in Higher Plants*	Belhassen E，Kluwer Academic Publishers，1998
6	《林业科学》	中国林学会
7	《遗传学报》	中国遗传学会
8	《植物生理学通讯》	中国植物学会
9	《生物工程学报》	中国微生物学会
10	《遗传》	中国科学院学会
11	《世界林业研究》	林业部科学技术委员会
12	《林业科学研究》	中国林业科学院

（续）

序号	著作或期刊名称	作者或者出版单位
13	《东北林业大学学报》《北京林业大学学报》《南京林业大学学报》	
14	*Plant Physiol*	
15	*Plant Science*	
16	*Plant Breeding*	
17	*Acta Genetica Sinica*	
18	*Biochem Biophys Res Commun*	

3）森林保护学科博士研究生质量标准

（1）学位论文开题报告、中期考核和论文进展检查的基本要求

①学位论文开题报告的要求　博士学位论文开题报告论证的时间应安排在第 2～3 学期进行。博士研究生在导师的指导下，在查阅国内外文献和了解该研究方向前人工作、发展动态、有待解决问题的基础上确定论文研究题目，进行项目查新，提交学科论证小组论证，论证小组重点对选题的目的依据、意义、国内外研究现状、研究内容、技术路线、研究方法、工作计划、预期目标及可行性等进行论证，并提出相应的修改意见。开题论证组由 5～7 名相关专家组成。

②中期考核和论文进展检查的要求　中期考核安排在博士研究生入学后第 3～4 学期。研究生向中期考核小组汇报前期思想表现、理论学习和论文研究的具体情况，中期考核小组主要对研究生入学以来的思想政治及道德品质表现、学位课程学习、学位论文选题及科研能力进行全面检查和考核。考核合格者，可以继续学习，进行论文工作。对考核不合格者，经学校审批，延缓毕业、终止其学习或作肄业处理。

（2）科研能力与水平的基本要求

①研读与所涉及的研究方向有关的主要经典著作和专业学术期刊上的有关文章，以及导师指定学习的相关领域的基础理论和专业知识，熟悉并能够恰当分析学科前沿状况。

②能够独立寻找或提出具有较重要学术意义和一定研究难度的课题。能够正确确立自己的突破方向、研究路线和工作方法。

③具有独立从事本领域研究工作的能力，明确所研究课题的重点难点，能够实施和完成研究计划。论证严密，研究结果可靠，并能形成较高水平的学术论文。能够围绕一个主攻方向有计划、分阶段地完成导师布置的其他研究任务。

④能够熟练地检索、阅读本专业的中、外文资料，能够很好地分析、评价和利用本专业和相关专业的中外文资料，在从事某项研究时（如完成学位论文时）不遗漏重要文献。

⑤充分熟悉和掌握学术规范，熟悉相关的研究方法，掌握科研论文的写作规范，不把自己的研究结果与他人的发现、观点、数据、材料相混淆，尊重他人成果，实事求是地表达自己的研究成果。

⑥具有创新精神和创新能力，富有科学勇气和学术敏感性，敢于向有重要意义的难题挑战；具有较强的把握问题的能力，在研究中能够做到问题集中、突出，主题明确、具体；学术兴趣广泛，善于学习、吸收并综合各方面的知识；表达能力较强，能够最终将自己独立的发现与创造性总结出来，形成让同行专家乃至更广泛的范围理解的研究成果。

（3）学位论文的基本要求

①资格要求 第一，按时完成本方案规定的学习任务，并顺利通过学科综合考试，成绩达到优或良；第二，以第一作者或独立地在本专业或相近专业的国家 A 类刊物上发表与学位论文内容有关的学术论文 2 篇以上，第一署名单位必须是"东北林业大学"。刊物以校学位评定委员会审定的刊物目录为准；第三，没有侵犯他人著作权行为；第四，没有发表有严重科学性错误的文章，著作和严重歪曲原作的译作；第五，和导师一起在《学位论文原创性声明》上签名，并附在学位论文首页。

②内容要求 第一，选题为本学科前沿、有重要的理论意义或现实意义，研究工作有一定难度；第二，研究科学问题明确，问题集中，材料翔实；第三，能反映出作者掌握了深厚宽广的基础理论和系统深入的专门知识；第四，熟悉与论文有关的学术背景，了解与论文相关的前沿研究动态，论文没有遗漏重要文献，能反映出作者熟练检索、阅读、分析、评价和利用本专业外文文献资料的能力；第五，在理论或方法上有创新，有创造性成果，达到国内或国际同类学科先进水平，具有较好的社会效益或应用前景，能表明作者具有独立科学研究的能力。

③技术规范要求 第一，自己的研究成果与他人的观点、材料、数据等不相混淆，引用他人的观点、材料、数据等注明来源；第二，在准备和撰写过程中接收导师的指导、采纳专家的建议、获得他人帮助等应实事求是地表示感谢，但不能把未对论文提供帮助的人名等列入致谢之列；第三，涉及的背景知识、引用的资料和数据准确无误，所用概念、术语、符号、公式等符合学术规范，没有严重错译或使用严重错译的译文；对问题的论述完整、系统，推理严密，关键词得当；第四，语言精练，文字表达准确，语句符合现代汉语规范，错别字、标点符号错误、外文拼写错误、笔误和校对错误等总计不超过论文的千分之三（按排版篇幅计）。

（4）需阅读的主要文献（表 1-17）

表 1-17 森林保护学博士研究生需阅读的主要文献

序号	著作或期刊名称	作者或出版单位
1	《中国森林昆虫》	李成德，中国林业出版社，2004
2	《中国生物防治》	包建中，山西科学技术出版社，1998
3	《昆虫生物化学》	王荫长，中国农业出版社，2001
4	《菌物学概论》	杨旺等，中国农业出版社，2002
5	《有害生物的微生物防治原理和技术》	陈涛等，湖北科学技术出版社，1995
6	《生理植物病理学》	高必大 陈捷，科学出版社，2006
7	《植物病原细菌学》	王金生，中国农业出版社，2000
8	《植物病原真菌学》	陆家云，中国农业出版社，2001
9	《宏观植物病理学》	曾士迈，中国农业出版社，2005

4）森林保护学科硕士研究生质量标准

（1）培养方式与方法

硕士生采取课程学习与论文并重的原则，用于学位论文研究时间不得少于 1 年。

①制订培养计划　第一学期内在导师或导师组的指导下制订"硕士生个人培养计划"一式两份，一份由研究生自己保存，一份报学院(所、中心)备案。

②开题报告　这是学位论文研究的一个重要环节。硕士生学位论文开题时间放在第三学期或第四学期初，可与中期考核同时进行。学院(所、中心)根据研究生选题情况，按二级学科成立若干开题报告审查小组。审查小组由具有研究生培养经验、副高以上职称的专家3~5人组成，对论文选题的可行性进行论证，分析难点，明确方向，以保证学位论文按时完成并达到预期结果。

③中期考核　根据本院(所、中心)研究生规模和学科点现状，按照学校研究生中期考核实施办法提出本院研究生中期考核工作的具体时间和办法，中期考核安排在第四学期初进行。第一，考核在学院统一组织领导下，由各专业负责实施，组成包括学院(学科)负责人、导师代表、班主任在内的若干考核小组(每组成员3~5人)进行考核，同时较广泛地听取其他教师的意见。第二，业务方面主要考核研究生课程学习是否达到规范要求，通过课程学习反映出来的科研及思维能力；政治、思想、品德方面的考核由院学生工作组会同有关人员进行。第三，填写"东北林业大学研究生中期考核自我评估表"，对被考核研究生作出结论性意见。第四，经过中期考核的硕士研究生，按考核成绩分为3种流向：硕—博连读或提前攻博，具体要求：进入硕士论文阶段：学习成绩良好，具有一定研究工作能力(以论文为主要参考)，可进入硕士论文阶段，继续完成硕士学业；中止学业：个别成绩较差，明显表现出缺乏科研能力，或因其他原因不宜继续攻读学位者，要求限期改正，限期未改正者中止其学业，按学籍管理的有关规定，发给相应证书。

(2)科研能力与水平及学位论文的基本要求

科研能力与水平的基本要求：第一，阅读国内外森林保护领域的相关资料，了解和熟悉所从事研究方向的发展现状和动态，系统学习相关领域的基础理论和专业知识，具备分析和解决有关实际问题的能力；第二，在导师指导下，选择和确定具有一定科学水平的研究课题，提出相关研究思路，制订科学、可行的研究方案和实施计划；第三，熟练掌握与其研究相关的先进仪器设备的实用技术，具备较强从事森林保护领域研究工作的能力；第四，能够按计划顺利开展科学研究工作，完成硕士学位论文。论文研究内容系统、研究方法科学、数据翔实、结果可靠、写作规范。

(3)学位论文的基本要求

①资格要求　第一，按时完成本方案规定的学习任务，并顺利通过学科综合考试，成绩合格。第二，以第一作者或独立地在本专业或相近专业的国家核心刊物上发表与学位论文内容有关的学术论文1篇以上，第一署名单位必须是"东北林业大学"。学术刊物以校学位评定委员会审定的刊物目录为准。第三，没有侵犯他人著作权行为。第四，没有发表有严重科学性错误的文章、著作和严重歪曲原作的译作。第五，和导师一起在《学位论文原创性声明》上签名，并附在学位论文首页。

②内容要求　第一，选题应属本学科具有一定理论意义和应用价值的课题，研究主题明确、内容系统，试验设计和方法严密可靠，材料翔实。能反映出作者掌握了比较扎实的基础理论和基本技能。第二，熟悉与论文有关的学术背景和研究动态，论文没有遗漏重要文献，能反映出作者熟练检索、阅读、分析、评价和利用本专业外文文献资料的能力。第

三，论文分析合乎逻辑，结论确切，论文在前人的研究基础上应具有新进展、新见解、新技术、新方法，获得具有一定理论价值和实践意义的研究结果。

③技术规范要求　第一，自己的研究成果与他人的观点、材料、数据等不相混淆，引用他人的观点、材料、数据等注明来源。第二，在准备和撰写过程中接收导师的指导、采纳专家的建议、获得他人帮助等应实事求是地表示感谢，但不能把未对论文提供帮助的人名等列入致谢之列。第三，涉及的背景知识、引用的资料和数据准确无误，所用概念、术语、符号、公式等符合学术规范，没有严重错译或使用严重错译的译文；对问题的论述完整、系统，推理严密，关键词得当。第四，语言精练，文字表达准确，语句符合现代汉语规范，错别字、标点符号错误、外文拼写错误、笔误和校对错误等总计不超过论文的千分之三(按排版篇幅计)。

(4)需阅读的主要文献(表1-18)

表1-18　森林保护学科学硕士研究生需阅读的主要文献

序号	著作或期刊名称	作者或出版单位
1	《中国森林昆虫》	李成德，中国林业出版社，2004
2	《昆虫生理学》	王荫长，中国农业出版社，2004
3	《昆虫生物化学》	刘慧霞，陕西科学技术出版社，1998
4	《昆虫学研究进展与展望》	刘同先，科学出版社，2005
5	《昆虫生物化学》	王荫长，中国农业出版社，2001
6	《现代微生物学》	刘志恒，科学出版社，2002
7	《微生物技术开发原理》	曲音波，化学工业出版社，2005
8	《中国生物防治》	包建中，山西科学技术出版社，1998
9	《有害生物的微生物防治原理和技术》	陈涛等，湖北科学技术出版社，1995
10	《菌物学概论》	杨旺等，中国农业出版社，2002
11	《植物病原真菌学》	陆家云，中国农业出版社，2001
12	《宏观植物病理学》	曾士迈，中国农业出版社，2005

5)森林经理学博士研究生质量标准

(1)学位论文开题报告、中期考核和论文进展检查的基本要求

①学位论文开题报告的要求　第一，时间：开题报告一般应在第三学期期末之前完成；第二，内容：开题报告内容应就课题的来源、选题依据、目的、意义、研究内容、研究方法、预期成果、可能的创新点与难点、时间安排、科研条件等实施方案做出论证；第三，标准：开题报告要有详尽的文献综述，文字不少于8000字，阅读和引用文献不少于50篇，其中至少20篇为外文文献。

②论证方式　第一，开题报告应在学科范围内集中、公开进行。科学点所在学院组织5名以上具有高级职称的专家组成考核小组，对开题报告进行评审。开题时应吸收有关老师和研究生旁听。跨学科课题应聘请有关学科的专家参加。第二，开题报告经考核小组审议通过后方能进入论文阶段。未通过者，应在3个月之内不做开题报告。仍未通过者，按博士生中期考核有关规定处理。第三，开题报告通过后，原则上不能随意改题。如有特殊

情况需要变更，由博士生提出书面申请，导师签署意见，经学院负责人同意后再作开题报告，开题报告通过后报研究生教育学院备案。

③中期考核和论文进展检查的要求 第一，时间与考核内容：博士生实行中期考核制度。第三学期初，结合学位论文开题报告对博士生进行中期考核，考核内容包括入学以来的思想政治表现、课程学习情况、科研能力、外国语水平、论文开题报告及健康状况进行全面衡量，并进行学科综合考试。第二，中期考核组织和实施：中期检查由学院组织实施。各学院应建立有导师参加的3~5人检查小组，负责本学期中期检查的考评工作。博士生要着重论文工作进行阶段性总结，阐述已完成的论文工作内容和取得的阶段性成果。对论文工作中遇到的问题，尤其对与选题报告内容不相符的部分进行重点说明，对下一步的工作计划和需继续完成的研究内容进行论证。导师对博士生中期检查情况给出评语，评语包括对已有工作评价，以及对计划完成情况、博士生表现和今后工作的评价。检查小组对博士生中期检查给予评定，并填写《博士研究生学位论文中期报告情况表》。在中期检查中，专家组认为确有创新、有可能成为优秀论文的学位论文，应予以重点关注。对于中期检查评定不合格者，应该对博士生提出修改要求，并在半年后再次进行论文复查。没有进行论文中期报告的博士生，不能进行论文答辩。

(2)科研能力与水平基本要求

①研读与所涉及的研究方向有关的主要经典著作和专业学术期刊上的有关文章，以及导师制定学习的相关领域的基础理论和专业知识，熟悉并能够恰当分析学科前沿状况。

②能够独立寻找或提出具有较重要学术意义和一定研究难度的课题，能够正确确立自己的突破方向、研究路线和工作方法。

③具有独立从事本领域研究工作的能力，明确所研究课题的重难点，能够实施和完成研究计划，论证严密，研究结果可靠，并能形成较高水平的学术论文。能够围绕一个主攻方向有计划、分段地完成有一定难度的系列研究工作。能够完成导师布置的其他研究任务。

④能够熟练地检索、阅读本专业的中、外文资料，能够很好地分析、评价和利用本专业和相关专业的中外文资料；在从使某项研究时(如在完成学位论文时)不遗漏重要文献。

⑤充分熟悉和掌握学术规范，熟悉相关的研究方法，掌握研究论文的写作规范，不把自己的研究结果与他人的发现、观点、数据、材料相混淆，尊重他人成果，实事求是地表达自己的研究成果。

⑥具有创新精神和创新能力，富于学术勇气和学术敏感性，敢于向有重要意义的难题挑战；具有较强的把握问题的能力，在研究中能做到问题集中、突出，主题明确、具体；学术兴趣广泛，善于学习、吸收并综合各方面的知识；表达能力较强，能够最终将自己独立的发现与创造性总结出来，形成让同行专家乃至更广泛的范围理解的研究成果。

⑦能辅导本科生的专业基础课程和指导本科生的专业实习。掌握一门外语，能够流利阅读本学科领域的专业文献，并初步具备用外语写作论文的能力。具有应用计算机进行数据处理和文献检索的能力。

(3)学位论文的基本要求

①资格要求 第一，按时完成本方案规定的学习任务，并顺利通过学科综合考试，成

绩达到优或良。第二，以第一作者或独立地在本专业或相近学科级刊物上发表与学位论文内容有关的学术论文两篇以上，第一署名单位必须是"东北林业大学"。学科级刊物一校学位评定委员会审定的刊物目录为准。第三，没有侵犯他人著作权行为。第四，没有发表严重科学性错误的文章、著作和严重歪曲原作的译作。第五，和导师共同在《学位论文原创性声明》和《学位论文版权协议》上签名，并附在学位论文首页。

②内容要求　第一，选题为本学科前沿，有重要的理论意义或现实意义，研究工作有一定难度。第二，研究主题明确，问题集中材料翔实。第三，能反映出作者掌握了深厚宽广的理论基础和系统深入的专门知识。第四，熟悉论文有关的学术背景，了解于论文相关的前沿研究动态，论文没有遗漏重要文献，能反映出作者熟练检索、阅读、分析、评价和利用本专业外文文献资料的能力。第五，在理论方法上有创新，有创造性成果，达到国内或国际同类学科先进水平，具有较好的社会效益或应用前景，能表明作者具有独立科学研究的能力。

③技术规范要求　第一，自己的研究结果于他人的观点、材料、数据等不相混淆，引用他人观点、材料、数据等注明来源。第二，独立完成论文，在准备和撰写过程中接受导师指导、采纳专家建议、获得他人帮助等应实事求是地表示感谢，但不能把未对论文提供帮助的人名等列入致谢之列。第三，涉及背景知识、引用的资料和数据准确无误，所用概念、术语、符号、公式等符合学术规范，没有严重错译或使用严重错译的译文；对问题的论述完整、系统，推理严密，关键词得当。第四，语言精练，文字表达准确，语句符合现代汉语规范，错别字、标点符号错误、笔误和校对错误等总计不超过论文的千分之三（安排版篇幅计）。

（4）需阅读的主要文献（表 1-19）

表 1-19　森林经理学博士研究生需阅读的主要文献

序号	著作或期刊名称	作者或出版单位
1	《资源与环境地理信息系统》	范文义、周洪泽，科学出版社，2003
2	《遥感应用分析原理与方法》	赵应时，科学出版社
3	《遥感学报》	中国地理学会环境遥感分会、中国科学院遥感应用研究所
4	《地理学报》	中国地理学会
5	*Remot Sensing of Environment*	ELSEVEIR
6	*Photogrammetric Engineering and Remote Sensing*	
7	*Modelloing Forest Growth and Yield*	1994

6）森林经理学硕士研究生质量标准

（1）培养方式与方法

硕士生采取课程学习与论文并重原则，用于学位论文研究时间不得少于 1 年。

①制订培养计划　第一学期规定时间内在导师或导师组的指导下制定"硕士生个人培养计划"一式两份，一份由研究生自己保存，一份报学院（实验室）备案。

②开题报告　这是学位论文研究的一个重要环节。硕士生学位论文开题时间放在第三学期或第四学期初，可与中期考核同时进行。学院（实验室）根据研究生选题情况，按二级

学科成立若干开题报告审查小组。审查小组由具有研究生培养经验、副高以上职称的专家3～5人组成，对论文选题的可行性进行论证，分析难点，明确方向，以保证学位论文按时完成并达到预期结果。

③中期考核　根据本院(实验室)研究生规模和学科点现状，按照学校研究生中期考核实施办法提出本院研究生中期考核工作的具体时间和办法，中期考核安排在第四学期初进行。第一，考核在学院统一组织领导下，以学院或学科为单位成立考核工作领导小组对硕士研究生组阁进行考核。第二，业务方面主要考核研究生课程学习是否达到规定要求，通过课程学习反映出来的科研及思维能力；政治、思想、品德方面的考核由研究生党组织负责，组成以辅导员、班委会等组成的考核组进行考核。第三，研究生需参加由学校统一组织的综合考试，考试方式为笔试。第四，经过中期考核的硕士研究生，按考核成绩分为5种流向：免试提前攻读博士学位；两年毕业或提前报考博士；正常毕业(3年)；亮黄牌；终止学业。

④学位论文中期进展及检查　第一，中期考核：是加强研究生管理，提高培养质量，检查培养效果的有效措施。第二，考核时间：第三学期期末进行。第三，考核内容：思想政治，道德品质和遵纪守法表现；课程学习成绩、文献综述和开题报告，考查独立思考及试验调查动手能力，综合能力及水平；健康状况。第四，考核方式：以教研室为单位，由学科带头人、学科专家和导师组成考核小组，逐人进行考核，对硕士生的课程学习情况和完成学位论文能力进行考核，重点考察其对专业理论知识的掌握程度和分析与解决问题的科研能力。考核小组对硕士取得考核结果做出公正评价并评定成绩，以确定该生是否有资格进入论文准备阶段。对考核不合格或完成学业确有困难者，应劝其退学或肄业处理。

(2)科研能力与水平及学位论文的基本要求

①科研能力与水平的基本要求　第一，掌握本学科的基础理论和专业知识，具有独立分析问题和解决问题的能力，较强的实验动手能力，对所研究的课题有新的见解，取得新的成果，对相关的学术动态要有基本了解。能熟练操作计算机和使用有关软件的能力；并至少具备熟练使用一门专业外语的能力。第二，通过上述能力的培养，使研究生具备较高的科研业务技能，在完成研究生学习的基础上，能够协助指导教师完成一定的教学或科研任务，包括承担导师或导师组的部分科研任务。按照有关规定，在硕士论文答辩开始前一年做开题报告，开题报告必须有文献综述、背景知识简介和创新点介绍等内容。至少用一年时间从事科学研究和论文写作，工作量充分。硕士学位论文应在导师的指导下，由硕士研究生本人独立完成。要求至少参与一项与所学专业密切相关的研究课题，至少在国内或国外相关领域学术刊物、以第一或第二作者(导师为第一作者)的身份发表论文一篇。

②学位论文的基本要求(包括学术水平、创造性成果及工作量等方面的要求)　第一，按时完成本方案规定的学习任务，并顺利通过学科考试，成绩合格。第二，至少在国内或国外相关领域的刊物、以第一或第二作者(导师为第一作者)的身份发表论文1篇，第一署名单位必须是"东北林业大学"。第三，没有侵犯他人著作权行为。第四，没有发表有严重科学性错误的文章、著作和严重歪曲原作的译作。第五，和导师一起在《学位论文原创性声明》和《学位论文版权协议》上签名，并附在学位论文首页。

③内容要求　第一，通篇内容要体现上述"科研能力水平"的要求，能够准确地归纳和

总结论文。第二，选题(研究方向)所涉及的必备基础理论、前沿成果和研究动态、主要内容和主要观点能够体现本研究方向(领域)最新研究成果并有所创新；能够反映研究生发现问题、分析和解决问题和实际水平，对所研究的课题有新见解、新成果，论据必须充分，数据必须正确可靠。学位论文包括：题目、中英文摘要、关键字、目录、引言、正文、参考文献等。

④技术规范要求　第一，学位论文必须是一篇完整的学术论文，使用规范语言。论文结构完整、合理，思路清晰，逻辑性强。第二，论文的论据充分，论证深入。观点有新意，结论正确，有学术价值和实用意义。论文写作规范，文笔流畅，表达清楚，图表格式符合要求。第三，论文正文不少于2.5万字，其中综述部分应占总篇幅的1/4左右。文献不少于50篇，其中英文文献不少于20篇。

(3)需阅读的主要文献(表1-20)

表1-20　森林经理学硕士研究生需阅读的主要文献

序号	著作或期刊名称	作者或出版单位
1	《用材林经理学定量方法》	克拉特·J·L等. 中国林业出版社，1991
2	*Forest Mensuration，Cuvillier Verlag，Gottingen*	A. von Laar and A. Akca，1997
3	*Remote Sensing and Image Interpretation(Fourth Edition)*	T. M. Lillesand and R. W. Kiefer，John Wiley & Sons，Inc，2000
4	*Forest Management(Fourth Edition)*	L. S. Davis，K. N. Johnson，P. S. Bettinger and T. H. Howard，McGraw-Hill Companies，Inc，2001
5	*Modelling Forest Growth and Yield*	J. K. Vanclay，CAB International，1994

7)森林培育学博士研究生质量标准

(1)学论论文开题报告、中期考核和论文进展检查的基本要求

①学位论文开题报告的要求　时间：第三学期中期。内容：拟开展研究的题目；研究领域进展；存在问题；研究目的与意义；研究内容；研究方案；可行性分析。标准：研究内容密切结合学科方向，科学问题明确。公开论证方式：举行开题报告会。

②中期考核和论文进展的检查的要求　第一，中期考核要求：时间：第三学期期末；组织形式：公开报告会；考核内容：论文前期工作与研究进展。第二，论文进展检查的要求：时间：与中期考核同期进行，同时每学期导师检查研究进展情况；组织形式：个人介绍前期工作进展、论文撰写情况。

(2)科研能力与水平的基本要求

①具备开展科学研究的基本科学素质，能够熟练地检索、阅读森林培育学专业的中、外文资料，能够很好地分析、评价和利用本专业和相关专业的中外文资料；在从事某项研究时(如在完成学位论文时)不遗漏重要文献。

②具有独立从事本领域研究工作的能力，明确所研究课题的重难点，能够实施和完成研究计划。论证严密，实验方法先进，数据翔实，研究结果可靠，并能形成较高水平的学术论文。能够围绕一个主攻方向有计划、分阶段地完成有一定难度的系列研究工作。能够完成导师布置的其他研究任务。

③具有创新精神和创新能力，富有科学勇气和学术敏感性，敢于向有重要意义的难题

挑战；具备团队合作精神，能够形成高效、合理的研究队伍，并在其中起到科研骨干的作用；学术兴趣广泛，善于学习、吸收并综合各方面的知识；表达能力较强，能够最终将自己独立的发现与创造性总结出来，形成让同行专家乃至更广泛的范围理解的研究成果。

（3）学位论文的基本要求

①资格要求　第一，按时完成本方案规定的学习任务，并顺利通过学科综合考试，成绩达到优或良。第二，以第一作者或独立地在本专业或相近专业的国家 A 类刊物上发表与学位论文内容有关的学术论文不少于 2 篇（接受也可，但必须有录用证明），其中导师为第一作者、学生为第二作者发表的 A 类刊物论文同样有效。第三，第一署名单位必须是"东北林业大学"，国家 A 类刊物以校学位评定委员会审定的刊物目录为准。第四，没有侵犯他人著作权行为。第五，没有发表有严重科学性错误的文章、著作和严重歪曲原作的译作。第六，和导师共同在《学位论文原创性声明》和《学位论文版权协议》上签名，并附在学位论文首页。

②内容要求　第一，选题为本学科前沿、有重要的理论意义或现实意义，研究工作有一定难度。第二，研究科学问题明确，问题集中，文献完全翔实。第三，能反映出作者掌握了深厚宽广的基础理论和系统深入的专门知识。第四，熟悉与论文有关的学术背景，了解与论文相关的前沿研究动态，论文没有遗漏重要文献，能反映出作者熟练检索、阅读、分析、评价和利用本专业外文文献资料的能力。第五，在理论或方法上有创新，有创造性成果，达到国内或国际同类学科先进水平，具有较好的社会效益或应用前景，能表明作者具有独立科学研究的能力。

③技术规范要求　第一，自己的研究成果与他人的观点、材料、数据等不相混淆，引用他人的观点、材料、数据等注明来源。第二，独立完成论文。在准备和撰写过程中接收导师的指导、采纳专家的建议、获得他人帮助等应实事求是地表示感谢，但不能把未对论文提供帮助的名人等列入致谢之列。第三，涉及的背景知识、引用的资料和数据准确无误，所用概念、术语、符号、公式等符合学术规范，没有严重错译或使用严重错译的译文，对问题的论述完整、系统，推理严密，关键词得当。第四，语言精练，文字表达准确，语句符合现代汉语规范，错别字、标点符号错误、外文拼写错误、笔误和校对错误等总计不超过论文的千分之三（按排版篇幅计）。

（4）需阅读的主要文献（表 1-21）

表 1-21　森林培育学博士研究生需阅读的主要文献

序号	著作或期刊名称	作者或出版单位
1	《林业科学》	中国林学会
2	《林业科学研究》	中国林业科学研究院
3	《世界林业研究》	国家林业局科技情报中心
4	《植物生态学报》	中国科学院植物研究所，中国植物学会
5	《土壤学报》	中国土壤学会
6	《生态学报》	中国生态学学会
7	《应用生态学报》	中国生态学学会中国科学院沈阳应用生态研究所

（续）

序号	著作或期刊名称	作者或出版单位
8	*Journal of Integrative Plant Biology*	中国植物学会，中国科学院植物研究所
9	*Molecular Plant*	中国植物生理学会
10	《植物生理学通讯》	中国植物生理学会
11	《植物学报》	中国科学院植物研究所，中国植物学会
12	《自然科学进展》	国家自然科学基金委员会
13	《中国科学基金》	国家自然科学基金委员会
14	*Nature*	Nature 出版公司
15	*Science*	美国科学促进会
16	*Forest Science*	美国林学会
17	*Forest Ecology and Management*	Elsevier 出版公司
18	*Canadian Journal of Forest Research*	加拿大国家研究委员会
19	*PlantCell, Tissue and Organ Culture*	Springer 出版公司
20	*Trees-Structure and function*	Springer 出版公司
21	*Journal of Forest Research（Japan）*	Springer 出版公司
22	*Tree Physiology*	Heron 出版公司
23	*New Phytologist*	Blackwell 出版公司
24	*Plant Cell and Environment*	Blackwell 出版公司
25	*Functional Ecology*	Blackwell 出版公司
26	*Global Change Biology*	Blackwell 出版公司
27	《日本林学会志》	日本林学会

8）森林培育学硕士研究生质量标准

（1）培养方式与方法

硕士生采取课程学习与论文并重的原则，用于学位论文研究时间不得少于1.5年。

①制订培养计划　第一学期规定时间内在导师或导师组的指导下制订"硕士生培养计划"一式两份，一份由研究生自己保存，一份报学院（实验室）备案。

②开题报告　开题报告是学位论文研究的一个重要环节。硕士生学位论文开题时间放在第三学期下旬，可与中期考核同时进行。学院（实验室）根据研究生选题情况，按二级学科成立若干开题报告审查小组。审查小组由具有研究生培养经验、副高以上职称的专家3~5人组成，对论文选题的可行性进行论证，分析难点，明确方向，以保证学位论文按时完成并达到预期结果。

③中期考核　根据本院（实验室）研究生规模和学科点现状，按照学校研究生中期考核实施办法提出本院研究生中期考核工作的具体时间和办法，中期考核安排在第四学期初进行。第一，考核在学院统一组织领导下，以学院或学科为单位成立考核工作领导小组对硕士研究生组阁进行考核。第二，业务方面主要考核研究生课程学习是否达到规范要求，通过课程学习反映出来的科研及思维能力；政治、思想、品德方面的考核由研究生党组织负责，组成以辅导员、班委会等组成的考核组进行考核。第三，研究生需要参加由学校统一

组织的综合考试，考试方式为笔试。第四，经过中期考核的硕士研究生，按考核成绩分为5 种流向：免试提前攻读博士学位；两年毕业或提前报考博士；正常毕业(3 年)；警告；终止学业。

④学位论文中期进展及检查　略。

(2)科研能力与水平及学位论文的基本要求

①科研能力与水平的基本要求　第一，研读与所涉及的研究方向有关的主要经典著作和专业学术期刊上的有关文章，系统学习相关领域的基础理论知识和专业知识，熟悉森林培育学的发展和前沿状况，能够分析和解决有关实际问题。第二，在导师指导下，选择和确定具有一定科学水平的研究课题后，能独立的从事本领域研究工作，制订、实施和完成科学可行的研究计划。熟练掌握与其研究相关的先进仪器设备的实用技术，能够按计划顺利开展科学研究工作，完成硕士学位论文。论文研究内容系统、研究方法科学、数据翔实、结果可靠、写作规范。

②学位论文的基本要求　第一，资格要求：按时完成本方案规定的学习任务，并顺利通过学科综合考试，成绩达到优或良。第二，以第一作者或独立地在本专业或相近专业的国家核心刊物上发表与学位论文内容有关的学术论文不少于1 篇(接受也可，但必须有录用证明)，其中导师为第一作者，学生为第二作者发表的国家核心期刊论文同样有效。第一署名单位必须是"东北林业大学"。国家核心刊物以校学位评定委员会审定的刊物目录为准。第三，没有侵犯他人著作权行为。没有发表有严重科学性错误的文章、著作和严重歪曲原作的译作。和导师共同在《学位论文原创性声明》和《学位论文版权协议》上签名，并附在学位论文首页。

③内容要求　第一，选题应属本学科具有一定理论意义和应用价值的课题，研究主题明确、内容系统，试验设计和方法严密可靠，材料翔实。能反映出作者掌握了比较扎实的基础理论和基本技能。第二，熟悉与论文有关的学术背景，了解与论文相关的前沿研究动态，论文没有遗漏重要文献，能反映出作者熟练检索、阅读、分析、评价和利用本专业外文文献资料的能力。第三，论文分析合乎逻辑，结论确切，论文在前人的研究基础上应具有新进展、新见解、新技术、新方法，获得具有一定理论价值和实践意义的研究结果。

④技术规范要求　第一，自己的研究成果与他人的观点、材料、数据等不相混淆，引用他人的观点、材料、数据等注明来源。第二，独立完成论文。在准备和撰写过程中接收导师的指导、采纳专家的建议、获得他人帮助等应实事求是地表示感谢，但不能把未对论文提供帮助的名人等列入致谢之列。第三，涉及的背景知识、引用的资料和数据准确无误，所用概念、术语、符号、公式等符合学术规范，没有严重错译或使用严重错译的译文；对问题的论述完整、系统，推理严密，关键词得当。语言精练，文字表达准确，语句符合现代汉语规范，错别字、标点符号错误、外文拼写错误、笔误和校对错误等总计不超过论文的千分之三(按排版篇幅计)。

(3)需阅读的主要文献(表1-22)

表 1-22　森林培育学硕士研究生所阅读的主要文献

序号	著作或期刊名称	作者或出版单位
1	《造林学》（第二版）	孙时轩
2	《中国造林技术》	黄枢
3	《杨树人工林培育》	方升佐
4	《造林学》（中译本）	佐藤毅二
5	《现代工业人工林发展的创新研究》	林迎星
6	《造林学》（第 1、2、3 分册）	汉斯迈耶尔
7	*Forest Regeneration Manual*	Kluwer Academic Publishers
8	《林业科学》	中国林学会
9	《林业科学研究》	中国林业科学研究院
10	《世界林业研究》	国家林业局科技情报中心
11	《植物生态学报》	中国科学院植物研究所、中国植物学会
12	《生态学报》	中国生态学学会
13	《应用生态学报》	中国生态学学会、中国科学院沈阳应用生态研究所
14	*Journal of Integrative Plant Biology*	中国植物学会、中国科学院植物研究所
15	*Molecular Plant*	中国植物生理学会
16	《植物生理学通讯》	中国植物生理学会
17	《植物学报》	中国科学院植物研究所、中国植物学会
18	《自然科学进展》	国家自然科学基金委员会、中国科学院
19	《中国科学进展》	国家自然科学基金委员会
20	《土壤学报》	中国土壤学会
21	*Forest Ecology and Management*	Elsevier 出版公司
22	*Forest Science*	美国林学会
23	*Canadian Journal of Forest Research*	加拿大国家研究委员会
24	*New Phytologist*	Blackwell 出版公司
25	*Trees-structure and Function*	Springer 出版公司
26	*Tree Physiology*	Heron 出版公司
27	*Functional Ecology*	Blackwell 出版公司
28	*Journal of Forest Research*	Springer 出版公司
29	*Global Change Biology*	Blackwell 出版公司
30	*Plant Cell and Environment*	Blackwell 出版公司
31	*Nature*	Nature 出版公司
32	*Plant cell，Tissue and Organ Culture*	Springer 出版公司
33	各相关大学学报	

9）水土保持与荒漠化防治博士研究生质量标准

（1）学位论文开题报告、中期考核和论文进展检查的基本要求

①学位论文开题报告的要求　第一，开题报告是博士研究生学位论文的重要组成部分和基础。通常情况下，论文题目确定后，博士研究生应在指导老师的指导下，通过文献资料的查阅，了解和掌握所确定研究领域的发展趋势和国内外最新研究动态，并经过分析整理，对文献进行综合评述，找出自己要研究的重点和突破口，在此基础上，提出完整的研

究思路、研究内容和具体的试验设计和研究方法。第二，对拟 3 年正常毕业的博士研究生，要求提交开题报告和进行开题论证必须在第二学期初即 4 月 30 日之前完成，为保证开题的质量，学科提前一个月安排组织预开题论证。第三，开题报告要求包括文献综述、研究内容、技术路线、研究方法、试验设计、时间进度安排和可行性分析等内容，重点要求阐明拟解决的科学或技术问题、可能的创造性工作或创新点以及必要性和可行性的分析，尽可能对可能出现的问题有预见性，达到研究思路的系统性、完整性、逻辑性和可操作性。采用论证会的形式对开题报告进行论证。论证会由学科组织，至少聘请 5 名以上相关领域的专家组成论证小组，听取博士研究生简要汇报后，重点进行质疑，需 2/3 以上专家同意开题方可在导师指导下进行实施。

②中期考核和论文进展检查的要求　第一，博士研究生中期考核要求在第三学期末（12 月 31 日前）完成。由学科组织成立研究生中期考核领导小组，通过对专业知识的综合测试和听取博士研究生汇报入学以来的思想情况，业务学习、开题、论文进展情况以及存在的问题，进行综合评价。第二，从第二学期博士研究生开题后至第六学期提交学位论文前采取由统一组织和由研究生指导教师自行组织对研究生论文进展情况进行定期和不定期的检查，其中定期检查，由学科统一组织，分别在第三、四、五学期的期末，结合学术报告和公开发表论文情况进行；不定期检查由研究生指导教师自行组织，重点检查工作的进展和存在的问题。

（2）科研能力与水平的基本要求

①熟练地查阅、分析和评述本专业领域相关的中、外文文献，及时把握学术动态与前沿，能够提出高水平的科学问题，并针对拟解决的科学问题和技术关键完成实（试）验设计，确定先进、科学、可行的研究方法和工作思路。能够独立地按照研究计划组织课题的实施，及时发现和解决实施过程中出现的问题，获取第一手原创性数据资料，通过缜密的分析，得出科学、正确、可信的研究结论，形成较高水平的学术论文。

②采用"两稿一本"对博士研究生的科研能力和水平进行检查。其中，"两稿"是要求博士研究生在培养期间内，至少要在本学科专业领域内较有影响的核心期刊发表学术论文 2 篇以上；"一本"是要求博士研究生结合学位论文或指导教师的科研课题，在攻读学位期间至少完成 1 项课题研究报告或高水平自然科学基金项目的申请文本。

（3）学术论文的基本要求

水土保持与荒漠化学科博士研究生学位论文的要求满足学校相关统一规定外，还应满足以下要求：第一，博士学位论文应具有较高的学术水平，对科学技术进步、生态环境的建设和社会经济的发展具有一定的理论意义或应用价值。第二，学位论文应该具有明显的创新性。对基础理论研究，论文的创新成果以公开发表的与学位论文内容相关的高水平学术论文（2 篇以上）进行考核；对应用技术研究，以取得科技进步奖或授权专利（1 项以上）进行评价。第三，为保证高质量学位论文的完成，要求博士研究生学位论文工作的时间不得少于 2 年。第四，博士研究生学位论文字数要求正文部分 5 万字以上。

（4）需阅读的主要文献（表 1-23）

表 1-23　水土保持与荒漠化防治博士研究生需阅读的文献

序号	著作或期刊名称	作者或出版单位
1	《北京林业大学学报》	北京林业大学
2	《东北林业大学学报》	东北林业大学
3	《南京林业大学学报（自然科学）》	南京林业大学
4	《浙江林学院学报》	浙江林学院
5	《林业科学》	中国林学会
6	《林业科学研究》	中国林业科学研究院
7	《世界林业研究》	国家林业局
8	《西北林学院学报》	西北农林科技大学
9	《科学通报》	中国科学院
10	《中国科学》A，B，C，D，E，F，G 辑	中国科学院
11	《自然科学进展》	国家自然科学基金委员会
12	《生态学报》	中国生态学会
13	《应用生态学报》	中国生态学会
14	《植物生态学报》	中国植物学会
15	《水土保持学报》	中国水土保持学会
16	《中国水土保持科学》	中国水土保持学会
17	《自然资源学报》	中国自然资源学会
18	《气象学报》	中国气象学会
19	《地理学报》	中国地理学会
20	《地理研究》	中国地理学会
21	《土壤通报》	中国土壤学会
22	《生态学杂志》	中国生态学会
23	《植物研究》	东北林业大学
24	*Journal of Forestry Research*	东北林业大学
25	《防护林科技》	黑龙江省防护林研究所
26	*Canadian Journal of Forest Research*	加拿大
27	*Canadian Journal of Soil Science*	加拿大
28	*Forest Ecology and Management*	荷兰
29	*Journal of Soil and Water Conservation*	美国
30	*Agricultural and Forest Meteorology*	荷兰
31	*International Journal of Climatology*	英国
32	*Bulletin of The American Meteorological Society*	美国
33	*Journal of Climate*	美国
34	*Climate Dynamics*	美国
35	*Journal of Geophysical Research*	美国
36	*Geophysical Research Letters*	美国
37	*Nature*	美国
38	*Science*	美国
39	《林业生态工程学：林草植被建设的理论与实践》	中国林业出版社
40	《林业生态环境建设与退耕还林水土保持实务全书》	世图音像电子出版社

（续）

序号	著作或期刊名称	作者或出版单位
41	《三北防护林及荒漠化遥感监测》	中国林业出版社
42	《荒漠化防治工程学》	中国林业出版社
43	《生态工程》	气象出版社
44	《生态恢复工程技术》	化学工业出版社
45	《可持续发展理论探索：生态承载力理论、方法与应用》	中国环境科学出版社
46	《生态工程学》	南京大学出版社
47	《生态环境可持续管理：指标体系与研究发展》	中国环境科学出版社
48	《生态恢复的原理与实践》	化学工业出版社
49	《干旱农业生态工程学》	环境科学与工程出版社
50	《干旱区造林》	中国林业出版社

10）水土保持与荒漠化防治硕士研究生质量标准

（1）培养方式与方法

硕士生采取课程学习与论文并重的原则，用于学位论文研究时间不得少于1年。

①制订培养计划　第一学期结束前在导师指导下制订"硕士生个人培养计划"一式两份，一份由研究生自己保存，一份保学院（实验室）备案。

②开题报告　这是学位论文研究的一个重要环节。学科根据研究生选题情况，成立开题报告审查小组。审查小组由具有研究生培养经验、副高以上职称的专家5～7人组成，对论文选题的可行性进行论证，分析难点，明确方向，以保证学位论文按时完成并达到预期结果。

③中期考核　安排在第四学期初进行。第一，考核在学院统一组织领导下，以学院或学科为单位成立考核工作领导小组对硕士研究生逐个进行考核。第二，业务方面主要考核研究生课程学习是否达到规定要求，通过课程学习反映出来的科研及思维能力；政治、思想、品德方面的考核由研究生党组织负责，组成以辅导员、班委会等组成的考核组进行考核。第三，研究生需参加有学校统一组织的综合考试，考试方式为笔试。第四，经过中期考核的硕士研究生，按考核成绩分为5种流向：免试提前攻读博士学位；两年毕业或提前报考博士；正常毕业（3年）；亮黄牌；终止学业。

④学位论文中期进展及检查　第一，第五学期开始时以中期；第二，进展报告的形式进行学科成立进展报告审查小组。审查小组由具有研究生培养经验、副高级以上职称的专家5～7人组成，根据研究生课题开展情况，对论文的进展情况进行检查，对照开题报告，针对研究内容，帮助学生分析难点，确定完成内容的合理性，并相应调整后续工作的内容与方法，以保证学位论文按时完成并达到预期结果。

（2）科研能力有水平及学位论文的基本要求

①科研能力与水平的基本要求　第一，具备独立从事科学研究工作或独立承担技术工作的能力。通过阅读文献提出相应的科研问题，并能够独立写出详细的选题依据、目的意义、研究内容、研究方法、技术路线、时间安排，通过室内室外研究，得到相应研究结果。第二，在国内核心期刊上以第一作者或第二作者（老师为第一作者）至少发表文章1篇。

②学位论文的基本要求 第一，论文要求选题正确、基本掌握国内外研究动态、技术路线合理、研究方法科学、数据真实，分析过程完整并有逻辑性、写作形式规范、结论可信。要求研究生勇于创新，论文要有一定的学术水平。第二，研究生学位论文工作的时间不得少于16个月。第三，研究生学位论文正文部分不得少于3万字。

（3）需阅读的主要期刊（表1-24）

表1-24 水土保持与荒漠化防治硕士研究生需阅读的文献

序号	著作或期刊名称	作者或出版单位
1	《林业生态工程学》	王礼先等，中国林业出版社
2	《水土保持学》	王礼先，中国林业出版社
3	《流域管理学》	王礼先，中国林业出版社
4	《荒漠化防治工程学》	孙保平，中国林业出版社
5	《中国荒漠化防治》	朱俊凤等，中国林业出版社
6	《环境与可持续发展》	钱易等，高等教育出版社
7	《景观生态学原理与应用》	傅伯杰等，科学出版社
8	《中国农林复合经营》	朱文华等，科学出版社
9	《造林学》	沈国舫，中国林业出版社
10	《中国森林土壤》	张万儒等，科学出版社
11	《干旱地区造林学》	孙洪祥，中国林业出版社
12	《北京林业大学学报》	北京林业大学
13	《东北林业大学学报》	东北林业大学
14	《南京林业大学学报》（自然科学）	南京林业大学
15	《林业科学》	中国林学会
16	《林业科学研究》	中国林业科学研究院
17	《世界林业研究》	国家林业局
18	《生态学报》	中国生态学会
19	《应用生态学报》	中国生态学会
20	《植物生态学报》	中国植物学会
21	《水土保持学报》	中国水土保持学会
22	《自然资源学报》	中国自然资源学会
23	《气象学报》	中国气象学会
24	《地理学报》	中国地理学会
25	《土壤通报》	中国土壤学会
26	《生态学杂志》	中国生态学会
27	《植物研究》	东北林业大学
28	*Journal of Forestry Research*	东北林业大学
29	《防护林科技》	黑龙江省防护林研究所
30	*Canadian Journal of Forest Research*	加拿大
31	*Canadian Journal of Soil Science*	加拿大
32	*Forest Ecology and Management*	荷兰
33	*Journal Of Soil and Water Conservation*	美国
34	*Agricultural and Forest Meteorolog*	荷兰
35	*Nature*	美国
36	*Science*	美国

11）野生动植物保护与利用博士研究生质量标准

（1）培养目标与学制及应修学分

①培养目标　根据野生动植物保护与利用研究领域的国内外发展趋势，针对每名博士研究生自身的知识储备、个人能力和素质条件，分别制定其培养攻读博士研究生阶段的培养方案、培养目标及未来学术发展方向。以珍稀、濒危和经济野生动植物保护的宏观研究为突破口，宏观现代研究技术和微观分子生物学实验技术有机结合为培养思路；抓好博士研究生开题报告、野外与室内试验研究、研究进展与汇报、学术研讨与交流、创新意识的培养、学术论文写作与发表、学位论文答辩等各个培养环节，使本学科博士研究生具有：第一，品德素质高、基本理论知识扎实、知识面广博、社会适应性强；第二，学风严谨、学术水平高、创新意识强；第三，具有国际野生动植物保护与利用热点问题的洞察力和抢占本学科的发展制高点的攻关能力；第四，具有承担省部级乃至国家、国际重点或重大科研项目的能力；第五，胜任本学科领域本学科教学和具有知道硕士研究生的能力；第六，具有较强的社会协调能力和服务于国家经济建设和社会发展的意识。

②学制　全日制博士生3~6年，基本学习年限掌握在3年。

③应修学分　15~18学分，其中必修10学分，选修5~8学分。

（2）学位论文开题报告、论文进展检查、能力考核的基本要求

①学位论文开题报告的要求　第一，开题报告：是学位论文研究的一个重要环节。学院按二级学科成立开题报告审查小组。审查小组由具有博士研究生培养经验、副高以上职称的专家5~7人组成，对论文选题的科学性和可行性进行论证，分析难点，明确方向，以保证学位论文能按时完成并达到预期结果。第二，时间：第二学期初。第三，内容：论文题目的确定、研究现状的综述、论文研究框架、研究方法、技术路线、进度安排、考核指标、预期成果以及科学性、先进性、可行性论证等。第四，标准：形成清楚的文字资料，具有一定的前沿性和创新性，并要求有一定的前期工作基础。第五，论证方式：学科组织专家公开论证，记入学术报告1次。

②论文进展检查要求　第一，时间：第一次检查时间为第4学期初，第二次检查为第5学期初；延期毕业者与相应的下届博士生一起进行检查。第二，组织形式：学科或导师组进行自查，对学生参加科研情况、学术报告情况、教学实践和学位论文进展等综合考核。形成自查情况简要说明，然后由学科认定、学院审核。

③能力考核的要求　根据本学科研究生规模和学科点现状，考核安排在第四学期初进行。第一，考核在学院统一组织领导下，以学科为单位成立考核工作领导小组，对博士研究生进行考核。第二，业务方面主要考核博士研究生课程学习是否达到规定要求，通过课程学习反映出来的科研及思维能力；政治、思想、品德方面的考核由研究生党组织负责考核。第三，经过中期考核的博士研究生，按考核成绩分为5种流向：作为优秀博士生培养对象，向学校学术委员会推荐，由本人申请优秀博士生培养基金；批准正常毕业（3年）；建议延期毕业（4~6年）；亮黄牌；终止学业。

④组织形式　学科组织专家组（5~7人），对学生的学习成绩、论文开题报告、参加科研情况、学术报告情况、教学实践等综合考核。

（3）科研能力与水平的基本要求

①研读与所涉及的研究方向有关的主要经典著作和专业学术期刊上的有关文章，以及导师指定学习的相关领域的基础理论和专业知识，熟悉并能够恰当分析学科前沿状况。

②能够独立寻找或提出具有较重要学术意义和一定研究难度的课题。能够正确确立自己的突破方向、研究路线和工作方法。

③具有独立从事本领域研究工作的能力，明确所研究课题的重难点，能够实施和完成研究计划。论证严密，研究结果可靠，并能形成较高水平的学术论文。能够围绕一个主攻方向有计划、分阶段地完成导师布置的其他研究任务。

④能够熟练地检索、阅读本专业的中、外文资料，能够很好地分析、评价和利用本专业和相关专业的中外文资料，在从事某项研究时（如完成学位论文时）不遗漏重要文献。

⑤充分熟悉和掌握学术规范，熟悉相关的研究方法，掌握科研论文的写作规范，不把自己的研究结果与他人的发现、观点、数据、材料相混淆，尊重他人成果，实事求是地表达自己的研究成果。

⑥具有创新精神和创新能力，富有科学勇气和学术敏感性，敢于向有重要意义的难题挑战；具有较强的把握问题的能力，在研究中能够做到问题集中、突出，主题明确、具体；学术兴趣广泛，善于学习、吸收并综合各方面的知识；表达能力较强，能够最终将自己独立的发现与创造性总结出来，形成让同行专家乃至更广泛的范围理解的研究成果。其科研水平应达到以下任意之 3 条：

——导师科研项目的主要参加成员（前 5 名以内，以发表的文章、合同书、获奖证书为准）

——申请到 1 项地市级以上的科研项目

——获国家发明专利或实用新型专利 1 项

——发表较高学术水平的论文 2 篇以上（国家 A 学术期刊以上）

——在国际或全国性学术会议作 1 次以上学术报告

（4）学位论文的基本要求

①资格要求　第一，按时完成本方案规定的学习任务，并顺利通过学科综合考试，成绩达到优或良。第二，以通讯作者、第一作者、第二作者（第一名必须是导师）或独立地在SCI、EI 发表 1 篇。第三，或在国外学术期刊、国家 A 类学术期刊上发表 2 篇，或在本学科认定的学术刊物上发表与学位论文内容有关的学术论文 3 篇以上，且第一署名单位必须是"东北林业大学"。第四，没有侵犯他人著作权行为。第五，没有发表有严重科学性错误的文章、著作和严重歪曲原作的译作。第六，与导师共同在《学位论文原创性声明》和《学位论文版权协议》上签名，并附在学位论文首页。

②内容要求　第一，选题为本学科前沿、有重要的理论意义或现实意义，研究工作有一定难度。第二，研究主题明确，问题集中，材料翔实。第三，能反映出作者掌握了深厚宽广的基础理论和系统深入的专门知识。第四，熟悉与论文有关的学术背景，了解与论文相关的前沿研究动态，论文没有遗漏重要文献，能反映出作者熟练检索、阅读、分析、评价和利用本专业外文文献资料的能力。第五，在理论或方法上有创新，有创造性成果，达到国内或国际同类学科先进水平，具有较好的社会效益或应用前景，能表明作者具有独立

科学研究的能力。

③技术规范要求 第一，自己的研究成果与他人的观点、材料、数据等不相混淆，引用他人的观点、材料、数据等注明来源。第二，独立完成论文。在准备和撰写过程中接收导师的指导、采纳专家的建议、获得他人帮助等应实事求是地表示感谢，但不能把未对论文提供帮助的名人等列入致谢之列。第三，涉及的背景知识、引用的资料和数据准确无误，所用概念、术语、符号、公式等符合学术规范，没有严重错译或使用严重错译的译文；对问题的论述完整、系统，推理严密，关键词得当。第四，语言精练，文字表达准确，语句符合现代汉语规范，错别字、标点符号错误、外文拼写错误、笔误和校对错误等总计不超过论文的千分之三（按排版篇幅计）。

12）野生动植物保护与利用博士研究生质量标准

（1）培养目标与学制及应修学分

①培养目标 根据野生动植物保护与利用研究领域的国内外发展趋势，针对每名硕士研究生自身的知识储备、个人能力和素质条件，分别制定其培养攻读硕士研究生阶段的培养方案、培养目标及未来学术发展方向。以珍稀、濒危和经济野生动植物保护的宏观研究为突破口，宏观现代研究技术和微观分子生物学实验技术有机结合为培养思路；抓好硕士研究生开题报告、野外与室内试验研究、研究进展与汇报、学术研讨与交流、学术论文写作与答辩等各个培养环节，使本学科硕士研究生具有：第一，品德素质高、基本理论知识扎实、知识面广博、社会适应性强；第二，学风严谨、学术水平高、创新意识强；第三，具有承担省部级乃至国家、国际重点或重大科研项目的能力；第四，胜任本学科领域本学科教学和具有指导硕士研究生的能力；第五，具有较强的社会协调能力和服务于国家经济建设和社会发展的意识。

②学制 全日制硕士生2～5年，基本学习年限掌握在3年。

③应修学分 20～25学分，其中必修13学分，选修7～12学分。

（2）培养方式与方法

硕士生采取课程学习与论文并重的原则，用于学位论文研究时间不得少于1年。

①制订培养计划 第一学期规定时间内在导师或导师组的指导下制定"硕士生培养计划"一式三份，一份由研究生自己保存，一份交导师存档，一份报学院备案。

②开题报告 这是学位论文研究的一个重要环节。硕士生学位论文开题时间放在第三学期初进行。学院按二级学科成立开题报告审查小组。审查小组由具有研究生培养经验、副高以上职称的专家3～5人组成，对论文选题的可行性进行论证，分析难点，明确方向，以保证学位论文按时完成并达到预期结果。

③学位论文中期进展及检查时间 第一，提前毕业研究生：第一次检查时间为第三学期末，第二次检查为第四学期初。第二，正常毕业研究生：第一次检查时间为第四学期末或第五学期初，第二次检查为第五学期末或第六学期初。

④组织形式 由导师组自查，形成自查情况简要说明，然后有学科认定、学院审核。

（3）科研能力与水平及学位论文的基本要求

①科研能力 满足以下任意之2条：第一，参与导师的科研项目1项（以发表的文章、合同书、获奖证书为准）。第二，申请到研究生科创项目1项。第三，获国家发明专利或

实用新型专利 1 项。第四，发表的学术论文 1 篇。第五，作学术报告 1 次。

②学位论文的基本要求

资格要求：第一，按时完成本方案规定的学习任务，并顺利通过中期考核。第二，以第一作者、通讯作者、第二作者（第一作者必须是指导教师）、第三作者（国家 A 类学术期刊）或独立地在本专业或相近专业的国家核心刊物上发表与学位论文内容有关的学术论文 1 篇以上，且第一署名单位必须是"东北林业大学"。第三，没有侵犯他人著作权行为。没有发表有严重科学性错误的文章、著作和严重歪曲原作的译作。第四，与导师共同在《学位论文原创性声明》和《学位论文版权协议》上签名，并附在学位论文首页。

内容要求：第一，选题为本学科前沿、有重要的理论意义或现实意义，研究工作有一定难度。研究主题明确，问题集中。能反映出作者掌握了深厚宽广的基础理论和系统深入的专门知识。第二，熟悉与论文有关的学术背景，了解与论文相关的前沿研究动态，论文没有遗漏重要文献，能反映出作者熟练检索、阅读、分析、评价和利用本专业外文文献资料的能力。第三，能够应用国内或国际同类学科先进理论或方法，具有较好的社会效益或应用前景，能表明作者具有独立科学研究的能力。

技术规范要求：第一，自己的研究成果与他人的观点、材料、数据等不相混淆，引用他人的观点、材料、数据等注明来源。第二，独立完成论文。在准备和撰写过程中接受导师的指导、采纳专家的建议、获得他人帮助等应实事求是地表示感谢，但不能把未对论文提供帮助的名人等列入致谢之列。第三，涉及的背景知识、引用的资料和数据准确无误，所用概念、术语、符号、公式等符合学术规范，没有严重错译或使用严重错译的译文；对问题的论述完整、系统，推理严密，关键词得当。第四，语言精练，文字表达准确，语句符合现代汉语规范，错别字、标点符号错误、外文拼写错误、笔误和校对错误等总计不超过论文的千分之三（按排版篇幅计）。

Ⅱ. 南京林业大学（以一级学科为单位制定）

1）南京林业大学林学一级学科博士、硕士培养目标和学位标准

（1）博士学位培养目标

博士学位主要培养热爱祖国、身心健康、知识渊博的高层次创新型专门人才。具有严谨的治学态度、优良的科学作风和高尚的科学道德；掌握本学科坚实宽广的基础理论和系统深入的专门知识；掌握本学科国内外的研究动态、学科前沿问题和发展趋势；具有很强的创新意识、创新能力，并能在基础理论或专门技术上做出创造性的成果；至少掌握一门外国语，能进行国际间的学术交流；具有独立从事科学研究、教学或高层次管理工作的能力。

（2）博士学位标准

①获本学科博士学位应掌握的基本知识及结构 林学博士生的培养目标是造就该领域的拔尖创新人才。林学博士生应掌握本学科坚实宽广的基础理论和系统深入的专业知识，同时有广博的知识面。其知识水平及结构能够与开展林学学科相关前沿科学研究和发挥科研创新能力相适应。博士生所掌握的基本知识和形成的知识结构需通过博士生综合考试来考核，要考核博士生对林学基础和专业知识综合应用和分析解决问题的能力。

林学博士生应在本学科硕士所要具备的基本知识结构和水平的基础上，在专业基础及

专业知识、工具性知识方面达到以下要求：

A. 专业基础及专业知识：林学博士生要根据重点研究方向的不同，有选择地精深学习和掌握与本学科领域的研究有密切关联的植物生理学、森林生态学、森林土壤学、动物学、微生物学、生物化学与分子生物学、细胞遗传学、分子遗传学、保护生物学等 5～8 门相关专业基础理论和该学科领域的国际前沿研究进展，并能灵活运用于自己的科研创新中。要在林学一级学科所包含的林木遗传育种、森林培育、森林保护学、森林经理学、园林植物学、经济林学、野生动植物保护与利用、水土保持与荒漠化防治、自然保护区学等几个主要研究方向上能精深掌握 1～2 个研究方向的专业理论和国内、外该学科科学理论和应用技术的前沿研究进展，并能使自己的研究内容有创新性突破。

根据林学学科多元化发展趋势，该学科博士生还可有选择性地拓展学习生物学、生态学、风景园林学、农业资源与环境、计算机科学与技术、环境科学与工程等一级学科的前沿知识，充分利用学科交叉优势促进科研创新。

B. 工具性知识：

●外语知识　要求熟练掌握一门外国语，具有熟练的阅读理解和写作能力，较熟练的听说交流能力。在自己的研究方向上，有很高的专业外语水平和较强的国际交流能力，熟悉国内、外林学学科研究领域主要学术刊物和学术出版物种类。

●试验(实验)技术知识　掌握国内、外本学科主要研究方向先进的研究方法和试验(实验)技术，在先进仪器分析和测试技术、现代生物技术、遥感技术、地理信息系统、卫星导航与定位系统技术、计算机技术等若干先进的研究技术手段上有 1～2 方面专长，并能够科学应用于研究工作中，促进科研创新。

②获本学科博士学位应具备的基本素质

A. 学术素养：要求林学博士生有较强的学术潜质，热爱林业事业，具有强烈的事业心，对科学研究有浓厚的兴趣，具有科学的生态科学观；具有吃苦耐劳、勇于实践、敢于质疑、追根溯源、锲而不舍、坚持真理的科学态度；具有较强的创新意识、创新思维和创新实践能力，严谨求实、勤于思考、善于学习的精神；掌握知识产权的相关法律、法规，尊重知识产权，恪守科学研究理论。

B. 学术道德：要求林学博士生恪守学术道德规范，遵纪守法。杜绝考试作弊和以不正当手段获取学习成绩；尊重他人的科研成果，规范引用，不剽窃抄袭；不伪造或篡改试验数据、研究成果；学位论文不弄虚作假；不违反国家有关保密的法律、法规。

③获本学科博士学位应具备的基本学术能力

A. 获取知识能力：要求林学博士生具备很强的自学和合作学习的能力，具有通过各种科技媒介，计算机网络，国内、外同行交流等途径快速获取知识的能力。通过学习，掌握本学科学术研究前沿动态，高效获取专业知识和研究实验方法，并能够探究知识的来源，进行研究方法的推导等。

B. 学术鉴别能力：林学博士生需熟悉国内、外有关知识产权的法律和法规，具有本学科领域知识产权的查询能力，能够对学术研究中的研究结果、研究过程的创新性做出科学判断，能够对自己和他人已有研究成果的科学性做出客观真实的鉴别和评价。

C. 科学研究能力：林学博士生需具有独立和组织开展高水平科学研究的能力。能通过阅读国内、外相关研究领域科技文献，分析和评价该领域当前的研究进展，开展理论思考，提出有价值的科学问题和技术问题；具备创新思维能力，能够科学确定前沿理论及技术研究内容，设计出科学合理、切实可行的研究方案，撰写出高水平开题报告，并通过专家论证；具备很强的组织、协调和调动利用科研资源和力量的能力，按照研究计划开展科学研究和技术开发工作的能力；具备较强的理论思维和数据分析能力，能够通过科学分析数据、逻辑推理等发现和总结出创新型科学规律，开发出新品种、新技术、新产品；具有较强的文字表达能力，能够发表高水平学术论文。通过科研实践，能解决所发现的科技问题，推动该学科理论与技术发展。

D. 学术创新能力：林学博士生应具有较强的创新思维、创新实践和创新性成果的能力。应具有较为系统的林学学科某一领域的基础理论和应用技术功底，有较好的逻辑推理能力，较强的想象力和洞察力，能够独立或组织开展创新性思维活动，形成创新思维成果，提出新观点、新命题；应掌握研究领域先进的研究方法，并能出色地应用于研究工作中，形成创新性研究方法；能够独立或组织开展创新性科研实践，具有较强的分析问题和解决问题的能力，敏锐抓住研究过程中的创新苗头，从复杂的现象中发现和总结提炼出创新性规律或技术；具有较好的口头文字表达能力，能够利用学术交流、论文发表等手段传播创新性成果。

E. 学术交流能力：要求林学博士生通过参加课程讨论，各类科研研讨活动，国内、外学术活动等，培养较好的学术表达能力和交流能力，掌握合作学习能力，能够在国内、外学术会议、学术访问等学术交流活动中出色完成学术报告、学术张贴等，充分表达自己的学术思想，展示学术成果。

F. 其他能力：要求林学博士生具有较强的组织、协调、沟通等能力，能够组织、领导或参与相关领域的科研、教学和高层次管理等工作，出色完成所承担的各类任务。

④学位论文基本要求

A. 选题与综述的要求：林学博士学位论文选题应来源于林学学科有关研究方向的理论或技术问题，应充分阅读国内、外林学学科相关文献，充分掌握林学学科某领域国内、外研究前沿和进展，围绕论文选题核心，撰写出高水平的文献综述。综述应在阐述论文研究领域的国内、外研究前沿的基础上，就研究水平、存在问题进行分析和评述，提出未解决或需要进一步研究的科学问题和技术难题。在此基础上，在导师的指导下认真选择自己的研究课题，并对其先进性和可能形成的创新性科研成果进行深入的理论思考和讨论。拟解决的问题要有相当难度和工作量，选题要具有理论深度和先进性，其研究成果要在基础理论或应用技术上有重要突破，或具有很强的生产实际应用价值或应用潜力，对学科发展和林业产业生产产生重要的影响。林学博士学位论文开题报告需导师审核并经本学科和相关学科专家评审通过。研究生需在开题评审会上阐明选题的国内、外研究现状，选题依据和意义，研究内容，拟采用的研究方法和技术路线，预期成果和创新性，研究工作的可行性和存在的主要困难，现有工作基础，总体时间安排和进度，经费预算等。

B. 规范性要求：林学博士生学位论文形式应为科学研究类，具体内容如下：

——封面：封面应包括题目、作者、导师、学科、研究方向。题目应概括学位论文最主要内容，恰当、简明，一般不超过 20 个字。

——独创性声明：论文应有独创性声明和关于论文使用和授权的声明，需有研究生和导师亲笔签名。

——中英文摘要：中文摘要包括论文题目、论文摘要和关键词。论文摘要需简要说明论文的研究目的意义、研究方法、主要结果和结论、建议和展望。摘要需要突出研究的创新性，语言力求精练，结果力求定量表达。中文关键词一般 4~5 个，要能反映论文的主要研究对象或研究内容，每个关键词以 2~5 个字为宜。英文摘要包括论文题目、研究生姓名及导师姓名、论文摘要、关键词，论文题目、摘要内容和关键词应与中文摘要相同。

——目录：目录是论文内容的索引，一般最多在每章下设置 3 级目录。

——前言：在论文正文前，应阐述本课题研究依据、目的和意义、主要研究内容及预期的成果。字数在 600~1500 字。

——文献综述：围绕本研究领域相关的几个方面，按层次详细阐述国内、外研究的历史与现状，目前的研究进展，尤其是要提出尚存在的问题，值得深入研究的科学或技术难题。在综述中应准确标引全部引文出处。

——正文：这是学位论文的核心部分，文体上可分若干章或不分章，若分章则每章中应包括：引言、材料与方法、结果与分析、结论与讨论。引言是交代本章研究的目的意义和主要研究内容，材料与方法需详细具体说明研究材料的来源、主要研究方法等，借鉴别人的研究试（实）验方法应标明出处；结果与分析应给出主要研究结果的文字叙述和经过科学统计处理的核心图表；结论与讨论则要在本研究结果分析的基础上，提炼出相应的明确结论，并与前人的相关研究结论进行比较，对于本研究中涉及的有关重要问题进行有观点的讨论。对于不分章的文体，则总体上也同样有引言、材料与方法、试验结果与分析等几部分。

——全文总结与展望：全文总结和讨论是学位论文的整体研究结果和结论的概括性总结和讨论，应该精练、完整、准确，注重体现论文的核心创新。展望是就论文未解决的问题、下一步研究设想、研究成果应用前景等提出相应的建议。不分章论文该部分和结论与讨论部分合并。

——论文创新性：将论文的主要创新性分若干点逐一列出。

——参考文献：准确、规范列出论文中所有引用的文献。

——个人简介：包括个人的教育和学术简介，发表论文和取得其他成果情况。

——导师简介：包括导师的简历及学术成就简况。

——致谢。

——必要的附录：包括图表、序列、缩略语等。

——成果创新性要求。

林学博士学位论文的研究成果要在某一领域的基础理论和应用技术上有重要突破，具有重要的理论意义或有较强的生产实际应用价值或应用潜力，对学科发展和林业事业产生重要的影响．具体来说应具备以下的一项或几项：

——学位论文中提出了林学学科某一研究领域的新命题。

——学位论文中形成了林学学科某一研究领域的创新性研究方法。

——学位论文中填补了林学学科某一领域的理论研究空白，或在某一领域有理论突破，对学科发展具有较大推动作用。

——学位论文中研制出新的植物品种或新的产品。

——学位论文中创造性地解决了林学学科某一领域的技术难题，或针对某一技术难题有突破性进展，有很高的应用价值或应用潜力。

——满足南京林业大学博士或硕士研究生在读期间发表学术论文的相关规定。

（3）硕士学位培养目标

硕士学位主要培养拥护党的方针和政策，热爱祖国、身心健康、知识面较宽，牢固掌握本学科基础理论和系统深入的专业知识，具有较强的专业实践能力，能够胜任林业相关领域生产、管理、科研、教学等工作的高层次专门人才；能较为熟练地使用一门外国语；应具有较强的调研与决策、组织与管理、口头与文字表达、独立获取知识和进行信息处理的能力，具有独立从事科学研究的能力。

（4）硕士学位标准

①获本学科硕士学位应掌握的基本知识

A. 基础知识：在掌握林学本科毕业生所必须掌握的数学、化学和物理等基础知识的基础上，还要根据林学学科的特点学习和掌握数理统计、多元统计分析等应用数学知识，有选择地学习和掌握生物物理学和生物化学等理化基础知识。能够运用数学语言，借助必要的计算机软件，科学分析试验数据，揭示试验数据的科学内涵，为发现各专业方向深层次科学规律、突破技术难题奠定基础。

B. 专业知识：要求掌握林学某个研究方向的专业基础知识及系统深入的专业知识。专业基础知识包括有选择性地学习和掌握高级森林生态学、高级植物生理学、生物化学与分子生物学、细胞遗传学、分子遗传学、植物生理生态学、土壤学、保护生物学等相关课程；专业知识包括有选择性地学习和掌握林木遗传育种、森林培育学、森林病理学、森林昆虫学、森林经理学、园林植物学、野生动植物保护与利用、水土保持与荒漠化防治等方向理论和技术的国内、外研究前沿和进展。根据林学学科多元化发展方向，研究生可以拓展学习生物学、生态学、风景园林学、农业资源与环境、计算机科学与信息技术、环境科学与工程等学科的基础理论与专业知识。跨学科考入的研究生需在导师指导下选修必要的本科专业基础课程或专业课程。

C. 工具性知识（包括实验知识）：

——外语知识：要求较为熟练地使用一门外国语，具有较熟练的阅读理解能力、较好的听说交流能力和翻译与作能力。在林学专业外语方面，能够熟练地阅读专业性国际科技文献，了解本学科领域国内、外主要的学术刊物种类。

——科学研究方法知识：较为扎实地掌握自然科学类科学研究方法，包括国内、外科技文献的信息检索，科技信息分析和科学问题提出，研究计划和方案制订，试验设计，研究工作的组织和实施，科技论文和学位论文写作，学术报告等方法。

——试验（实验）技术知识：林学是实践性极强的应用科学，掌握扎实和先进的试验（实验）技术和方法室关重要。本学科硕士成该学习和掌握较强的森林生物（动物、植物、微生物）认知知识；学习和掌握林学基础实验技术，如森林调查和计测技术、土壤理化分析技术、植物生理实验技术等；选择性地掌握本学科方向的先进试验（实验）技术，如先进仪器分析和测试技术、现代生物技术、遥感技术、地理信息系统技术、卫星导航与定位系统技术、计算机技术等。

②获本学科硕士学位应具备的基本素质

A. 学术素养：要求林学硕士生热爱林业事业，具有强烈的事业心，具有科学的生态伦理观；具有吃苦耐劳、勇于实践、敢于质疑、锲而不舍、坚持真理的科学态度；具有科学精神，掌握科学的思想和方法，严谨求实、勤于思考、善于学习、勇于创新的精神；掌握知识产权的相关法律法规，掌握知识产权查询方法，尊重知识产权，恪守科学研究伦理。

B. 学术道德：要求林学硕士生恪守学术道德规范，遵纪守法。杜绝考试作弊和以不正当手段获取学习成绩；尊重他人的科研成果，不剽窃抄袭；不伪造或篡改实验数据、研究成果；学位论文不弄虚作假；不违反国家有关保密的法律、法规。

③获本学科硕士学位应具备的基本学术能力

A. 获取知识的能力：要求林学硕士生除具备在课堂听讲获取知识的能力外，还具有从书本、媒体、期刊、报告、计算机网络等一切可能的途径快速获取符合自己需求的知识和研究方法，并具备自学、总结与归纳的能力。

B. 科学研究能力：要求林学硕士生能通过阅读国内、外相关研究内容的科技文献和其他科技资料，综合评价已有的科研成果，在导师指导下发现应解决的林学基础理论、生产技术等科技问题；能够科学确定自己的研究内容，设计出科学合理、切实可行的研究方案，撰写出开题报告并通过专家论证；具有一定的组织、协调和调动所具备的科研资源和力量的能力，按照研究计划开展科学研究和技术开发工作；具备较强的理论思维和数据分析能力，能够通过计算机软件等手段科学分析数据，发现和总结出科学规律；具有较强的文字表达能力，能够将科研成果撰写为学术论文；能够通过科研实践，较为出色地解决所发现的林学科技问题，具有一定的创新能力。

C. 实践能力：要求林学硕士生通过参加科研实践、教学实践、生产实践等活动培养较强的林业生产、管理、教学和科研实践能力，具有较强的林业生产业务能力，能够胜任所研究方向的林业生产、管理实践工作，具有较强的调查、规划、技术开发、生产管理等能力，并有较强的适成性；通过协助导师和学科完成一些教学辅助工作，能够承担一定的所研究方向教学工作，具备较强的业务表达能力；具备较强的实验技能，能够完成所承担的科研任务；具有很强的合作精神，能够与导师、同学、同行等形成很好的合作关系。

D. 学术交流能力：要求林学硕士生通过参加课程讨论，各类科研研讨活动，国内、外学术会议等培养良好的学术表达和交流的能力，能够在国内学术会议上作较为出色的学术报告，具备一定的通过张贴、小组讨论或学术报告开展国际学术交流的能力。

E. 其他能力：要求林学硕士生具有良好的组织、协调、联络等能力，能够组织或参与相关领域的科技开发、生产、管理等工作。

④学位论文基本要求

A. 规范性要求：

——选题要求：林学硕士学位论文选题应来源于该学科各研究方向的理论、方法或技术问题，拟解决的问题要有一定的难度和工作量，选题要具有一定的理论深度和先进性，其研究成果里在基础理论或技术上有所突破，或具有一定的生产实际应用价值，产生一定的生态、经济和社会效益。具体可选取林学相关研究方向；基础理论和方法研究；新品种、新产品、新工艺等的研制与开发；技术开发与改造等。

林学硕士学位论文选题及开题报告需导师审核并经本学科及相关学科专家评审通过。研究生需在相关评审会上阐明选题的国内、外研究现状，选题的目的和意义，具体的研究内容，拟采取的研究方法及技术路线，预期成果及其先进性，研究工作的可行性和各方面基础，研究工作的总体安排与具体进度等。

B. 形式要求：林学硕士学位论文形式应为科学研究类。

C. 内容要求：

——封面内容：封面内容包括题目、作者、导师、学科、研究方向，题目应概括学位论文最主要内容，恰当、简明，一般不超过 20 个字。

——独创性声明：论文应有独创性声明和关于论文使用和授权的声明，需有研究生和导师亲笔签名。

——中、英文摘要：中文摘要包括论文题目、论文摘要和关键词，论文摘要需简要说明论文的研究目的意义、研究方法、主要结果和结论、建议和展望，摘要需要突出研究的创新性，语言力求精练，结果力求量化表达，中文关键词一般 4~5 个，关键词要能反映论文的主要研究对象或研究内容，每个关键词以 2~5 个字为宜。英文摘要包括论文题目、研究生姓名及导师姓名、论文摘要、关键词、论文题目、摘要内容和关键词应与中文摘要相同。

——目录：目录是论文的内容的索引。一般最多在每章下设置 3 级目录。

——前言：在论文正文前，应阐述本课题研究依据、目的和意义、主要研究内容及预期的成果，字数在 500~1000 字。

——文献综述：围绕本研究领域相关的几个方面，按层次详细阐述国内、外研究的历史与现状，目前的研究进展，尤其是要提出尚存在的问题，值得深入研究的科学或技术难题。在综述中应准确标引全部引文出处。

——正文：正文是学位论文的核心部分，文体上可分若干章或不分章，若分章则每章中应包括：引言、材料与方法、结果与分析、结论与讨论。引言是交代本章研究的目的意义和主要研究内容。材料与方法需详细具体说明研究材料的来源、主要研究方法等，借鉴别人的研究试验方法应标明出处；结果与分析应给出主要研究结果的文字叙述和经过科学统计处理的核心图表；结论与讨论则要在本研究结果分析的基础上，提炼出相应的明确结论，并与前人的相关研究结论进行比较，对于本研究中涉及的有关重要问题进行有观点的讨论。对于不分章的文体，则总体上也同样有引言、材料与方法、试验结果与分析等几部分。

——全文总结与展望：全文总结和讨论是学位论文的整体研究结果和结论的概括性总结，应该精练、完整、准确，注重体现论文的核心创新。展望是就论文未解决的问题、下一步研究设想、研究成果应用前景等提出相应的建议，不分章论文该部分和结论与讨论部分合并。

——参考文献：准确、规范列出论文中所有引用的文献。

——个人简介：包括个人的教育和学术简介，发表论文和取得其他成果情况。

——导师简介：包括导师的简历及学术成就简况。

——致谢。

——必要的附录：包括图表、序列、缩略语等。

D. 质量要求：

——选题应来源于该学科各研究方向的理论、方法或技术问题，要有一定的难度和工作量，具有一定的理论深度和先进性。

——论文工作应在导师指导下独立完成，论文工作量饱满，应有足够的科研实践时间。

——文献综述应对选题所涉及的研究领域的国内、外状况有清晰的论述、分析和评价。

——论文的正文应综合应用基础理论、科学方法、专业知识和技术手段对所解决的问题进行分析研究，并能在某些方面提出独立见解或有所创新，或具有一定的生产实际应用价值，产生一定的生态、经济和社会效益。

——满足南京林业大学博士或硕士研究生在读期间发表学术论文的相关规定。

2）南京林业大学林业硕士专业学位基本要求

（1）获本专业学位应具备的基本素质

现代林业具有特殊的战略地位和重要的历史使命。林业专业硕士生需要具有与之相适应的基本学术道德，较高的专业素养和职业奉献精神，能够担当其相应的社会责任。

①学术道德　应严格遵守学术道德规范，坚持科学真理，尊重科学规律，崇尚严谨求实，勇于探索创新，维护科学诚信。

②专业素养　对林业及生态建设事业的社会意义有充分的认识和理解，具有较系统的林业基本理论、专业知识和外语应用能力，善于发现并运用国内外现代林业知识与技术解决林业及生态建设的实际问题。增强创新能力。

③职业精神　有献身林业及生态建设事业的人生价值和职业理想，遵守职业道德，重视职业信誉；有勤思善学、不断增强专业能力的职业态度；有较强的社会责任感和团队意识，能够认真履行职业责任，努力进取，积极奉献。

（2）获本专业学位应掌握的基本知识

应具有扎实的林业基础理论和宽广的专业知识。其基础理论与知识应能支撑各服务领域技术创新；其专业知识应能适应林业服务领域和地区特点，以及新的行业方向和林业生态文明化建设的需求，并与国家行业职业资格相衔接。

①基础知识　在掌握林学本科阶段专业基础知识的同时，还应具备生态学原理与应用、现代信息技术、高级试验设计与数据分析处理、现代科学创新理论与方法、经济学与管理学、政策法规等相关知识。

②专业知识　针对服务的不同领域方向，有选择性地深入学习和掌握植物生理生态学、森林生态系统理论与应用、林木育种与良种工程、现代森林（含经济林）培育理论技术、城市林业、森林资源监测与评价、森林可持续经营理论与技术、野生动植物保护与利用、自然保护区建设与管理、湿地保护与管理、水土保持与荒漠化防治、林业灾害监测与

防控、生态林业工程建设与管理、森林东植物资源开发与利用、木本生物质能源与碳汇林业、森林生态环境服务功能评价、林业经济政策与项目管理、现代信息技术与林业信息化、林业生态文化建设、社会学等专业知识，能胜任相关领域的开拓性技术和管理工作。

（3）获本专业学位应接受的实践训练

根据林业硕士专业学位不同服务领域的培养要求，结合基本知识教学和毕业实践环节，利用相对稳定、特色突出、针对性强的实践基地条件（如自然保护区、森林公园、湿地、林场、种苗繁育基地、林木良种基地、经济林基地、城市林业建设区、生态治理区等林业管理部门和企事业单位的时间与研究场所等），针对专业领域的实际问题，拟定实践主题，采用具有符合职业需求和实践创新能力培养的多样化实践训练方法（如调查分析、规划设计、时间模拟、案例分析、项目或方案策划、计划制订、项目评估、信息管理、技术或产品研发等），通过林业生态环境理论和专业技术方法的综合运用与探究，掌握实际解决问题的策略与方法，培养研究生探究问题、分析问题、解决问题的能力。

根据林业生产实际过程的技术需求和研究生专业知识背景、职业经历与目标，可选择以下领域进行专业实践，达到熟悉林业行业特点与生产实践、独立解决相应实践领域生产技术和管理问题能力的训练目标。

①林木种苗工程技术实践　包括林木良种选育、遗传测定、良种繁殖、苗木培育、现代苗圃生产技术等。

②森林培育技术实践　包括森林营造、抚育间伐、主伐更新等。

③森林经营与资源管理　包括森林资源调查、森立经营方案编制与实践、资源动态监测与信息管理、森林资源评价、林地管理、森林认证等。

④森林保护技术实践　包括林火防控与管理、森林有害生物防治等。

⑤林业生态环境工程技术实践　包括防护林体系建设、水土保持与荒漠化防治、荒漠化防治、生态与环境修复（如植被恢复、矿山修复、土地复垦等）、森林生态环境服务功能监测与评价等。

⑥复合农林业与林下经济技术实践　包括林粮间作、林木间作、林菌间作、林下养殖等的规划设计与技术实施。

⑦经济林、林特产品及森林食品开发与技术实践　包括经济林育种技术、栽培管理技术、林特产品研发、林特产品质量检测等。

⑧野生动植物保护与利用　包括野生动植物调查与监测、栖息地保护管理与恢复、再引入或野化放归、人工驯养繁殖、野生动物园规划设计与管理等。

⑨自然保护区、湿地、森林公园建设保护与管理　包括保护对象的认知、保护措施、监测、生态旅游、宣传教育、社区共管等。

⑩城市林业工程技术实践　包括城市森林景观生态规划、树种选择与配置、营造与管护、城市森林生态环境效益监测与评价等。

⑪社区林业与区域可持续发展　包括社区林业发展与参与式决策、林下经济与森林资源多目标利用、林业合作组织与规模化经营、集体林权制度改革与配套政策制定等。

⑫林业政策与管理　包括林业法律、法规、政策等制度的制定，实施效果监测与评价、林业管理体制、机制的改革创新、林权改革、林地流转、林业企业管理等。

⑬林业生态文化建设 包括生态文化内涵挖掘、生态文化产品开发、生态文化传播、生态文化活动创意等。

⑭信息技术与林业信息化 包括3S(地理信息系统、全球卫星定位系统、遥感)技术、数据库技术以及物联网、云计算、移动互联网、大数据等新一代信息技术在林业中的应用。

(4)获本专业学位应具备的基本能力

根据林业的公益性行业特点,林业硕士专业硕士生应当能够在实际工作中善于调动一切积极因素,通过团队合作或协作等途径,创造性地解决实际问题。需要具备的基本职业能力有:

A. 获取知识能力:善于获得与专业领域密切相关的理论技术发展信息,关注概念、理论和方法创新,提高对专业实践问题的认知能力。

B. 实践研究能力:善于从实际出发,针对实际需求,发现对其影响的主要问题和主要因素,洞悉问题和因素的本质、相互联系发展规律,能够有效利用专业基础理论知识和先进的技术方法,解决时间问题。

C. 沟通、协调与执行的能力:应具备解决复杂林业实际问题的沟通、协调与执行能力。在实际工作中,具有全局观,能够以落实主要目标任务为中心,充分发挥团队作用,统筹协调各方面积极因素和有利资源。有明确目标、任务和计划,有切实可行的技术措施和行动方案,能够使高质量完成任务。

D. 专业写作能力:熟悉林业各类技术和管理文件的规范格式和要求,能够根据实际需要,简明、规范地撰写有关专业文本。

(5)学位论文基本要求

学位论文是培养研究生解决实际问题能力和创新能力的关键环节,通过学位论文阶段的教学和训练,可以使林业硕士生在工程技术或科学研究实践中得到全面训练。论文质量应够反映出研究生具备扎实的林业基础理论和宽广的专业知识,善于运用现代林业科技手段解决实际问题。

A. 选题要求:学位论文必须强化应用导向,选题应紧密联系林业和生态建设实际。具体选题范围与方向应与林业硕士生服务领域相对应,鼓励与行业最新发展密切相关领域的选题,可以来自生产实践、管理时间或研究实践,尽量做到与专业实践训练环节相结合。无论哪种选项,必须能够较好地解决生产、管理、规划设计中存在的实际问题,或在科学技术观点、试验材料和方法上有一定特色新意。

B. 学位论文内容与规范:

——学位论文内容:学位论文可将试验研究、调研分析、林业生产项目规划与设计、产品与技术研发、案例分析、项目管理、分析评估等作为主要内容,以论文形式表现。

——学位论文规范:学位论文必须体现出研究生在掌握选题领域国内外现状和进展的基础上,具有综合运用科学理论、方法和技术解决实际问题的能力。

学位论文须在校内外指导教师的共同指导下独立完成,应做到思路清晰、结构合理、文字顺畅、数据翔实、图表规范、结论可靠,字数一般不少于2万字。

学位论文必须建立在作者本人的调查、观察或试验分析数据和实施基础上,论文中数据和实时信息必须有可靠的来源依据，引用他人的研究结果和资料必须加以明确标注。学位论文结构一般包括中英文摘要、目录、前言、文献综述或背景分析、实(试)验或调查研究方法、结果分析、讨论、结论、参考文献及必要的附录等。

C. 学位论文的水平要求：学位论文应具有明确的应用目的、实践价值或理论意义，内容应符合实用性、科学性、先进性和规范性基本要求。论文工作应具有一定的难度和工作量，应体现出作者具有独立从事林业和生态建设科技工作的能力，正确运用林业专业基础理论、专业知识技术方法，解决林业与生态建设中实际问题的能力。

1.3.2　培养质量与条件建设

1.3.2.1　学位论文抽查

研究生学位论文抽检是指对已经获得博士、硕士学位作者的学位论文进行随机抽样，并进行合格性质量评价的过程。学位论文是研究生申请学位的重要依据，学位论文质量是衡量学位授予单位研究生培养质量的重要指标，科学、合理地通过抽检，加强过程监督，能够促进学位授予单位研究生教育内部质量保障体系的建设，强化质量观念，保证和提高研究生学位授予质量。

1997 年，上海市最先投入专项资金用于硕士、博士学位论文的随机抽检与"双盲"评议，随后其他各省(自治区、直辖市)纷纷效仿。2001 年，湖南省开始对研究生的学位论文进行抽检，抽检的对象是当年已完成论文答辩的学位申请者的论文和上一年度已经授予学位的申请者的学位论文。2002 年，江苏省提出了研究生培养创新项目的计划，并于 2003 年开始对培养量大和新增硕士、博士学位授权点并有第一届毕业生的学科专业开展学位论文的抽检。一旦学位论文被认定为"不合格"，则学位申请者将面临取消相应学位的危险。2006 年起，广西自治区对全区硕士研究生学位论文开展了抽样检查。2009 年，山东省也出台了研究生学位论文抽检评议实施办法，建立了研究生学位论文的抽检制度。

从 2000 年起，国务院学位办开始了对部分培养单位的博士学位论文进行质量抽查的工作。聘请专家主要从学位论文的选题与综述、论文成果的创新性、论文体现的理论基础、专门知识及科学研究能力等方面进行评价，并按论文质量的高低分为"A""B""C""D"4 档。2006 年 11 月 14 日，国务院学位办下发《关于对定期评估博士学位授权点的学位论文进行抽查的通知》(学位办〔2006〕50 号)，委托教育部学位与研究生教育发展中心于 2006 年和 2007 年分两批对第八批审核获得授权的博士学位授权点学位论文进行抽查。上述抽检的学位论文都是提前将抽检名单通知培养单位，由培养单位报送。为加强学位授予管理，保证学位授予质量，根据国务院学位委员会第 27 次会议的有关意见，国务院学位办自 2010 年 7 月起，对 2008—2009 学年度以后全国所有博士学位授予单位毕业的博士研究生学位论文进行"零干扰"(即直接从国家图书馆调取而不通知培养单位)随机抽检，评审意见分为"合格"或"不合格"。

2014 年 1 月 29 日，国务院学位委员会、教育部正式印发《博士硕士学位论文抽检办法》(学位〔2014〕5 号)。《博士硕士学位论文抽检办法》规定，我国将每年从上一学年度全国授予博士、硕士学位的论文中分别抽检 10% 和 5%，结果将反馈学位授予单位，并在一定范围内采取适当形式公布。博士学位论文抽检由国务院学位委员会办公室组织实施，硕士学位论文抽检由各省级学位委员会组织实施；其中，军队系统学位论文抽检由中国人民解放军学位委员会组织实施。《博士硕士学位论文抽检办法》要求，由国家直接从国家图书馆调取博士学位论文进行审核，如有不合格者则责令整改，经整改未达标准者将被撤销学位授予权。国家直接抽检学位论文的过程和结果将各高校研究生的学位论文质量与其学位授予权相关联，从根本上给高校管理者、研究生导师和研究生以强大的震慑，有助于高校以此为契机全面开展导师责任制教育，强化导师和研究生的学位论文规范和学术质量的意识，促使导师更加专心开展学术研究，全身心指导研究生学位论文；同时也推进了各高校从自身实际出发积极加强内涵建设，建立自己的研究生培养质量保障体系，以确保研究生学位论文质量，提高学位授予水平和学位信任度。

根据《博士硕士学位论文抽检办法》要求，各省级学位办分别制定了研究生学位论文抽检办法。例如，2014 年起，硕士学位论文抽检工作成为北京市学位办的常规工作，每年抽检一次，抽检范围为上一学年度授予硕士学位的论文，抽检比例为 5% 左右。抽检结果除以文件形式反馈给相关学位授予单位外，还在互联网上公布各学位授予单位抽检结果。

从研究生学位论文抽检情况结果来看，研究生培养质量总体较好，但是每年仍有一部分研究生的学位论文被专家评议为"不合格"。例如，北京市首次开展的 2013—2014 学年度硕士学位论文抽检通讯评议结果中，共有 21 所高校的 35 篇论文抽检不合格，其中市属高校有 3 所高校共 4 篇论文不合格，有 3 所高校抽检不合格率超过 10%。从对这些不合格学位论文专家评议意见的统计结果来看，绝大多数学位论文都是由于学术失范造成的，这些学术失范表现为抄袭、拼凑、重复（无创新）、学术素养缺失等。从全国林学一级学科博士学位论文的抽检结果看，学位论文整体质量较好，但也存在"不合格"的情况。2010—2013 年，国务院学位办共抽查了 20 个培养单位的 94 篇林学一级学科博士学位论文，其中有 3 个培养单位的 3 篇论文存在一票"不合格"的情况。

1.3.2.2　学科评估

学科评估是指由教育部学位与研究生教育发展中心（简称学位中心）按照教育部和国务院学位委员会颁布的《学位授予和人才培养学科目录》，对具有研究生培养和学位授予资格的一级学科进行的整体水平评估，并根据评估结果进行聚类排位，该工作于 2002 年首次在全国开展，至今已基本完成 4 轮评估（第四轮评估结果尚未公布）。第一轮评估于 2002—2004 年分 3 次进行（每次评估部分学科），共有 229 个单位的 1366 个学科申请参评。第二轮评估于 2006—2008 年分 2 次进行，共有 331 个单位的 2369 个学科申请参评。第三轮的学科评估在 95 个一级学科中进行（不含军事学门类），共有 391 个单位的 4235 个学科申请参评，比第二轮增长 79%。学科评估采用"客观评价与主观评价相结合、以客观评价为主"的指标体系，包括"师资队伍与资源""科学研究水平""人才培养质量"和"学科声誉"4 个一级指标，指标权重全部由参与学科声誉调查的专家（第三轮评估约 5000 名）确定。学科评估结果按照"精确计算、聚类统计"的原则产生，从而淡化名次，引导单位更加关注学科建设的优势与不足。第三轮学科评估中，全国具有"博士一级"授权的高校共 12 所，其中 9 所高校参评，还有部分具有"博士二级"授权和硕士授权的高校也参加了评估，参评高校共计 22 所，学科整体水平得分别为北京林业大学 96 分、东北林业大学 84 分、南京林业大学 82 分、中南林业科技大学 74 分、福建农林大学 71 分、河北农业大学 69 分、甘肃农业大学 67 分、沈阳农业大学 66 分、北京农学院 64 分、西南交通大学 63 分。第四轮学科评估，共有 513 个单位、7694 个学科参评，学位授予单位普遍参评，评估中在指标体系上，坚持"质量、成效、特色、分类"为基本导向；在数据来源上加强了第三方数据提供商和有关部门的密切合作，加大了公共数据的使用力度；在体系设计上保持原有"师资队伍与资源""人才培养质量""科学研究水平"和"社会服务与声誉"4 个一级指标基本框架不变。但根据研究生教育综合改革精神，考虑"双一流建设"等新需求，对评估指标体系进行了改革，把人才培养放在了首位，构建"培养过程质量""在校生质量""毕业生质量"三维度评价模式，将创新创业成果纳入在校生质量考察指标，首次试点引入在校生和用人单位问卷调查，跟踪学生在学质量和毕业后的职业发展质量；同时淡化条件资源、关注成效与产出、改进师资队伍评价方法、优化科学研究水平评估，完善学术论文评价、丰富社会声誉评价内涵、细化指标体系分类，强化分类评估等，体现出了学科评估为学位授予单位高水平学科建设把好脉、服好务的功能和学科评估作为推动研究生教育内涵发展、提高质量重要抓手的导向作用以及人才培养在学科建设中的强大促进推动作用。

1.3.2.3　全国优秀博士论文评选

全国优秀博士学位论文评选是教育部学位管理与研究生教育司组织开展的一项工作，旨在加强高层次创造性人才的培养工作，鼓励创新精神，提高我国研究生教育特别是博士生教育的质量。全国优秀博士学位论文评选是对博士培养质量进行监督和激励的一项重要举措，对培养和激励在学博士生的创新精神，促进我国博士生培养质量的提高具有积极的作用（表 1-25、表 1-26）。

表 1-25　林学一级学科全国优秀博士学位论文获得者名单

序号	获得年份	一级学科名称	二级学科名称	论文作者姓名	导师姓名	博士学位论文题目	学校名称
1	2001	林学	造林学	陈少良	王沙生	杨树种间耐性差异的生理生化基础研究	北京林业大学
2	2005	林学	林木遗传育种	张德强	张志毅	毛白杨遗传连锁图谱的构建及重要性状的分子标记	北京林业大学
3	2007	林学	森林保护学	盛茂领	李镇宇	中国三北区林木钻蛀害虫天敌姬蜂（膜翅目：姬蜂科）分类研究	北京林业大学
4	2008	林学	森林培育	王玉成	杨传平	树干柳抗逆分子机理研究与相关基因的克隆	东北林业大学
5	2009	林学	野生动植物保护与利用	姜广顺	马建章	多空间尺度下驼鹿和狍受人类干扰的生态效应及其适应机制研究	东北林业大学
6	2011	林学	林木遗传育种	王君	康向阳	青杨派树种多倍体诱导技术研究	北京林业大学

为鼓励、支持全国优秀博士学位论文作者在高等学校不断作出创造性成果，教育部还设立了"高等学校全国优秀博士学位论文作者专项资金"，对在中国内地高等学校工作的全国优秀博士学位论文作者给予 5 年的研究资金资助。

表1-26　林学一级学科全国优秀博士学位论文提名名单

序号	提名年份	一级学科名称	二级学科名称	博士学位论文题目	论文作者姓名	导师姓名	学校名称
1	2003	林学	造林学	经营措施对辐射松及杨树人工林长期立地生产力的影响	方升佐	徐锡增	南京林业大学
2	2009	林学	林木遗传育种	毛白杨抗锈病基因筛选与 NBS 型抗病基因分析	张廉	张志毅	北京林业大学
3	2009	林学	森林保护学	感染松材线虫病松树滑刃目线虫研究	黄任娥	叶建仁	南京林业大学
4	2010	林学	林木遗传种	毛白杨未减数花粉发生及相关分子标记研究	张正海	康向阳	北京林业大学
5	2010	林学	林木遗传育种	$NaHCO_3$ 胁迫下刚毛柽柳基因表达谱的建立及相关基因的克隆	高彩球	刘桂丰	东北林业大学
6	2011	林学	森林培育	梨品种 S 基因型鉴定及自交不亲和 S 基因的克隆	张琳	谭晓风	中南林业科技大学
7	2011	林学	森林经理学	长白山针阔混交林种群结构及环境解释	张春雨	赵秀海	北京林业大学
8	2011	林学	森林保护学	基于 SSH 的松材线虫致病相关基因克隆与分子标记	黄麟	叶建仁	南京林业大学
9	2011	林学	森林培育	梨品种 S 基因型鉴定及自交不亲和 S 基因的克隆	张琳	谭晓风	中南林业科技大学
10	2012	林学	森林培育	胡杨在盐胁迫下差异表达基因的筛选以及胡杨 PeSCL7 基因功能	马洪双	尹伟伦	北京林业大学
11	2012	林学	森林保护学	基于空间分析和模型理论的大兴安岭地区林火分布与预测模型研究	郭福涛	胡海清	东北林业大学
12	2013	林学	园林植物与观赏园艺	百子莲花芽分化及开花机理研究	张荻	卓丽环	东北林业大学

　　自 1999 年首次开始全国优秀博士学位论文的评选，至 2009 年共进行了 11 次，各省级学位委员会累计推荐了 5444 篇论文参加全国优秀博士学位论文评选，共评选出全国优秀博士学位论文 984 篇，提名论文 949 篇。林学一级学科总共获得全国优秀博士学位论文优博 6 篇，仅占获评全国优秀博士学位论文总数的 0.6%，林学一级学科总共获得全国优秀博士学位论文提名 11 篇，仅占全国获评提名论文总数的 1.26%，由此可以看出，林学一级学科博士研究生的基础研究能力还是相对薄弱。

1.3.2.4　研究生科技创新能力

　　以北京林业大学为例，对全校研究生以第一作者发表 SCI 期刊收录论文和其中林学一级学科研究生发表 SCI 期刊收录论文的数量进行了统计(图1-9)。

　　从图1-9 可以看出，从 2008—2015 年北京林业大学研究生以第一作者发表 SCI 期刊收录论文数量从 2008 年的 21 篇增加到了 2015 年的 512 篇，增加了 23.4 倍；其中林学一级学科研究生发表 SCI 期刊收录论文的数量从 2008 年的 8 篇增加到了 2015 年的 223 篇，增加幅度明显高于全校水平。

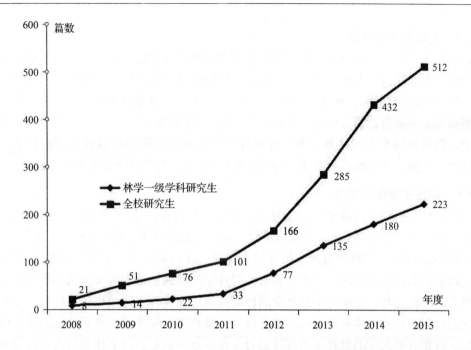

图 1-9　北京林业大学林学一级学科研究生和全校研究生以第一作者发表 SCI 收录论文趋势图

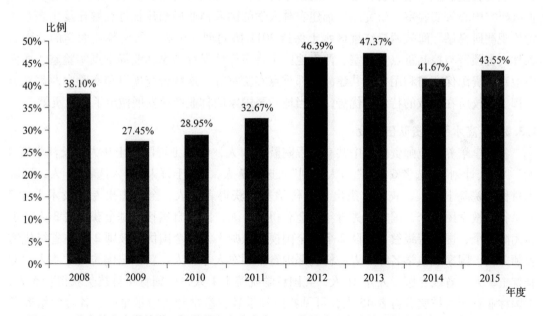

图 1-10　北京林业大学林学一级学科研究生发表 SCI 收录论文占全校研究生发表 SCI 论文的比例

从图 1-10 可以看出，从 2008—2015 年林学一级学科研究生以第一作者发表 SCI 期刊收录论文的数量占全校研究生发表 SCI 期刊收录论文的比例，从 2008 年的 38.1% 增加到了 2015 年的 43.55%，增加了 5.45%（图 1-10）。

由此可见，林学一级学科研究生的科技创新能力在逐年大幅度提升。

1.3.2.5 实验室平台建设

各林学研究生培养单位的实验室平台建设和实践基地建设方面取得了显著成效，如中国林业科学研究院与东北林业大学共建林木遗传国家重点实验室；省部级、局级重点实验室 75 个；省部级自然保护区 6 个；野外观测站台 27 个，分布在黑龙江、江苏、陕西、山西、湖南等多个省份；研究中心、实验室 32 个；教育基地 47 个，国家级实验教学示范中心 7 个，教学林场 5 个；另外，中国林业科学研究院设有质量监督检验站机构 7 个、植物、动物、昆虫、木材标本馆 8 个、种质资源库 10 个，教学科研资源丰富。

1.3.2.6 科技支撑条件建设

近年各林学研究生培养单位共获得林学类国家级科技进步奖 50 项，省部级科技奖励 137 项，共获专利发明 148 项；在课程建设方面，东北林业大学的"森林与人类"、北京林业大学的"森林培育学"被评为国家级视频公开课，江西农业大学的"经济林与人类生活"被评为国家精品视频公开课。另外，还有 8 门林学类课程被评为国家级精品课和国家级资源共享课。除此之外，不同地区的林业高校研究项目和实验室建设也各具特色，如东北林业大学的长白山特色木本食药植物品种选育与开发利用、东北红豆杉濒危机制及高效利用研究处，西北农林大学的教育部西部环境与生态重点实验室、国家林业局黄土高原林木培育重点实验室、陕西秦岭森林生态系统国家野外科学观测研究站、国家林业局西北自然保护区研究中心等实验室、研究站，福建农林大学的国家林业局福建长汀红壤丘陵生态系统定位观测研究站、海峡两岸红壤区水土保持 2011 协同创新中心，西南林业大学的云南省森林灾害预警与控制重点实验室、西南地区生物多样性保育国家林业局重点实验室、西南山地森林资源保育与利用省部共建教育部重点实验室等。这些研究项目和实验中西都充分发挥了各校所在地域的特色和优势，为当地乃至国家的林业产业发展做出了突出贡献。

1.3.2.7 高水平师资队伍建设

各林学培养单位师资队伍中共有工程院院士 8 人，中国工程院院士 9 人，长江学者 4 人，"千人计划"入选者 6 人，"万人计划"入选者 7 人，"百千万人才"入选者 28 人，国际木材科学院院士 9 人、获国家杰出青年科学基金获得者 2 人，全国杰出专业技术人才 3 人，省级教学团 3 个，国家优秀青年基金获得者 1 人，国家自然科学基金获得者 3 人，创新团队 8 个，国家特级教学团队 2 个，全国模范教师 1 人，全国优秀教师 2 人，省级优秀教师 2 人，国家级教学名师 1 人，科技部中青年领军人才 2 人，新世纪优秀人才 4 人，双聘院士 3 人，省级专家、人才 21 人，美国科学院院士 1 人，中国青年科技奖获得者 5 人，中国林业青年科技奖获得者 45 人，可见我国林学教育教学师资力量雄厚，各林学培养单位高度重视教育教学工作，近 3 年为我国林业输送了近 4000 名林学高级人才。

第2章

我国林学研究生课程建设现状与教学质量

2.1 培养方案与课程体系设置

2.1.1 培养方案

博士研究生培养方案是培养单位对博士研究生进行培养的主要依据，制定科学合理的博士研究生培养方案对保证博士生培养质量起着十分重要的作用。目前大多数培养单位都是按二级学科制定的博士研究生培养方案，这与我国大多数高校都是按照一级学科授权，二级学科招生和制定培养方案，二级学科下设定研究方向和领域的现状相吻合。按二级学科制定培养方案能够使研究生更有针对性地掌握有关学科的基础理论和系统的专门知识，但同时也会研究生掌握的知识结构过于专门化，知识面较窄，普适性不高，创新水平欠缺。与国内其他高校相比，课程体系的专业性和专门化比较突出，直接影响了研究生教育与培养的质量。随着时代的发展，许多具有综合性的重点科技、经济、社会问题都需众多学科协同解决，研究生教育要培养宽口径、复合型的创新人才成为共识。创新型人才必须具备宽广扎实的理论知识，而这些理论素养来自于课程学习以及研究生本人结合课题和兴趣的课外知识学习，因此宽口径的研究生课程培养方案是不可或缺的，既要考虑到研究生学习基本知识的共性，也要兼顾到单个研究生的特性，因此，调整与改革研究生课程体系，尝试与探索按照林学一级学科口径制定研究生培养方案，能够让研究生既能掌握较深的专业基础课程功底，又能获得广阔的知识视野，同时也能整合资源，避免重复、随意设置专业基础课的情况。博士研究生培养方案的制定应体现学科对高层次研究型人才的培养要求，应突出基础性、前沿性和交叉性，同时应体现培养单位的研究优势和办学特色。

2.1.2 课程体系设置

2.1.2.1 公共课设置

从表2-1和表2-2可以看出，各培养单位对博士研究生英语课的学分要求一般为3~5学分，学时安排为48~160学时不等；对硕士研究生的英语课学分要求为3~6学分，学时安排为48~180学时之间，各培养单位之间的英语课程学分和学时要求存在很大差异，对硕士研究生的英语课学分普遍高于博士研究生1~3学分。进一步对博士、硕士研究生英语课程的教学内容进行了详细分析，结果见表2-3。

表2-1　林学博士学位授权单位林学专业博士研究生公共课设置情况

培养单位	外语课		政治课	
	学　时	学　分	学　时	学　分
北京林业大学	48	3	36	2
东北林业大学	64	4	32	2
南京林业大学	60	3	40	2
西北农林科技大学	90	3	54	3
中南林业科技大学	48	3	36	2
福建农林大学	110	4	54	3
西南林业大学	48	3	36	2
中国林业科学研究院	48	3	32	2
四川农业大学	48	3	32	2
内蒙古农业大学	120	3	48	3
河南农业大学	64	4	54	3
河北农业大学	100	5	40	2
安徽农业大学	120	4	36	2
江西农业大学	32	2	32	2
中国农业大学	60	3	36	2
山西农业大学	144	4	54	2
山东农业大学	72	4	70	3
贵州大学	74	3	36	2
甘肃农业大学	90	3	36	2

表2-2　林学博士硕士一级学科授权单位林学硕士研究生公共课设置情况

培养单位	外语课		政治课	
	学　时	学　分	学　时	学　分
北京林业大学	64	4	54	3
东北林业大学	64	4	54	3
南京林业大学	122	5	40	2
西北农林科技大学	120	4	90	3
中南林业科技大学	64	4	36	2
福建农林大学	110	4	54	3
西南林业大学	144	6	64	3
中国林业科学研究院	90	4	36	2
四川农业大学	48	4	32	2
内蒙古农业大学	120	3	48	3
河南农业大学	64	4	54	3
河北农业大学	180	6	80	4
安徽农业大学	120	6	54	3
江西农业大学	96	6	32	2

（续）

培养单位	外语课		政治课	
	学　时	学　分	学　时	学　分
中国农业大学	50	3	54	3
山西农业大学	144	4	54	2
山东农业大学	72	4	36	2
贵州大学	162	5	72	4
甘肃农业大学	120	4	36	2
北京农学院	120	6	80	4
沈阳农业大学	128	6	54	3
北华大学	100	3	48	3
浙江农林大学	144	4	36	2
华南农业大学	54	3	54	3
华中农业大学	48	3	54	3
新疆农业大学	120	4	80	5
仲恺农业工程学院	64	4	48	3

表 2-3　参与调研的林学博士硕士研究生培养单位外语课程学分要求及内容安排

培养单位	学时/学分		专业学术论文写作		专业文献阅读		学术交流能力		基本听、说、读、写能力	
	硕士研究生	博士研究生	硕士研究生	博士研究生	硕士研究生	博士研究生	硕士研究生	博士研究生	硕士研究生	博士研究生
福建农林大学	130/5	150/4	40/2	50/1	30/1	40/1	30/1	40/1	30/1	40/1
山东农业大学	72/4	90/5	18/1	0	32/2	18/1	0	0	22/1	72/4
内蒙古农业大学	120/3	60/2	0	0	0	0	0	0	120/3	60/2
西南林业大学	288/6	64/4	32/0	16/1	144/3	16/1	32/2	16/1	72/1	16/1
浙江农林大学	144/4	64/4	32/1	16/1	32/1	16/1	32/1	16/1	48/1	16/1
河北农业大学	180/6	/	30/1	/	60/2	/	60/2	/	30/2	/
江西农业大学	128/8	64/4	16/1	16/1	64/4	16/1	16/1	16/1	32/2	16/1
华中农业大学	48/3	/	0	/	18/1	/	18/1	/	12/1	/
北京林业大学	64/4	48/3	32/2	24/1.5	16/1	12/0.5	16/1	12/0.5	0	0
四川农业大学	48/3	48/3	0	0	0	0	0	0	48/3	48/3
新疆农业大学	140/4	/	0	/	20	/	20	/	100	/
中国林业科学研究院	102/4	140/4	30	30	30	20	0	0	42	90
山西农业大学	216/7	180/5	108/3	108/3	36/2	0	0	0	72/2	72/2
中南林业科技大学	64/4	48/3	/	/	/	/	/	/	/	/
甘肃农业大学	168/5	90/3	6/0.5	0	6/0.5	0	0	45/1.5	150/4	45/1.5
福建农林大学	130/5	150/4	40/2	50/1	30/1	40/1	30/1	40/1	30/1	40/1

注：表中的学时/学分为公共英语课和其他英语课学时/学分的总和。

英语水平对研究生的论文写作、资料检索、学术交流等有直接影响，通过对 16 所参与调研的林学研究生主体培养单位关于研究生课程学习中英语课教学内容和学分安排的比较分析，可以看出，各林学研究生主体培养单位对硕士研究生和博士研究生英语课的教学内容安排上有很大差异。例如，硕士研究生的课程内容安排中，福建农林大学、北京林业大学比较注重专业学术论文写作的训练，浙江农林大学、四川农业大学在研究生的基本听说读写能力上分配学时较多，而河北农业大学、江西农业大学更注重专业文献阅读及学术交流能力。

博士生英语课的教学内容安排中，大部分培养单位的教学侧重点都与硕士生的英语课程相似，部分培养单位有所调整。例如，浙江农林大学、江西农业大学等对博士生英语课程教学内容 4 个模块分配的学时完全相同，山西农业大学则取消了博士生英语专业文献阅读模块。总体而言，各培养单位在英语课程内容上各有侧重，学时分配不均衡，但专业学术论文写作能力、专业文献阅读能力等方面的学习对研究生科研工作的开展至关重要，培养单位应予以加强该方面能力的训练，优化课程学时结构，使英语课程教学更好地为研究生科研能力的提升奠定基础，提供更好的支撑和服务。

课堂是研究生系统和深入地学习马克思主义科学思想的平台，做好高校的思想政治工作，必须做好高校政治课程的规划建设，守好政治课堂这一主要阵地。大多数培养单位对博士研究生政治课程的学分要求为 2~3 学分，学时安排为 36~70 学时；对硕士研究生的学分要求为 2~4 学分，学时安排为 32~90 学时，各培养单位之间的政治课学分要求和学时安排基本没有差异，而且硕士研究生的政治课程学时、学分要求普遍高于博士研究生的学时学分要求。

2016 年 12 月习近平总书记在全国高校思想政治工作会议上的讲话中提到，思想政治理论课要坚持在改进中加强，在创新中提高，及时更新教学内容，丰富教学手段，不断改善课堂教学状况，防止形式化、表面化。思想政治理论课建设固然有师资、教材、课程体系方面的问题，但最重要的是要解决自信问题。自己都不自信，道理都说不透彻，怎么能让学生信呢？思想政治理论课教育要把马克思主义理论同中国特色社会主义实践有机结合起来，把思想品德教育同中国特色社会主义理论、中华优秀传统文化教育结合起来，通过理论联系实际的教学实践，把自信传递给学生，让学生领会科学理论的实践价值、中华优秀传统文化的智慧力量、中国发展的时代意义。思想政治理论课，要让信仰坚定、学识渊博、理论功底深厚的教师来讲，让学生真心喜爱、终身受益。要吸引更过优秀教师走上思想政治理论课讲台，让他们把传播和研究马克思主义作为光荣使命、终身追求。

2.1.2.2 必修课（专业学位课）设置

从表 2-4 可以看出，所调研的培养单位对博士研究生的课程学分要求要远远小于硕士研究生的课程学分要求，这与对博士、硕士研究生的培养目标吻合；各培养单位对博士研究生和硕士研究生课程学习总学分要求之间的差距不明显，对硕士研究生的学分要求基本都在 24~35 学分之间，对博士研究生的总学分要求在 12~20 学分之间，大多在 16 学分左右。

表 2-4　参与调研的林业类和涉林高校博士研究生和学术型硕士研究生的学分要求

培养单位	博士研究生				学术型硕士研究生			
	总学分	其中课程学习学分	公共课学分	学位课学分(必修课/专业课)	总学分	其中课程学习学分	公共课学分	专业学位课(必修课/专业课)学分
福建农林大学	17	17	7	13	30	30	6	18
山东农业大学	≥18	≥17	6	12/5	≥31	≥30	18	22/4
华南农业大学	12	12	4	≤4	26	23	6	6~10
内蒙古农业大学	18	11	5	4	27	22	6	10
西南林业大学	15	10	5	5	28	23	6	17
浙江农林大学	16	16	8	8	28	28	6	22
河北农业大学	16	16	8	4	35	35	12	12
江西农业大学	12~16	12~14	4~6	8	28~32	26~30	8~12	18
北京林业大学	17	8	5	3	28	23	7	9
四川农业大学	15	11	5	6	28	24	5	8
中国林业科学研究院	16	15	5	3	26	26	7	11
山西农业大学	20	20	6	6	30	30	7	6~9
中南林业科技大学	15~19	9~13	5	4	30~33	23~26	6	8
华中农业大学	/*	/	/	/	24	24	6	9
仲恺农业工程学院	/	/	/	/	32	26	7	4
新疆农业大学	/	/	/	/	28	23	9	10

＊　/表示没有博士研究生的培养。

（1）林学一级学科博士学位授权单位林学专业博士生的课程设置

由表 2-5 可以看出，大多数培养单位都是按二级学科制定的博士研究生培养方案，不同培养单位的同一学科方向的博士研究生课程设置共性和个性并存，以林木遗传育种方向为例，多数高校都设置了"林木遗传育种专题"这门课程；但同一培养单位内不同二级学科方向的课程设置差异较大，基本没有设置一门一级学科范围的平台课。按照一级学科设置了培养方案的培养单位，课程设置也同样存在差异。例如，四川农业大学、福建农林大学倾向于森林保护学研究进展、森林生态学研究进展、林业资源信息系统专题等专业相关的专题类、进展类课程；内蒙古农业大学、西南林业大学则倾向于设置研究生讨论课、林学研究进展、试验设计与数据处理、科技论文写作讲座等应用方法类的课程。学分设置为 1~3 学分不等。

表 2-5　林学博士学位授权单位林学博士研究生的课程体系设置

培养单位	学科方向	专业学位课
北京林业大学	林木遗传育种	林木遗传育种专题(3 学分)
	森林培育	森林培育学专题(3 学分)
		经济林栽培学专题(3 学分)
	森林保护学	森林昆虫研究与实践(3 学分)
		森林病理学研究与实践(3 学分)
	森林经理学	森林经理学前沿研究专题(3 学分)
	野生动植物保护与利用	动植物保护与利用系列专题(2 学分)
		生物地理学讲座(2 学分)

（续）

培养单位	学科方向	专业学位课
北京林业大学	园林植物与观赏园艺	园林植物科技发展专题(3 学分)
	水土保持与荒漠化防治	水土保持与荒漠化防治前沿专题(2 学分)
		生态控制系统工程(1 学分)
南京林业大学	林木遗传育种	分子生物学专题(3 学分)
		群体数量遗传学专题(3 学分)
		林木遗传改良原理(3 学分)
		分子遗传学专题(3 学分)
	森林培育	森林培育学专题(2 学分)
		经济林栽培学专题(2 学分)
		高级树木生理学(3 学分)
		森林土壤学专题(2 学分)
		农林复合经营(2 学分)
	森林保护学	森林昆虫研究与实践(2 学分)
		森林病理学研究与实践(2 学分)
		森林化学生态(2 学分)
		森林昆虫生物化学(2 学分)
		分子植物病理学(2 学分)
		菌物学研究进展(2 学分)
		农药学专题(2 学分)
		资源昆虫学专题(2 学分)
		入侵生物学专题(2 学分)
	森林经理学	森林经理学前沿研究专题(2 学分)
		林业遥感专题(2 学分)
		测树学专题(2 学分)
		生物数学模型的统计学基础(2 学分)
		森林可持续经营与决策优化(3 学分)
		景观生态学与地理信息系统(3 学分)
		森林资源经济评价(3 学分)
		林业经济研究(3 学分)
		森林资源动态监测理论与方法(3 学分)
	野生动植物保护与利用	野生动物学(3 学分)
		生物多样性与保护生物学(2 学分)
		动植物相互作用生态学(2 学分)
		湿地生物学(2 学分)
	园林植物与观赏园艺	园林植物科技发展专题(2 学分)
		现代花卉栽培(2 学分)
		园林植物学(2 学分)
		园林设计学(2 学分)
		景观生态学 (2 学分)
	水土保持与荒漠化防治	流域水文学(2 学分)
		水土保持与荒漠化防治前沿专题(2 学分)
		林业生态工程学(2 学分)
		流域生态系统管理(2 学分)

（续）

培养单位	学科方向	专业学位课
东北林业大学	林木遗传育种	林木遗传育种专题(2 学分) 森林遗传学(2 学分)
	森林培育	植物生理学进展(2 学分) 森林培育学进展(2 学分)
	森林保护学	现代微生物学(2 学分) 森林有害生物综合管理系统工程(2 学分) 森林病虫害研究进展(2 学分)
	森林经理学	生物数学模型的统计学基础(2 学分) 现代森林及测导论(2 学分) 3S 技术与应用(2 学分)
	野生动植物保护与利用	动植物保护生物学(2 学分) 野生动物研究数据收集、处理与解释(2 学分)
	园林植物与观赏园艺	观赏植物资源学(3 学分) 细胞遗传学(2 学分)
	水土保持与荒漠化防治	现代林业工程学透视(2 学分) 水土保持与荒漠化防治前沿专题(2 学分)
西北农林科技大学	林木遗传育种	林木遗传育种专题(2 学分) 林业科学进展(2 学分)
	森林培育	森林培育学专题(2 学分) 森林培育学研究法(2 学分)
	森林保护学	森林昆虫研究与实践(2 学分) 森林病理学研究与实践(2 学分) 林业科学进展(2 学分) 森林为生物学进展(2 学分) 森林有害生物综合治理(2 学分)
	森林经理学	森林经理学前沿研究专题(2 学分) 林业科学进展(2 学分) 林业遥感专题(2 学分) 测树学专题(2 学分)
	野生动植物保护与利用	动植物保护与利用系列专题(2 学分) 动植物保护生物学(2 学分)
	园林植物与观赏园艺	园林植物科技发展专题(2 学分) 林业科学进展(2 学分) 园林设计研究进展(2 学分)
	水土保持与荒漠化防治	水土保持与荒漠化防治前沿专题(2 学分) 土壤侵蚀预报原理与技术(2 学分)
中南林业科技大学	林木遗传育种	森林遗传学(2 学分) 植物遗传学研究进展(2 学分)
	森林培育	森林培育学专题(2 学分) 经济林栽培学专题(2 学分)
	森林保护学	森林昆虫研究与实践(2 学分) 森林病理学研究与实践(2 学分)

（续）

培养单位	学科方向	专业学位课
中南林业科技大学	森林经理学	森林经理学前沿研究专题（2 学分）
		人工资能与专家系统（2 学分）
	野生动植物保护与利用	动植物保护与利用系列专题（2 学分）
		野生动植物管理研究专题（2 学分）
	水土保持与荒漠化防治	水土保持与荒漠化防治前沿专题（2 学分）
		土地资源学理论与前沿（2 学分）
西南林业大学	林学	学科前沿专题（1 学分）
		学科方向研究专题（2 学分）
		林业统计专题（2 学分）
		林业可持续经营专题（1 学分）
内蒙古农业大学	林学	研究生讨论课（2 学分）
		林学研究进展（2 学分）
		试验设计与数据处理（2 学分）
		科技论文写作讲座（1 学分）
河北农业大学	森林培育	森林培育学专题（2 学分）
		森林培育博士专业 seminar（2 学分）
		林业新技术讲座（2 学分）
	森林保护学	现代生命科学研究进展（3 学分）
		森林保护学研究进展（3 学分）
	森林经理学	森林经理学前沿研究专题（3 学分）
		森林经营技术研究进展（3 学分）
福建农林大学	林学	现代林业科学研究方法（2 学分）
		高级生态学进展（2 学分）
		林业生物技术及其应用（2 学分）
		研究生讨论课（1 学分）
四川农业大学	林学	现代林业科学研究方法（2 学分）
		森林培育学研究进展（2 学分）
		森林保护学研究进展（2 学分）
		森林生态学研究进展（2 学分）
		水土保持研究进展（2 学分）
		林业资源信息系统专题（2 学分）
河南农业大学	林学	林业科技进展（2 学分）
		博士生专业讨论（2 学分）
安徽农业大学	林学	林木遗传改良与生物技术进展（1.5 学分）
		生态学进展（1.5 学分）
		森林培育学进展（1 学分）
		森林灾害控制研究进展（1 学分）
		园林植物栽培与养护进展（1 学分）
江西农业大学	林木遗传育种	林木遗传改良高级讲座（2 学分）
	森林培育学	森林培育学（2 学分）
	森林保护学	森林保护学研究进展（3 学分）

（续）

培养单位	学科方向	专业学位课
	森林经理学	森林经理学专题（3 学分）
	野生动植物保护与利用	野生动植物资源及开发利用（3 学分）
江西农业大学	园林植物与观赏园艺	现代园林设计专题（3 学分）
		园林植物研究专题（3 学分）
	水土保持与荒漠化防治	土壤侵蚀与水土保持专题（2 学分）
	林业资源经济与区域发展	资源与环境经济学（2 学分）
		高级森林生态学（2 学分）
	园林植物与观赏园艺	国外现代园林发展（2 学分）
		园林规划方法与实践（1.5 学分）
		园林设计方法与实践（1.5 学分）
中国农业大学		应用数理统计（2.5 学分）
		数值分析（3 学分）
	水土保持与荒漠化防治	现代数学（3 学分）
		科学研究方法（1 学分）
		农业水土工程专论（2 学分）

（2）林业类培养单位林学主干学科方向硕士研究生的课程设置

鉴于硕士研究生培养单位的课程设置差别比较大，以 7 所林业类高校为代表，对林木遗传育种、森林培育、森林经理学等传统林学主干学科方向的必修课和专业课进行比较（表 2-6），分析各林业类高校对各二级学科专业的硕士研究生课程设置情况。

表 2-6　林业类高校林木遗传育种学科硕士研究生专业课设置

学科代码	学科名称	课程名称		培养单位						
				北京林业大学	西北农林科技大学	西南林业大学	东北林业大学	南京林业大学	浙江农林大学	中南林业科技大学
090701	林木遗传育种	林木遗传育种专题	学时	48	40	32			32	
			学分	3	2	2			2	
		细胞遗传学	学时	32	60	32		60		32
			学分	2	3	2		3		2
		分子遗传学	学时	32		32	48	60		32
			学分	2		2	3	3		2
		群体遗传学	学时	32	40			60		16
			学分	2	2			3		1
		数量遗传学	学时	32				60		16
			学分	2				3		1
		高级植物生理学	学时		60				48	
			学分		3				3	
		高级植物化学	学时		60					
			学分		3					

（续）

学科代码	学科名称	课程名称		培养单位						
				北京林业大学	西北农林科技大学	西南林业大学	东北林业大学	南京林业大学	浙江农林大学	中南林业科技大学
090701	林木遗传育种	林业生物技术	学时		40					
			学分		2					
		林木遗传改良	学时		40		32	40		
			学分		2		2	2		
		植物生理研究技术	学时		40					
			学分		2					
		生物化学研究技术	学时		40			60		
			学分		2			3		
		分子生物学/高级生化与分子生物学	学时		60				48	
			学分		3				3	
		林木种质创新与良种繁育技术	学时			48				
			学分			3				
		多元统计分析	学时					60		
			学分					3		
		矩阵论	学时					60		
			学分					3		
		高级森林生态学	学时						48	
			学分						3	
		试验设计与数据分析	学时						48	
			学分						3	
		林木育种原理与技术	学时							32
			学分							2
		选修课	学分	≥7	≥5	≥5	≥12	≥4	≥12	≥9

从表 2-6 可以看出，各林业类培养单位在林木遗传育种方向的硕士研究生专业课程设置上现有共性也有差异，如林木遗传育种专题、细胞遗传学、分子遗传学、群体遗传学、数量遗传学等主干学科领域的课程开设较多，课程学分设置一般在 2～3 学分之间，课程学时数在 32～60 学时之间。而植物生理研究技术、生物化学研究技术、多元统计分析、矩阵论、试验设计与数据分析等方法类课程并没有普遍开设。选修课的学分要求最高达到 12 学分，最低的仅为 4 学分。

从表 2-7 可以看出，各林业类高校森林培育学科硕士研究生的专业课程设置差别较大，高级森林生态学、森林培育学、经济林栽培学等主干学科方向相关度高的专业课程的开设高校较多，课程学分设置一般在 2～3 学分之间，课程学时数在 32～60 学时之间。除此之外其他课程多为各高校单独开设。选修课学分要求最低为 4 分，最高要求至少修满 13 分。

表 2-7　林业高校森林培育学科硕士研究生专业课设置

学科代码	学科名称	课程名称		培养单位						
				北京林业大学	西北农林科技大学	西南林业大学	东北林业大学	南京林业大学	浙江农林大学	中南林业科技大学
090702	森林培育	高级森林生态学	学时	32	40	48	32		48	
			学分	2	2	3	2		3	
		森林培育学	学时	48	40	32	32	60	32	32
			学分	3	2	2	2	2	2	2
		经济林栽培学	学时	48		32		60		32
			学分	3		2		2		2
		森林培育研究法	学时	48						
			学分	3						
		生物数学	学时		60					
			学分		3					
		高级植物生理学	学时		60			60	48	
			学分		3			3	3	
		森林土壤学	学时		40			60		
			学分		2			3		
		林业生物技术	学时		40					
			学分		2					
		种子生理	学时		40					
			学分		2					
		森林立地学	学时			32				
			学分			2				
		试验设计	学时					60		
			学分					2		
		生物化学	学时					60		
			学分					3		
		种苗学专题	学时					40		
			学分					2		
		多元统计分析	学时	48				60		
			学分	3				3		
		林农复合经营	学时					40		
			学分					2		
		高级生化与分子生物学	学时						48	
			学分						3	
		试验设计与数据分析	学时						48	
			学分						3	
		高级林木种苗生理学	学时							32
			学分							2
		林木育种原理与技术	学时							32
			学分							2
		选修课	学分	≥7	≥5	≥5	≥13	≥4	≥12	≥9

表 2-8　林业高校森林保护学学科硕士研究生专业课设置

学科代码	学科名称	课程名称		北京林业大学	西北农林科技大学	西南林业大学	东北林业大学	南京林业大学	浙江农林大学	中南林业科技大学
090703	森林保护学	森林病害综合管理	学时	24	40	32				
			学分	1.5	2	2				
		森林虫害综合管理	学时	24	40					
			学分	1.5	2					
		菌物分类原理与方法	学时	24				60		
			学分	1.5				3		
		分子植物病理学	学时	24						
			学分	1.5						
		昆虫分类原理与方法	学时	24				40		
			学分	1.5				2		
		高级植物生理学	学时		60			60	48	
			学分		3			3	3	
		高级植物化学	学时		60					
			学分		3					
		林业生物技术	学时		40					
			学分		2					
		农药学	学时	24						
			学分	1.5						
		植物生理研究技术	学时		40					
			学分		2					
		生物化学研究技术	学时		40					
			学分		2					
		分子生物学	学时		60			60		32
			学分		3			3		2
		生物化学	学时					60		
			学分					3		
		多元统计分析	学时	48						
			学分	3						
		森林保护学专题	学时		40	32				
			学分		2	2				
		微生物学研究技术	学时		40					32
			学分		2					2
		森保研究方法	学时			32				
			学分			2				

（续）

学科代码	学科名称	课程名称		培养单位						
				北京林业大学	西北农林科技大学	西南林业大学	东北林业大学	南京林业大学	浙江农林大学	中南林业科技大学
090703	森林保护学	菌物及昆虫分类原理	学时				32			
			学分				2			
		森林有害生物种群生态学	学时				32			
			学分				2			
		森林有害生物防治学	学时				32			
			学分				2			
		森林有害生物综合管理	学时				32			32
			学分				2			2
		细胞生物学	学时					60		
			学分					3		
		分子遗传学	学时					60		
			学分					3		
		昆虫研究法	学时					40		
			学分					3		
		林病研究法	学时					60		
			学分					3		
		农药毒理与制剂学	学时					60		
			学分					3		
		森林病害流行学	学时					40		
			学分					2		
		森林昆虫生态学	学时					60		
			学分					3		
		森林微生物生态学	学时					60		
			学分					3		
		生物防治学	学时					60		
			学分					3		
		植物病理生理学	学时					60		
			学分					3		
		生物化学实验	学时					40		
			学分					2		
		昆虫生理生化	学时	24				60		
			学时	1.5				3		
		高级森林生态学	学分						48	
			学时						3	

（续）

学科代码	学科名称	课程名称		培养单位						
				北京林业大学	西北农林科技大学	西南林业大学	东北林业大学	南京林业大学	浙江农林大学	中南林业科技大学
090703	森林保护学	高级生化与分子生物学	学时						48	
			学分						3	
		高级森林病理学	学时						48	
			学时						3	
		昆虫分类学	学分						48	
			学时						3	
		试验设计与数据分析	学时						48	
			学分						3	
		保护生物学	学时							32
			学时							2
		选修课	学分	≥7	≥2	≥5	≥5	≥4	≥12	≥8

从表2-8可以看出，森林保护学学科各高校硕士研究生课程设置差异较大，森林病害综合管理一门课程有3所高校开设。仅南京林业大学和浙江农林大学将实验类课程设为必修课，没有高校设置实践类课程为必修课。选修课学分要求最低为2学分，最高要求至少修满12学分。

表2-9 林业高校森林经理学学科硕士研究生专业课设置

学科代码	学科名称	课程名称		培养单位						
				北京林业大学	西北农林科技大学	西南林业大学	东北林业大学	南京林业大学	中南林业科技大学	河北农业大学
090704	森林经理学	森林资源与林业可持续发展	学时	32	40					
			学分	2	2					
		森林资源监测与评价	学时	32						
			学分	2						
		森林生长收获与预估	学时	32						
			学分	2						
		林业遥感理论与技术方法/遥感研究法	学时	32			32	40		
			学分	2			2	2		
		生态学原理	学时		40					
			学分		2					
		地理信息系统	学时				32	40		
			学分				2	3		
		森林可持续经营与决策优化	学时		40	32		60		
			学分		2	2		3		

（续）

学科代码	学科名称	课程名称		培养单位						
				北京林业大学	西北农林科技大学	西南林业大学	东北林业大学	南京林业大学	中南林业科技大学	河北农业大学
090704	森林经理学	林分生长与收获模型	学时				32			
			学分				2			
		数据库原理与应用	学时		40					
			学分		2					
		"数字林业"导论	学时		40					
			学分		2					
		"3S"技术及其应用	学时		40	32				
			学分		2	2				
		科学计算与程序设计	学时		40				32	
			学分		2				2	
		概率论与数理统计	学时		40					
			学分		2					
		多元统计分析	学时			48		60	32	
			学分			3		3	2	
		森林测计学	学时			32				
			学分			2				
		高级森林经理学	学时							40
			学分							2
		生产模型机收获预估	学时							40
			学分							2
		林业资产评估理论及应用	学时							40
			学分							2
		抽样技术、方法与检测技术	学时					40		
			学分					2		
		图像处理	学时					60		
			学分					3		
		测树学研究法	学时					60		
			学分					2		
		森林经理学专题讲座	学时						32	
			学分						2	
		森林经营数表编制理论与方法	学时						32	
			学分						2	
		选修课	学分	≥8	≥5	≥6	≥8	≥4	≥9	≥21

从表2-9可以看出，森林经理学学科各硕士研究生课程设置差异较大，仅森林可持续经营与决策优化、林业遥感理论与技术、多元统计分析这3门课程有3所高校同时开设。理论类课程较多，实验实践类课程设置较少。课程学分多设为2~3学分，学时为32~60学时。选修课最低学分要求为至少4学分，最高为至少21学分。

表2-10 林业高校野生动植物保护与利用学科硕士研究生专业课设置

学科代码	学科名称	课程名称		培养单位						
				北京林业大学	西北农林科技大学	西南林业大学	东北林业大学	南京林业大学	浙江农林大学	中南林业科技大学
090705	野生动植物保护与利用	进化生物学专题	学时	32						
			学分	2						
		野生动物生物学进展专题	学时	32						
			学分	2						
		野生动物生态与管理	学时	32						
			学分	2						
		野生动物生理生态学	学时	32				40		
			学分	2				2		
		植物形态与系统学	学时	32						
			学分	2						
		高级植物生理学	学时		60				48	
			学分		3				3	
		高级植物化学	学时		60					
			学分		3					
		林业生物技术	学时		40					
			学分		2					
		植物生殖生态学	学时	32						
			学分	2						
		植物生理研究技术	学时		40					
			学分		2					
		生物化学研究技术	学时		40					
			学分		2					
		天然产物化学	学时		60					
			学分		3					
		野生动植物资源学	学时		40			60		
			学分		2			3		
		动植物相互作用生态学	学时					40		
			学分					2		
		植物资源利用学	学时		40					
			学分		2					

（续）

学科代码	学科名称	课程名称		培养单位						
				北京林业大学	西北农林科技大学	西南林业大学	东北林业大学	南京林业大学	浙江农林大学	中南林业科技大学
090705	野生动植物保护与利用	生物多样性理论与实践	学时			48				
			学分			3				
		生物分类与进化论	学时			48				
			学分			3				
		野生动物野外研究技术	学时				32			
			学分				2			
		保护遗传学	学时				32			
			学分				2			
		湿地生物学	学时					40		
			学分					2		
		野生动物产品学	学时					40		
			学分					2		
		地理信息系统原理与应用	学时			48				
			学分			3				
		野生动物分类学	学时					60		
			学分					3		
		高级森林生态学	学时						48	
			学分						3	
		高级生化与分子生物学	学时						48	
			学分						3	
		动物分子细胞生物学	学时						32	
			学分						2	
		试验设计与数据分析	学时						48	
			学分						3	
		野生动植物管理学	学时							32
			学分							2
		野生动植物生态学	学时							32
			学分							2
		野生动植物保护专题	学时							32
			学分							2
		森林植被与植物多样性	学时							32
			学分							2
		选修课	学分	≥8	≥7	≥5	≥7	≥5	≥12	≥9

从表 2-10 可以看出，野生动植物保护与利用学科各高校硕士研究生专业课设置差异

较大，没有高校普遍开设的核心课程，实践、实践类课程开设较少。必修课学时要求在32 ~ 60之间，学分要求在2 ~ 3学时，选修课要求在5 ~ 12学分之间。

表2-11　林业高校园林植物与观赏园艺学科硕士研究生专业课设置

学科代码	学科名称	课程名称		培养单位						
				北京林业大学	西北农林科技大学	西南林业大学	东北林业大学	南京林业大学	山东农业大学	中国农业大学
090706	园林植物与观赏园艺	花卉品种分类学	学时	56			48	60	36	
			学分	3.5			3	3	2	
		园林植物科技发展专题	学时	48	40					
			学分	3	2					
		园林植物景观规划与设计	学时	32		48		40		
			学分	2		3		2		
		野生观赏植物资源采集与调查	学时	32				60		
			学分	2				3		
		林业生物技术	学时		40					
			学分		2					
		高级植物生理学	学时		60	32		60	54	
			学分		3	2		3	3	
		高级植物化学	学时		60					
			学分		3					
		风景园林树木学	学时			48				
			学分			3				
		景观生态学	学时		40					
			学分		2					
		植物生理研究技术	学时		40					
			学分		2					
		生物化学研究技术	学时		40					
			学分		2					
		野生植物资源调查与评价	学时		40					
			学分		2					
		园林植物品种分类学	学时		40					
			学分		2					
		试验设计与数据分析	学时			32				
			学分			2				
		园林植物分子生物技术	学时		40					
			学分		2					
		园林花卉应用与设计	学时		40					
			学分		2					

（续）

学科代码	学科名称	课程名称		培养单位						
				北京林业大学	西北农林科技大学	西南林业大学	东北林业大学	南京林业大学	山东农业大学	中国农业大学
090706	园林植物与观赏园艺	风景园林设计	学时					40		
			学分					2		
		观赏植物生物技术	学时					40		
			学分					2		
		园林植物遗传育种	学时					40		
			学分					2		
		园林经济管理学	学时					40		
			学分					2		
		野生花卉	学时				32			
			学分				2			
		科研诚信与学术规范	学时							16
			学分							1
		国外现代园林发展	学时							32
			学分							2
		园林规划方法与实践	学时							24
			学分							1.5
		园林设计方法与实践	学时							24
			学分							1.5
		园林植物种植设计	学时							32
			学分							2
		园林学专业英语	学时							16
			学分							1
		高级生物统计	学时						36	
			学分						2	
		植物造景	学时				32		36	
			学分				2		2	
		选修课	学分	≥5.5	≥2	≥5	≥3	≥5	≥16	≥6

从表 2-11 可以看出，花卉品种分类学、园林植物景观规划与设计、高级植物生理学为各林业高校园林植物与观赏园艺学科普遍开设的硕士研究生专业课程，其他课程各高校设置有差异。必修课学分设置在 2~3 学分之间，学时设置为 16~60 学时之间，选修课最低要求为 2 学分，最高定为至少 16 学分。

表 2-12 林业高校水土保持与荒漠化防治学科硕士研究生专业课设置

学科代码	学科名称	课程名称		北京林业大学	西北农林科技大学	西南林业大学	东北林业大学	南京林业大学	浙江农林大学	中南林业科技大学
090707	水土保持与荒漠化防治	土壤侵蚀动力学	学时	32	40					
			学分	2	2					
		生态水文学	学时	32						
			学分	2						
		水土保持学	学时	32	40		32	40		32
			学分	2	2		2	2		2
		水土保持与荒漠化防治研究方法	学时	32						
			学分	2						
		水土保持与荒漠化防治前沿讲座	学时	32						
			学分	2						
		生物防治工程技术	学时		40					
			学分		2					
		土壤物理及研究方法	学时		40					
			学分		2					
		水土保持原理	学时			48				32
			学分			3				2
		森林水文学	学时		40			40		
			学分		2			2		
		流域管理学	学时		40		32	40		
			学分		2		2	2		
		水土保持进展	学时		40					
			学分		2					
		坡地水文学	学时		40					
			学分		2					
		生态工程学	学时			32			32	
			学分			2			2	
		多元统计分析	学时					60		
			学分					3		
		河流泥沙动力学	学时			32				
			学分			2				
		流域水文学	学时			32				
			学分			2				
		森林土壤学	学时					40		32
			学分					3		2

（续）

学科代码	学科名称	课程名称		培养单位						
				北京林业大学	西北农林科技大学	西南林业大学	东北林业大学	南京林业大学	浙江农林大学	中南林业科技大学
090707	水土保持与荒漠化防治	防护林学	学时					40		
			学分					2		
		水土流失遥感监测	学时					40		
			学分					2		
		水土保持方案编制与侵蚀监测	学时					40		
			学分					2		
		高级森林生态学	学时						48	
			学分						3	
		高级生化与分子生物学	学时						48	
			学分						3	
		高级植物生理学	学时						48	
			学分						3	
		试验设计与数据分析	学时						48	
			学分						3	
		土地资源与管理	学时							32
			学分							2
		选修课	学分	≥6	≥4	≥7	≥8	≥5	≥12	≥9

从表2-12可以看出，在水土保持与荒漠化防治学科硕士研究生的专业课程设置上，水土保持学、流域管理学等与学科方向相关度高的专业课程开设较多，必修课学分设置一般在2~3学分之间，课程学时数在32~60学时之间。而多元统计分析、试验设计与数据分析等方法类课程并未普遍开设。选修课的学分要求最高为至少12学分，最低为至少4学分。

2.1.3　课程建设

2.1.3.1　林学研究生课程建设投入力度

课程教学是培养研究生科研自主创新能力的基础，并对研究生知识结构的拓宽、批判思维的形成、科研能力的提升都有非常重要的作用。随着经济的飞速发展与科技的日新月异，加强研究生课程建设，提高研究生的培养质量，已成为迫在眉睫的问题。同时，研究生课程教学质量是培养单位办学的生命线，要提高课程教学质量，就应从课程建设做起。被调研的16个培养单位(6所林业类高校，10所涉林高校)中有15个培养单位在林学研究生课程建设方面投入了经费(图2-1，另见彩图8)，68.75%的高校(11所)2011—2015年期间在林学研究生课程建设、开发方面投入的总经费在50元万以内，福建农林大学、浙江农林大学、北京林业大学3所高校对林学研究生课程建设的投入力度最大，总经费达到100万~200万元之间，也有个别高校没有对课程建设投入资金。通过分析可以看出，目前我国林业类和涉林高校对课程建设的投入普遍不高，说明培养单位对研究生课程建设没有引起足够的重视。发达国家一流大学的研究生教育表明，培养研究生创新能力的重要途径之一是课程学习。一向强调研究生教育以科学研究为主的国家也意识到，如果忽视研究生的课程学习，就会造成其基础理论知识的欠缺，并在后续科研工作中缺乏自主创新，这些国家已经从实践中吸取教训并针对具体情况逐步进行改进。例如，在美国，一些著名大学都对博士生课程学习有严格的要求：博士生一般要至少求修满40学分课程，而麻省理工学院则要求更高，达到50学分，斯坦福大学则要求博士生要至少修满72学分才能获准毕业，日本的高校则要求硕士生修满30学分。当前，我国也开始效仿世界一流大学的课程改革，非常重视研究生的课程教学，清华大学、北京大学、南京大学等国内一流大学纷纷投入大量财力、物力、人力对研究生课程体系进行改革与实践，以提高研究生培养质量。因此，各培养单位不仅应加大研究生课程建设投入力度，同时也要关注课程建设的质量，是否适应社会需要是检验高校教育教学质量的重要尺度，让研究生在校所学知识能在走出校园后发挥所用是高等教育最基本的职能；既要继承传统又要有所创新，从教学模式、教学内容、教学方法上进行探索，高等教育不仅是传授知识，更要注重能力的培养。只有这样才能使课程建设质量不断提高，教学水平再上新的台阶。

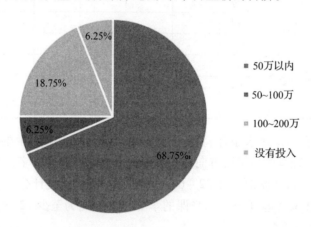

图2-1　参与调研的培养单位对研究生课程建设/开发投入力度

2.1.3.2　实验、实践类课程建设

《国家中长期教育改革和发展规划纲要（2010—2012年）》要求创新人才培养模式，坚持教育教学与生产劳动、社会实践相结合，特别是在高等教育领域，不断强化实践教学环节，着力培养学生的学习能力、实践能力、创新能力。与本科的理论知识传承与积累相比，研究生教学在社会实践、科学实验、生产实习和技能实训等方面的要求明显提高，实践教学的价值与意义比以往任何时候都更为凸显。并且林业类学科是应用型学科，其实验课教学质量的高低，对研究生将来课题方向的确立、研究进程的展开，乃至科研兴趣的培养、科学素养的提高均具有举足轻重的作用。实验操作能力也是科研能力的重要组成部分，实验操作课程的开发是否合理，内容是否恰当，对学生创新性培养是否有用等则是实验教学中必须解决的问题，应在研究生课程建设中给予充分的重视。由此可见开设实践实验类课程对研究生是非常重要的。

表 2-13　培养单位研究实践类课程开设情况

培养单位	实验、实践类研究生课程开设门数	课程开设总门数	占总开课的比例（%）
福建农林大学	2	140	1.43
山东农业大学	2	104	1.92
华南农业大学	4	52	7.69
内蒙古农业大学	2	27	7.41
浙江农林大学	3	82	3.66
河北农业大学	4	109	3.67
华中农业大学	3	73	4.11
北京林业大学	15	192	7.81
四川农业大学	2	48	4.17
新疆农业大学	1	38	2.63
中国林业科学院	3	112	2.68
山西农业大学	4	117	3.42
中南林业科技大学	5	206	2.43

　　而被调研的 16 所培养单位中大部分培养单位开设实验实践类研究生课程 2～15 门（表 2-13），占总开课门数的比例在 1.43%～4.17%，北京林业大学开设实验、实践类课程 15 门，占总开设课程数的 7.81%，开设数量和占比最高；福建农林大学最低，占总开课数的 1.43%。实践实验类课程能有效提高研究生的动手能力，为科研工作的顺利开展提供保障，同时也为研究生们提供开放的多渠道、多层面的实践学习机会，并且林学类学科是应用型学科，应重点培养研究生的动手能力和创新能力，因此开设实践实验类课程对林学类研究生培养是非常重要的。但根据上面的分析也可以发现，大部分高校只开设了 2～15 门实验实践类课程，开设比例严重不足，不能满足林学类研究生对实验、实践课程的需求和提高动手能力，为科研打基础以及创新能力培养的需求。培养单位应重视实践实验类课程建设，为研究生创造更多的实验、实践机会，以实现培养创新型、应用型人才的目标。

　　进一步对已开设的实验实践类课程任课教师的职称和团队化分析结果表明（图 2-2，另见彩图 9），在开设的 51 门课程中，59% 的实验、实践类课程由教授任课，35% 的课程由副教授担任，少部分课程由博士生担任助教。团队任教课程数量占的比例为 41%，非团队任课课程数量比例为 59%。实验实践类课程的教学过程中有大量不确定性因素，需要实践经验丰富的教师加以引导和启发，学校应优化教师团队结构，使人才互补，发挥所长，同时注重实验实践类课程教学内容和研究生科研需要的衔接，从而提高实验实践类课程教学质量和实际应用性。

　　课程考核具有检验、反馈和激励等多方面功能，是检验教学效果、优化教学内容的重要手段。基础实验及实训课程围绕学校人才培养目标，改革传统考核方式，采用口试、答辩、笔试、机考、设计等多种考核方式，根据教学目标采用独立项目考核与期末考核相结合、过程考核与目标考核相结合、工作态度和纪律考核相结合的多样化考核方式，对提高课程质量，培养学生具有较好的实验实训习惯、安全意识和较扎实的仪器设备使用能力等方面具有重大意义。通过对实验实践类课程的考核方式进行调研发现（图 2-3，另见彩图 10），此类课程主要采用考查、考试的方式，其中采用考查方式的有 38 门，占总数的

69.81%，采用考试方式的有 12 门课程，占总数的 16.98%，除此之外还有论文、实验报告、上机、课堂作业等考核方式。很多培养单位也意识到，部分研究生对实验课多采取应付差事的态度，实验欠认真，实验报告互相抄袭现象比较普遍，致使高校研究生中高分低能现象日趋严峻。结合本次的调研结果发现，部分课程的考核方式还须进一步调整，应更多地采用实际操作的方法和方案设计等形式的考核方式，考核研究生是否具备了这些实际解决问题的能力。

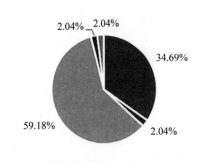

图 2-2　实验实践类课程主讲教师职称结构

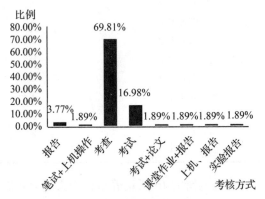

图 2-3　实验实践类课程课程考核方式

2.1.3.3　方法类课程建设

研究方法类课程是一类综合性的课程，与实验类课程相比，除要求研究生动手能力和创新能力外，还需研究生具备其他相关学科课程基础，在研究生成长成才中具有全面、综合性作用。随着我国高等教育事业的不断发展，人口整体素质得到了显著提高，具有高等教育背景的人口规模不断扩大。对于林学研究生来说，小部分毕业生会选择继续深造，大多数毕业生则需要在各行各业的第一线岗位寻找就业机会，从事的职业基本上都与具体的实际问题相关。无论毕业生就业如何，将所学知识融汇贯通并运用到实践中去，是研究生必不可少的能力。被调研的 16 所培养单位中有 14 所高校开设了方法类课程（表 2-14），开设的数量占总开课门数的比例在 0.49%～10.42% 间，四川农业大学（10.42%）、华南农业大学（9.62%）、北京林业大学（8.85%）开设此类课程的比例较高，中南林业科技大学最低，仅占总开课门数的 0.49%。随着高校教育方法和教育观念的不断进步，高校都认识到方法类课程的重要性，在注重方法类课程数量的同时不断探寻更好的教学模式。但通过本次调研发现，大部分林学类培养单位方法类课程仅从开设数量上就严重不足。为使研究生在就读期间奠定扎实的基础知识和优秀的实践能力，培养单位应对方法类课程予以高度重视，增加方法类课程的开设数量，促进研究生学习能力、实践能力和团队合作能力的全面发展。

表 2-14　培养单位开设研究方法类课程情况

培养单位	开设研究方法类课程门数	开设课程总门数	占总开课的比例（%）
福建农林大学	3	140	2.14
山东农业大学	2	104	1.92
华南农业大学	5	52	9.62
内蒙古农业大学	2	27	7.41

（续）

培养单位	开设研究方法类课程门数	开设课程总门数	占总开课的比例(%)
西南林业大学	4	114	3.51
浙江农林大学	3	82	3.66
河北农业大学	2	109	1.83
华中农业大学	3	73	4.11
北京林业大学	17	192	8.85
四川农业大学	5	48	10.42
新疆农业大学	1	38	2.63
中国林业科学院	2	112	1.79
山西农业大学	6	117	5.13
中南林业科技大学	1	206	0.49

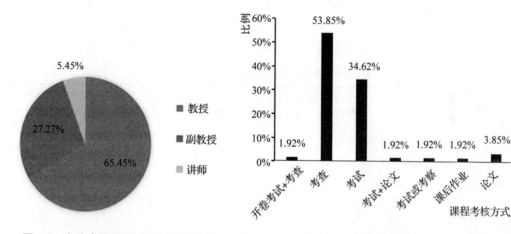

图 2-4　方法类课程主讲教师职称结构　　　　图 2-5　方法类课程考核方式

进一步对已开设方法类课程的任课教师职称和团队化进行分析发现(图 2-4)，65.45%的方法类课程由教授授课，27.27% 的课程由副教授授课，少数课程由讲师授课或在读博士生担任助教。团队任课课程比例较低，仅占总数的 36%，其中内蒙古农业大学、浙江农林大学、河北农业大学、新疆农业大学全部课程采用团队授课，西南林业大学和北京林业大学部分课程采用团队授课。研究方法类课程的特点决定了对教师队伍的更高要求，因此各培养单位聘任的教师或教学团队应具备扎实的理论基础、丰富的实践经验、严密的逻辑思维，才能满足该类课程教学的需要。

在考核方式方面(图 2-5)，58 门课程中，53.85% 的课程采用考查的方式，此外还有以撰写论文、实验报告、上机、课堂作业等方式进行考核，但比例较低。总体来讲大部分课程都采用动手实践的方式来检测研究生是否掌握技能、知识点、研究方法等，但仍有34.62% 的课程采用考试的方法，课程开设单位还需对这部分课程的考核方式进行进一步优化，要增加实际操作的考核方式的比重，尝试采用多种考查方法相结合的方式。

2.1.3.4　专题类课程建设

专题类课程既不同于一般讲座，也不需要按照篇章节的顺序依照教材内容逐一讲授，而是结合参考不同的著作、比较不同的学者观点，对本门课程的一些重点、难点进行深入思考和分析的课程，尤其是对于本课程内容的一些热点讨论的问题进行深入分析和思考，因此，专题类课程是由一系列有基本逻辑联系的对本门课程的一些重点、难点、热点问题的讨论、思考和分析的总和。研究生科研创新能力和实践创新能力的培养离不开对学科前沿知识系统理论的学习和研究。由于林业实践和理论研究的不断推陈出新，需要及时、系统地归纳比较成熟的、具有普遍意义的理论知识，向研究生介绍国内外最新研究成果，专题类课程成为这类知识传授的最佳媒介。被调研的16所培养单位中，有12所高校对此问题进行了反馈，见表2-15，内蒙古农业大学专题类课程开设比例最高，为25.93%，其次为四川农业大学和北京林业大学，分别为18.75%和16.15%，其他培养单位开设比例为2.43%~9.62%不等。聘请校外及校内不同学科专家人次总数最多的是北京林业大学，聘请人数达61人，其他培养单位聘请人数为1~20人不等。但计算平均每门课聘请专家的人次时，华中农业大学平均每门课聘请专家为6人次，浙江农林大学、河北农业大学为4人次，北京林业大学平均每门课1.97人次。而福建农林大学、华南农业大学、内蒙古农业大学、四川农业大学、新疆农业大学、中南林业科技大学没有聘请过专家授课。

表2-15　各培养单位专题类课程开设情况

培养单位	外聘校外专家人次	外请校内其他学科专家人次	共开设专题类研究生课程门数	平均每门课聘请专家人次	开设课程总门数	占总开课的比例(%)
福建农林大学	0	0	4	0	140	2.86
华南农业大学	0	0	5	0	52	9.62
内蒙古农业大学	0	0	7	0	27	25.93
西南林业大学	1	1	6	0.33	114	5.26
浙江农林大学	4	4	2	4	82	2.44
河北农业大学	5	15	5	4	109	4.59
华中农业大学	0	12	2	6	73	2.74
北京林业大学	49	12	31	1.97	192	16.15
四川农业大学	0	0	9	0	48	18.75
新疆农业大学	0	0	1	0	38	2.63
中国林业科学研究院	1	0	4	0.25	112	3.57
中南林业科技大学	0	0	5	0	206	2.43

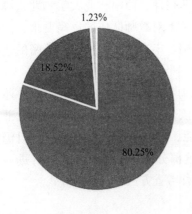

1.23%

18.52%

80.25%

■教授 ■副教授 ■讲师

图2-6　专题类课程任课教师的职称结构

通过分析可以看出，专题类课程同样存在开设比例普遍较低，不能满足现代研究生教学需求的问题；同时，大部分培养单位外请专家数量少，研究生缺少与校外同行的交流，课程内容的前沿性很难得到保证。因此，林学类培养单位在加强专题类课程建设的同时，应增加对校外一流学者专家和校内其他相关学科专家的聘请数量，让研究生们掌握本领域的相关理论，紧跟领域的理论潮流。通过对各培养单位专题类课程任课教师的职称结构分析(图2-6，另见彩图11)，各培养单位专题类课程任课教师职称结构比较合理，80.25%为教授授课，18.52%为副教授授课，部分课程为教授或副教授授课，只有北京林业大学的植物分类学专题课程为讲师授课，占课程总数的1.23%，基本能满足教学的需要。

2.1.3.5 全英文课程建设

（1）全英文课程开设情况

随着经济全球化潮流，我国高等教育也正走向国际化，研究生参加国际学术交流、在国际学术期刊发表论文等学术交流活动的机会不断增加，研究生学术交流能力也直接体现了所在学校的科研水平，影响着学校的国际形象，但大部分中国的学者或研究人员在本领域的国际影响力依然不高，这并不是因为学术水平低下，而是受到了语言因素的制约。目前，国内大多数研究生用英语撰写论文、发表演讲、参加讨论的能力依然薄弱，这无疑成为制约中国学者国际话语权的一个十分重要的因素。因此，研究生国际学术交流能力的提升也是研究生培养中不可忽视的问题和学校科研与国际接轨的关键。在研究生英语教学方面，大部分高校通常是开设一年的研究生基础英语课程，教学目标依然是强化研究生的听、说、读、写、译五方面的语言技能，课堂教学方法和教学内容与本科时类似，即对词汇、语法、课文结构进行反复的操练，教学内容不外乎是一般话题的听说与写作、普通英文题材的阅读，与研究生的专业、学术方面关联不大。"研究生英语"这门课程对研究生来说，只是为了拿学分拿学位而必修的一门课程，对于拓展或提升他们的专业知识并没有什么实际意义。因此，如何在仅开设一年的研究生英语课程后，提升研究生的学术英语能力成为当前研究生英语教学的当务之急。在被调研的高校中，仅福建农林大学、西南林业大学、浙江农林大学、北京林业大学、甘肃农业大学5所高校开设了研究生全英文课程，但全英文课程占总开课课程的比例并不高，仅为0.88%~3.66%。90%的全英文课程任课教师由教授或副教授担任，75%的任课教师有1年以上的留学经历。58.33%的课程有国外专家讲授环节，课时分布在4~16学时（表2-16）。

表2-16 培养单位全英文课程开设情况

培养单位	课程名称	学时	学分	主讲教师职称（1教授2副教授3讲师）	主讲教师留学时间（月）	国外专家讲授学时	选课人数	开设全英文研究生课程门数	开设课程总数	占总开课的比例（%）
福建农林大学	研究生英语	90	2	3			90	2	140	1.43
	专业英语	40	2	2			80			
西南林业大学	各专业的专业英语	32	2	1	12			1	114	0.88
浙江农林大学	化学生物学	32	2	1	12	16	49	3	82	3.66
	高级植物生理学	32	2	1	12	16	36			
	数量与群体遗传学	32	2	1	12	16	51			
北京林业大学	Forestry Technology Frontier（林业技术前沿）	32	2	1	12	4	9	5	197	2.54
	Forest Ecology（森林生态学）	32	2	1	12	4	9			
	Modern Forestry Management（现代森林经营管理学）	32	2	1	12	8	11			
	生态统计与建模（英文）	48	3	1	36	24	40			

由此可见，林学学科研究生全英文课程开设数量明显不足，聘请国外专家讲授课程的学时太少，大部分学校甚至没有开设全英文课程，研究生教育的国际化程度有待提高。作为非英语母语国家，研究生缺少英语学习的语言环境，使研究生在科研学习中倾向于查阅中文文献、用中文撰写学术论文，这大大局限了研究生的学术视野和研究成果的推广、交流、传播与应用范围。因此，各培养单位都应加大全英文研究生课程的建设力度，让研究生结合自己的专业学习英语，对提高研究生学术交流水平、学校国际声誉甚至林学学科的发展有重要的推动作用。

（2）针对来华留学生开设课程情况

随着我国经济实力的增强和国际地位的提高，越来越多的留学生选择到中国留学。2010 年国务院发布了《国家中长期教育改革和发展规划纲要（2010—2020 年）》，为了贯彻落实纲要，加强中外教育交流与合作，推动来华留学事业持续健康发展，提高我国教育国际化水平，教育部于 2010 年制定了《留学中国计划》，目标是建立与我国国际地位、教育规模和水平相适应的来华留学工作与服务体系；造就出一大批来华留学教育的高水平师资；形成来华留学教育特色鲜明的大学群和高水平学科群；培养一大批知华、友华的高素质来华留学毕业生。留学生毕业归国后，其专业水平和综合素养无不体现着我国高校研究生教育的培养质量，留学生教育已成为高校国际化的重要指标，因此，学校根据来华留学生特点开设留学生课程是非常必要的。参与调研的 16 所农林类和涉林培养单位中有 4 所培养单位针对来华留学生开设了专门课程（表 2-17），在开设的 17 门课程中有 10 门课程为全英文课程，全部为北京林业大学开设，内蒙古农林大学、浙江农林大学、福建农林大学开设课程为汉语授课或英汉混合授课。福建农林大学、内蒙古农业大学开设的课程选课人数较多，一般在 30～60 人，浙江农林大学、北京林业大学开设课程选课人数较少，一般在 9～12 人。

表 2-17　培养单位针对来华留学生开设的课程情况

培养单位	课程名称	学时	学分	近 3 年平均选课人数	课程类型	开课语言
福建农林大学	分子生物学研究进展	40	2	40	学位课	汉语
	植物细胞生物学	40	2	10	学位课	汉语/英语
	高级植物生理学	60	3	60	学位课	汉语/英语
内蒙古农业大学	中国概况	32	2	30	学位课	汉语
	对外汉语	90	3	30	学位课	汉语
浙江农林大学	综合汉语	92	5	5		汉语
	中国概况	48	3	5		汉语
北京林业大学	Microeconomics（微观经济学）	32	2	9	专业课	英文
	Resource and Economics（资源与环境经济学）	32	2	10	专业课	英文
	Forest Economics（林业经济学）	32	2	12	专业课	英文
	Econometrics（计量经济学）	48	3	9	选修课	英文
	Forestry Technology Frontier（林业技术前沿）	32	2	9	专业课	英文
	Forest Ecology（森林生态学）	32	2	9	选修课	英文
	Macroeconomics（宏观经济学）	32	2	11	选修课	英文

（续）

培养单位	课程名称	学时	学分	近3年平均选课人数	课程类型	开课语言
北京林业大学	Modern Forestry Management（现代森林经营管理学）	32	2	11	选修课	英文
	Frontier Topics of Forest Economics and Policy（林业经济与政策前沿专题）	32	2	9	选修课	英文
	Forestry Policy（林业政策学）	32	2	12	专业课	英文

通过分析可以看出留学生课程设置存在以下问题：①只有少数高校专门为留学生开设课程。②开设课程的学校多采用汉语授课，且开设课程中专业类课程数量少。由于留学生的文化背景、语言环境、思维方式都与本国学生有所不同，学校在设置课程时首先应适应留学生的语言环境，用全英文课程教学的方式更有利于学生对专业知识的理解；其次应注重因材施教，结合留学生的教育背景和文化背景设置符合留学生的教学方法，并及时听取留学生反馈做出调整；在课程内容上将理论知识系统讲解的同时加入国际前沿的学科知识，让留学生认识到同一学科在国家间既存在个性又存在普遍性，进一步打开留学生的国际视野。实现与我国国际地位、教育水平相适应的来华留学工作服务体系的目标需要广大教育工作者不断对留学生教育教学进行建设和优化，而提高教学质量的根本方法是做好品牌课程建设，希望培养单位能引起足够的重视，加大师资力量的投入，建立国际化高水平的教学团队，在课程内容、教学方法、考核方式等方面形成良性的优化机制，为我国教育国际化做出贡献。

2.1.3.6　案例库课程建设

案例教学法是指在教师的精心策划和指导下，为达到特定的教学目标，采用典型案例作为教学手段，将学习者置于一个特定事件的真实情境中，通过师生、学生之间的双向和多向互动，积极参与，平等对话和研讨，提高学生发现问题、分析问题和解决问题的能力，同时培养学生沟通能力、创新能力和团队精神的一种开放式教学方法。20 世纪初，哈佛大学创造了案例教学法。案例教学法 1870 年由哈佛大学法学院院长兰德尔引入法学教育，20 世纪初被运用于哈佛商学院的 MBA 教育中。案例教学法在研究生教学过程中被广泛应用，并被不同学科改良、应用。案例教学法能够调动学生的学习主动性，学生摄取的信息量可大大增加。同时，学生的分析、表达、团队合作等能力都能得到有效锻炼和提高。案例教学的精髓不在于让学生去认同和理解某种既定的观点，更重要的是让学生用批判性的思维，拓宽思路，创造性地寻找解决问题的切入点。

林学类专业是应用性较强的专业，专业理论源于实践的观察、测定和归纳总结，实践教学的效果显著好于课堂教学，用实践事例的"现身说法"更能引起学生的兴趣，"眼见为实"的方式也更有利于学生对理论知识的学习和理解。特别是对林业硕士专业学位研究生来说，其课堂教学过程既脱胎于学术型研究生教学，也有别于后者。学术型研究生案例教学法更侧重于建构知识和技能，在教师的指导下，学生自主建构认知结构，教师通过案例给出大量情景信息，学生对这些信息进行主动选择、推理和分析，建构案例中的重要知识和知识运用过程，逐步形成创新意识和解决问题的能力。学生是课堂的主体，把握课程的进程，对案例信息进行重构，完善自己的知识体系和技能，拥有更大的课堂自主权，重在分析问题，提出假设，通过验证假设获得解决问题的能力，提升对理论知识的理解，并归纳总结新的理论假设。林学研究生的案例教学法更侧重于交流学习，通过争论、讨论和交流获得理论认知和解决问题的能力，在师生交流过程中获得显性知识的传递，教师负责答疑、解惑；在学生之间交流过程中获得隐性知识的传递，学生通过讨论、交流、合作提升解决问题的能力。在这一过程中，教师不仅要通过案例将新的知识进行传递，而且要激发和点拨提升师生、生生交流的水平，从更深的程度和更好的水平上对案例所反映出的问题和事实进行剖析，从而产生更高水平的认知。

2015 年 5 月 7 日，教育部印发了《关于加强专业学位研究生案例教学和联合培养基地建设的意见》(教研〔2015〕1 号)，指出："加强案例教学，是强化专业学位研究生实践能力培养，推进教学改革，促进教学与实践有机融合的重要途径，是推动专业学位研究生培养模式改革的重要手段。"强调了加强案例教学和基地建设对以专业学位研究生为主要群体的研究生培养质量和推动培养模式改革的重要意义。在调研问卷中针对各培养单位案例库课程建设情况设置了问题，返回的 16 所培养单位问卷中(表 2-18)，福建农林大学、北京林业大学等 9 所学校开设了案例教学课程，开展案例教学的研究生课程占总开课门数比例普遍较低，各培养单位开设案例库课程数量在 1~5 门，占总开课数的 0.88%~3.7%。在课程案例方面，大多数课程使用的案例数在 3~5 个之间，个别课程使用案例比较丰富。例如，华中农业大学的"林业科学研究进展"课程使用案例 16 个，北京林业大学开设的"森林生态系统理论与应用""资源环境遥感"案例个数分别为 33 个和 24 个，其中"森林生态系统理论与应用"课程还建设了案例库。

表 2-18　培养单位案例库课程开设情况

培养单位	使用案例数量(个)	使用案例教学方法研究生课程门数	开设课程总数	占总开课的比例(%)
福建农林大学	0	3	140	2.14
内蒙古农业大学	3	1	27	3.70
西南林业大学	4	1	114	0.88
浙江农林大学	0	3	82	3.66
河北农业大学	3	1	109	0.92
华中农业大学	20	2	73	2.74
北京林业大学	70	5	192	2.60
四川农业大学	6	1	48	2.08
中南林业科技大学	11	4	206	1.94

通过调研分析可以看出，目前农林类和涉林培养单位在案例库课程建设中的主要问题有：①开设案例库课程的高校仅占调研总数的 56%，有部分高校尚未开设此类课程，课程结构还有欠缺。②已开设案例教学课程的培养单位中，大多数培养单位开设案例库课程的数量少，使用的教学案例单一，只有少数高校的个别课程建立了案例库，难以保证案例库课程的整体教学质量。针对这些问题，培养单位应加强案例库课程建设，加大经费投入力度，同时引导教师重视课程教学案例库的开发和使用，完善基础设施条件建设，为课程的

案例教学提供条件保障，最终达到教学与实践有机融合的目标。

如图 2-7 所示(另见彩图 12)，80.95% 的案例库课程主讲教师为教授职称，19.05% 的课程主讲教师为副教授职称，能够基本满足课程教学的需要。

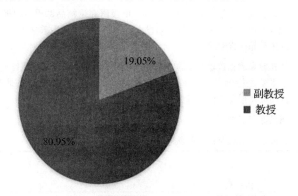

图 2-7　案例库课程任课教师的职称结构分布

2.1.3.7　精品课程建设

精品课程直接关系到高等学校的教学质量与人才培养质量，2003 年 4 月，教育部在《关于启动高等学校教学质量教学改革工程精品课程建设工作的通知》中指出，精品课程是具有一流教师队伍、一流教学内容、一流教学方法、一流教材、一流教学管理等特点的示范性课程。精品课程按照建设质量标准分为国家级、省级、校级 3 级，分别由教育部、省级教育管理部门、学校部门组织评审和确定。精品课程既指一门具有较高质量、资源丰富且免费共享的课程，又指该课程具有一定级别的课程荣誉。精品课程强调的并非是对课程已有建设成果的认定，而是通过不断建设、完善和提高的动态发展过程进一步提高课程建设的质量。

事实上，在开展精品课程建设之前，我国许多高校已积极开展了网络课程的建设和应用。精品课程是对网络课程的进一步发展，而且更加强调课程的全要素建设、内涵与特色建设、建设质量、开放共享和引领示范作用的发挥等。精品课程是高等学校教学质量与教学改革工程的重要组成部分，通过该项工程的建设，可以切实推进教育创新，深化教育改革，促进优质教学资源的共享，全面提高教育教学质量。在调研问卷中针对各培养单位精品课程建设情况设置了问题，在返回的 16 份问卷中(表 2-19)，有 15 个培养单位回答了该问题，46.67%(7 所)的培养单位已经开展了精品课程建设，46.67% 的高校虽未开展但也已在计划中；仅 1 所学校未开展过精品课程建设且不计划开展，占总数的 6.66%(图 2-8)。经过调查发现，已经开展精品课程建设的农林类培养单位不到调查总数的 1/2，开设单位少，还未开展的培养单位应引起足够的重视，尽快将研究生精品课程建设纳入研究生课程建设规划中去，已经开展的培养单位应进一步提升研究生精品课程的教学质量，以精品课程形成引领、示范作用，促进高等学校对教学工作的投入和教学质量的提升。

表 2-19　培养单位对精品课程建设存在的问题反馈

培养单位	存在问题与改进方向
河北农业大学	加强研究生骨干课程建设，投入专项资金；加大任课教师的培训
北京林业大学	任课教师投入教学工作时间较少，申报研究生精品课程不积极，热情不高。改进方向：积极调动任课教师积极性，以投入更多精力到研究生教学工作中去，更加主动地参与研究生精品课程的建设
四川农业大学	依托教育部和省教育厅的学术型研究生重点课程建设试点项目，2015 年开始建设了 19 门学术型研究生课程(其中公共课 4 门，专业学位课 15 门)，在此基础上挑选出更具特色更优质的课程作为精品课程建设
中国林业科学研究院	精品课程偏少
山西农业大学	积极申请精品课程，重视师资队伍的培养

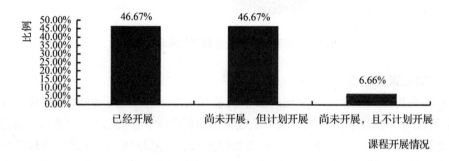

图 2-8　精品课程建设情况

在返回的问卷中有 5 所培养单位对"培养单位对精品课程建设存在的问题"进行了反馈，其中北京林业大学、中国林业科学研究院已经开展了研究生精品课课程的建设和评选，在建设精品课程的过程主要遇到的问题是任课教师投入教学工作时间较少、申报研究生精品课程建设项目不积极、热情不高，课程数量少等。优秀的教师团队是精品课程建设的根本，针对任课教师投入少的问题，培养单位应做好与教师的沟通并建立相应的奖励机制，促使更多的优秀教师投入到精品课程建设中去。河北农业大学、四川农业大学、山西农业大学等高校的研究生精品课程正在筹划中，并认为做好精品课程建设，一要有专项资金投入；二要重视培养教师队伍。

2.1.3.8　在线课程建设

在线课程是近年来在世界范围兴起的教学方式，具有优秀教师资源共享、学生自主把握学习进度、不受时间地点限制等优点，给高等教育教学改革发展带来了新的机遇和挑战。许多发达国家的高校建设了网络课程并获得了良好的口碑和社会各界的认同，2001年，美国麻省理工学院开启"开放课件"计划，为全世界的学习者提供免费、优质的学习资源，启动了教学资源自由共享的先河，拉开了开放教育资源运动的帷幕，开放教育资源的理念及实践教育活动引起了全球的广泛关注。其后，这种理念和做法得到越来越多教育机构的认同并加入到其中。2015 年 4 月 28 日，教育部出台《关于加强高等学校在线开放课程建设应用与管理的意见》，意见鼓励高校遵循教育教学规律，推动信息技术与教育教学深度融合，主动适应学习者个性化发展和多样化终身学习需求，共同构建具有中国特色的在线开放课程体系和课程平台。

　　在线课程依托于网络平台开展，学习者可以自主决定学习的时间地点，可以根据自己对课程的理解程度和喜好控制学习进度或停止学习。这样的特点使在线课程具有很大的灵活性和自主性，受时间和空间的限制较少，能满足更多的学习者的需要，但同时也带来学习者来源和数量的不确定，学习者不能自主完成全部课程内容，学生疑问不能及时得到解决等问题。例如，在学习过程中，学生可以自主决定去留，如中途放弃课程离开或不认真完成课堂练习，也不会带来不良记录，这无形中减少了学生的学习压力，使教学质量难以得到保证。因此，对于学校来说，在线课程并非简单地将课程及教学从教室搬到网络上，它有自己的教学策略、教学组织方法和学习活动设计，如果教师缺乏对在线教学的了解和基本方法的掌握，则开设在线课程存在风险。当在线课程仅是将课堂搬到网上，学生的学习感受可能还远不如课堂教学，所带来的结果很有可能是开放在线课程在热闹登场后，被学习者在失望中放弃。为此，普通大学在开展在线课程教学时，应该给教师提供必要的培训，让他们真正理解什么是在线教学，如何设计在线课程及在线学习，如何组织在线教学，如何管理在线学习过程，如何提供学习支持服务。一门在线课程制作完毕后可以重复使用并且不限听课人数，在课程规划合理宣传到位的情况下，能让培养单位的教学资源利用更充分，扩大学校的影响力。

　　通过对各培养单位在线课程建设情况设置进行了调查（表 2-20），在返回的 16 份问卷中有 6 所学校对此问题进行了反馈，已经开展在线课程教学的仅有 2 所，占调查总数的12.5%，其中山东农业大学计划建设 2 门林学课程；浙江农林大学的在线课程建设中存在资助力度不大，建设项目多，成效不明显，使用率不高的问题，希望可以加大课程资助力度。通过上面的分析可以看出，各培养单位普遍对林学类在线课程建设不够重视，大多数学校还未开始建设，已经建设的培养单位也存在林学类课程建设数量少，投入力度不够的问题。因此，各培养单位应抓住机遇，勇于迎接挑战，促进在线课程在更新教育观念、优化教学方式、提高教育质量、推动教育改革等方面发挥更积极的作用。

表 2-20　培养单位在线课程建设进度及实施效果

培养单位	在线课程建设进度及实施效果
山东农业大学	正在进行研究生课程建设，计划 2017 年有 44 门课程上网，其中林学 2 门
西南林业大学	正在筹划建设
浙江农林大学	在线课程资助力度不大，建设项目多，成效不明显，使用率不高，精品课程资助力度大一些
华中农业大学	尚未建设
北京林业大学	尚未建设
四川农业大学	未开设在线课程

2.1.3.9　教材出版

　　高校教材是决定高等学校教育质量的重要因素之一，对人才的培养有着特殊重要的作用和地位。2013 年 11 月，教育部、农业部、国家林业局联合发布《关于推进高等农林教育综合改革的若干意见》（以下简称《意见》）（教高［2013］9 号），指出要主动适应国家、区域经济社会和农业现代化需要，建立以行业、产业需求为导向的专业动态调整机制，优化学科专业结构，促进多学科交叉和融合，培植新兴学科专业，用现代生物技术和信息技术提升、改造传统农林专业。《意见》为我国农林人才培养和学科发展指明了方向，要分层次培养创新型人才、应用型人才和科研型人才，教材就要服务于教学改革的需要和人才培养的目标，因此，针对同一专业不同层次应有不同的教材与之配套。高校自主出版教材不仅是学科教学成果的体现，也更契合本校学科的教学方式和侧重点。

表 2-21　培养单位出版研究生教学用书情况

培养单位	教材名称	出版社	出版时间	适用范围
福建农林大学	景观生态学	中国林业出版社	2013	生态学、海岸带森林与环境
华南农业大学	R 与 ASReml-R 统计分析与教程	中国林业出版社	2014	硕士
	园林树木学	华南理工大学出版社	2014	硕士
	园林植物学	重庆大学出版社	2013	硕士
	城市林业	高等教育出版社	2010	硕士
浙江农林大学	高级植物生理学	浙江大学出版社	2011	林学一级硕士博士
北京林业大学	现代森林培育理论与技术	中国环境科学出版社	2011	森林培育学科
	林业试验设计	中国农业出版社	2014	林学相关学科
新疆农业大学	新疆林果害虫防治学	中国农业大学出版社	2013	
	人工绿洲防护生态安全保障体系建设研究	西北农林科技大学出版社	2012	

针对林业类培养单位和涉林培养单位教材出版情况，本评议组在问卷中设置了该问题，在收回的 16 份问卷中，有 5 所高校出版了研究生课程教材，分别为福建农林大学、华南农业大学、浙江农林大学、北京林业大学、新疆农业大学。其中华南农业大学出版研究生教材 4 本，北京林业大学、新疆农业大学各 2 本，福建农林大学和浙江农林大学各 1 本(表 2-21)。各高校出版的研究生教学用书除了数量少，还存在着精品教材匮乏的问题，主干核心课的教学用书几乎空白。高校在教材出版上应加以重视，鼓励教师参与教材编写，不仅要丰富教材出版的数量，更要致力于编写学科内权威、体系上成熟、有利于学科教学质量提高的精品教材。

2.1.3.10　课程建设规划

2017 年 1 月 19 日国务院发布的《国家教育事业发展"十三五"规划》指出，高等教育承担着培养高级专门人才、发展科学技术文化、促进社会主义现代化建设的重大任务。提高质量是高等教育发展的核心任务，是建设高等教育强国的基本要求。到 2020 年，我国教育现代化取得重要进展，教育总体实力和国际影响力显著增强。课程建设规划在研究生课程建设中起到纲领性作用，是确保课程建设有序进行的重要保障，为了解各培养单位未来5 年的课程建设计划，在课程建设现状与质量评价问卷中设置了关于各培养单位在"十三五"期间关于研究生课程建设目标的问题。在返回的问卷中有 6 所培养单位对此问题进行了反馈(表 2-22)。各培养单位都在结合自身实际情况和学科特色的基础上，在"十三五"

规划中都有关于研究生课程建设的目标，力争"十三五"期间通过对师资队伍建设、改革教学结构、完善激励和约束机制等途径，建立起以质量为导向的研究生教育管理体制和人才培养模式，进一步完善课程体系，改善教学方法及教学手段，加强教师队伍建设，使研究生教育更适应社会发展的需要。但仍有超过 1/2 的培养单位并未在"十三五"规划中提及研究生课程建设，这些培养单位尚未认识到研究生课程建设的规划的重要性和研究生课程建设和教学质量对研究生教育质量的重要作用。

表 2-22　培养单位"十三五"规划中关于研究生课程建设的目标

培养单位	目　标
福建农林大学	建成较为完整、系统、满足各学科专业知识结构需求的研究生课程体系
西南林业大学	加强实验实践类课程的教学改革，更新教学内容、改革教学方法和教学手段，使教学内容更丰富、教学方法和手段更多样化
浙江农林大学	重点建设国际化研究生课程，预计建成 25 门左右的高水平全英文研究生课程
河北农业大学	建设研究生精品课程 2~5 门、课程教学案例 3~8 个、双语课程 1~3 门
四川农业大学	积极推进教学改革，加强研究生教学团队建设，有效发挥评价的监督作用，健全课程管理机制，加强研究生教材建设，搭建课程学习支持服务平台
中国林业科学研究院	按一级学科设置研究生课程体系，适应国家、社会、行业发展需求

2.1.4　课程教学质量

2.1.4.1　课程教学质量评价调查问卷设计与发放

（1）问卷的设计原则

设计和发放林学一级学科研究生课程建设现状调研问卷的目的是全面了解与掌握我国目前各培养单位林学一级学科研究生课程建设的基本现状和课程教学质量的总体情况，针对我国涉林院校的在读研究生（包括博士研究生和硕士研究生）、毕业生和培养单位分别发放不记名调查问卷。其中针对在读研究生发放的问卷由"基本信息和总体评价""研究生课程学习的一般描述""开放性问题" 3 个部分的问题组成；针对毕业生发放的问卷由"基本信息与总体评价""在校期间研究生课程学习的评价""开放性问题" 3 个部分的问题组成；针对培养单位发放的问卷由"林学一级学科招生及课程总体情况""课程开设情况""课程建设情况""课程教学管理与运行"等 5 个部分组成。

问卷中对基本信息情况采用了填空题和选择问题的设计方式；对于满意度调查问题采用五级量表设计方式，对最有利的选项赋值为 5 分，如"非常满意""完全同意"等选项；对最不利的选项赋值为 1 分，如"非常不满意""不同意"等选项；中间选项按照满意程度分别赋值为 4、3、2 分，最终对满意度结果进行相关分析。

（2）问卷样本选择与回收

对 18 所国内涉林和林学研究生教育主体培养单位的林学博士和硕士研究生随机发放林学一级学科研究生课程建设现状与质量评价调查问卷，共回收在读研究生调查问卷总计 1194 份，其中有效问卷 1116 份，问卷有效率为 93.47%，提交调查问卷的在读研究生所在培养单位和问卷所占比例详如图 2-9 所示。

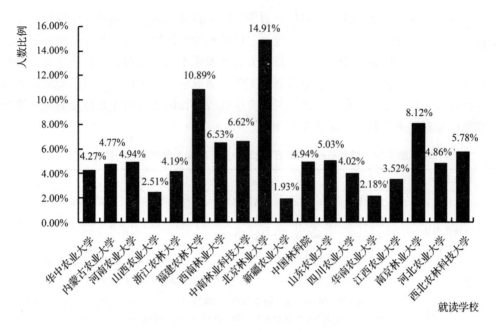

图 2-9　参与调研的在读研究生就读学校情况

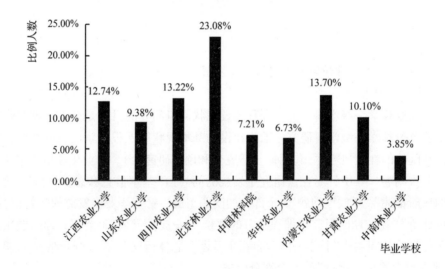

图 2-10　参与调研的毕业生的培养单位分布情况

　　回收的调研问卷毕业生共来自 9 所国内涉林院校，共回收问卷 438 份，其中有效问卷 416 份，问卷有效率达到 94.98%，具体的毕业生数量和培养单位分布信息如图 2-10 所示。

　　(3)问卷基本信息统计

　　被调研的在读研究生与毕业生均来自于我国多个涉林院校，学科专业能够涵盖林学一级学科范围，调研结果可充分反映目前我国林学一级学科研究生课程建设和教学质量的总体情况和存在的问题，为今后的研究生课程建设奠定基础和提供理论依据，参与此次调研的研究生基本信息情况见表 2-23。

表 2-23　参与调研的研究生基本信息情况　　　　　　　　　　　　人

基本信息		在读研究生人数		毕业生人数
性别	男	483		188
	女	633		228
层次	硕士研究生	1016		342
	博士研究生	100		74
年龄	20～25 岁	784		56
	26～35 岁	329		335
	36～45 岁	3		24
	46 岁以上	0		1
毕业时间	2016 年	213	2012—2016 年	361
	2017 年	588	2007—2011 年	50
	2018 年	307	2002—2006 年	3
	2019 年	8	2002 年以前	2
学科专业名称	硕士研究生	林业	240	林业	47
		林木遗传育种	77	林木遗传育种	18
		森林培育	187	森林培育	67
		森林保护学	83	森林保护学	11
		森林经理学	120	森林经理学	41
		野生动植物保护与利用	43	野生动植物保护与利用	5
		园林植物与观赏园艺	74	园林植物与观赏园艺	42
		水土保持与荒漠化防治	131	水土保持与荒漠化防治	60
		林业信息	3	自然保护区学	14
		自然保护区学	15	经济林学	5
		经济林学	27	森林生态学	5
		药用植物栽培与利用	4	其他	27
		海岸带森林与环境	2		
		森林生态学	9		
		湿地生态学	1		
	博士研究生	林木遗传育种	16	林木遗传育种	10
		森林培育	26	森林培育	26
		森林保护学	12	森林保护学	3
		森林经理学	10	森林经理学	5
		野生动植物保护与利用	4	园林植物与观赏园艺	10
		园林植物与观赏园艺	10	水土保持与荒漠化防治	11
		水土保持与荒漠化防治	2	生态环境工程	5
		经济林学	2	森林生态学	1
		生态环境工程	10	其他	3
		竹资源与高效利用	3		
		森林生态学	5		

参与调研的在读研究生和毕业生分别为1116人和416人；在读研究生中，男生共483人，占总人数比例为43.28%；女生共633人，占总人数比例为56.72%。参与调研的毕业生中，男生共188人，占总人数比例为45.19%；女生共228人，占总人数的54.81%（图2-11，另见彩图13）。

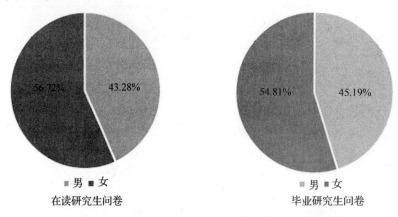

图2-11 参与调研的在读研究生和毕业生性别统计情况

从参与调研的在读研究生和毕业研究生的层次来看，参与调研的在读研究生中，硕士学位的在读研究生共1016人，占总人数的91.04%；博士学位在读研究生共100人，占总人数的8.96%；参与调研的毕业研究生中，硕士学位毕业生共342人，占总人数的82.21%；博士学位毕业研究生共74人，占总人数的17.79%。具体的硕士研究生和博士研究生的人数分布如图2-12所示（另见彩图14）。

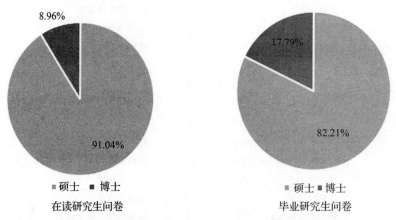

图2-12 参与调研的在读研究生和毕业生学位层次分布情况

从参与调研的在读研究生和毕业研究生的年龄分布来看，在读研究生中，20~25岁年龄段的研究生最多，占到70.25%；其次分别为26~35岁年龄段和36~45岁年龄段。而参与调研的毕业研究生中，26~35岁年龄段的毕业研究生最多，占到80.53%，其次分别为20~25、36~45和46岁以上年龄段的毕业研究生，各年龄段的调研对象具体分布如图2-13所示。

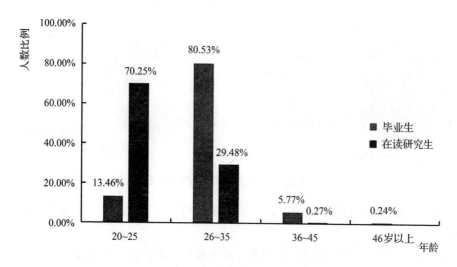

图 2-13　参与调研的在读研究生和毕业生年龄分布情况

从调查对象的被录取方式来看（图 2-14，另见彩图 15）：51.25% 的调查对象以第一志愿报考就读院校，26.08% 的调查对象从外专业调剂后被录取，12.19% 的调查对象以免试推荐的方式入学，10.48% 的研究生为同专业调剂。这表明近 90% 的调查对象是通过研究生考试的途径被录取，少部分研究生以免试推荐的方式被录取。

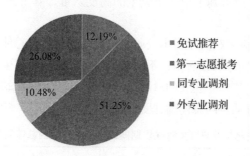

图 2-14　参与调研的研究生被录取方式统计

2.1.4.2　评价结果与分析

1）课程教学质量的总体评价

（1）教学质量的总体满意度评价

在读研究生和毕业研究生对教学质量的满意度能较全面地反映研究生在校期间对学校教育服务的实际感受和课程教学能否满足研究生改善知识结构、提高就业能力需求的成效。本课题在毕业生和在校生调查问卷中分别设置了研究生对课程教学质量总体满意度的问题，通过对返回问卷数据的整理可以看出，16.67% 的已毕业研究生对教学质量非常满意，54.91% 的毕业研究生对教学质量比较满意，但值得注意的是，22.22% 的毕业研究生认为教学质量一般，仅 5.56% 和 0.64% 的研究生对教学质量表示比较不满意和非常不满意，即 71.58% 的毕业生对课程教学质量比较满意。在读研究生方面，8.02% 的在读研究生对学校教学质量非常满意，48.83% 的在读研究生对学校的教学质量表示比较满意，35.68% 的在读研究生认为学校教学质量一般，另外，有 6.49% 的在读研究生对课程教学质量比较

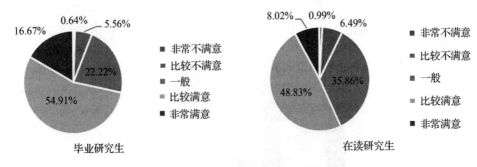

图 2-15　研究生对课程教学质量的总体满意度评价

满意,在校生和毕业生分别对研究生课程教学质量的总体满意度具体如图 2-15 所示(另见彩图 16)。

对比在校读研究生和毕业研究生分别对教学质量的满意度,可以发现,毕业研究生对教学质量比较满意和非常满意的比例相对较高,高出 14.73%;认为教学质量一般、比较不满意、非常不满意的比例有不同程度的减少。相对于在校生,毕业生经历了撰写论文、求职、参加工作实际,对所受到的教育对求职和工作的支撑度有更直观的感受,能更真实地反映出研究生对学校教学服务的评价,71.58% 的毕业生对在校期间的课程教学质量满意,远远高出认为教学质量一般与不满意的研究生人数。这一结果体现出我国林学一级学科研究生课程教学质量普遍得到了毕业研究生的高度认可,基本满足了研究生毕业后工作生活的需要。

对不同培养单位已毕业的研究生对本校研究生课程教学质量总体评价结果的差异性进行分析,结果见表 2-24,从表中可以看出,不同培养单位已毕业研究生对在校期间的课程教学总体满意度差异性显著,其中单位 1(4.11 ±0.2)、单位 3(4.09 ±0.19)和单位 7(3.96 ± 0.22)的研究生对课程教学质量的总体满意度较高,而单位 5(3.47 ±0.31)相对较低。

表 2-24　不同培养单位已毕业研究生对在校期间课程教学质量的总体满意度差异性分析结果

培养单位	样本数	均　　值	*F* 值
单位 1	53	4.11 ±0.2	3.688 ***
单位 2	39	3.82 ±0.29	
单位 3	55	4.09 ±0.19	
单位 4	96	3.68 ±0.16	
单位 5	30	3.47 ±0.31	
单位 6	28	3.79 ±0.29	
单位 7	57	3.96 ±0.22	
单位 8	16	3.75 ±0.36	
单位 9	91	3.66 ±0.17	

注:***表示 $p < 0.001$。下同。

课题也对各培养单位在读研究生对本校课程教学质量的总体满意度也进行了差异性分析(表 2-25),从表 2-25 中可以看出,各培养单位的在读研究生对课程教学质量总体满意度的差异性显著,其中单位 2(3.84 ±0.19)、单位 12(3.93 ±0.19)、单位 17(3.79 ± 0.19)的在读研究生对本校研究生课程教学质量的总体满意度较高。单位 1(3.33 ±0.22)、

表 2-25　各培养单位研究生对课程教学质量总体满意度的差异性分析

培养单位	样本数	均　值	F 值
单位 1	49	3.33 ± 0.22	3.903 * * *
单位 2	57	3.84 ± 0.19	
单位 3	54	3.67 ± 0.22	
单位 4	30	3.6 ± 0.3	
单位 5	49	3.37 ± 0.24	
单位 6	118	3.71 ± 0.13	
单位 7	54	3.35 ± 0.27	
单位 8	75	3.29 ± 0.18	
单位 9	173	3.6 ± 0.11	
单位 10	23	3.43 ± 0.26	
单位 11	56	3.34 ± 0.21	
单位 12	59	3.93 ± 0.19	
单位 13	47	3.34 ± 0.25	
单位 14	24	3.71 ± 0.2	
单位 15	31	3.63 ± 0.21	
单位 16	94	3.54 ± 0.15	
单位 17	57	3.79 ± 0.19	
单位 18	66	3.48 ± 0.21	

单位 11(3.34 ± 0.21)、单位 13(3.34 ± 0.25)的满意度较低。

从表 2-24、表 2-25 也可以看出,不同培养单位的在读研究生和毕业研究生对本校研究生课程教学的总体满意度评价差别很大。由此说明,不同培养单位之间的课程教学水平的差距很大。

(2)课程学习对完成学位论文的支撑度评价

对培养单位现有研究生课程教学对完成学位论文支撑度的调研结果表明(图 2-16):49.1% 的在读研究生认为现有的课程教学对其完成学位论文的作用一般,几乎接近调查总

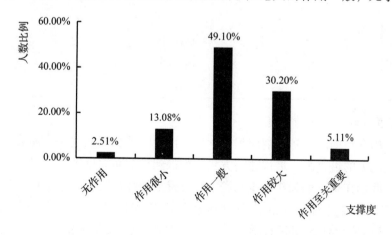

图 2-16　现有课程教学对研究生完成学位论文的支撑度

人数的 1/2；认为作用较大和作用至关重要的研究生人数分别为 30.2% 和 5.11%；认为作用很小以及无作用的研究生比例分别为 13.08% 和 2.51%。由此可以看出，现有的研究生课程教学对研究生完成其学位论文起着一定的作用，但尚未达到应有的支撑作用，需要继续加强课程教学与科研实际工作的结合以及课程学习对科研能力的训练，缩短研究生进入科研的时间，提高研究生的学习效率和创新能力。

针对不同培养单位的在读研究生对课程教学对其完成学位论文支撑度评价的差异性分析结果显示（表 2-26），p 值大于 0.05，可以说明各培养单位的研究生对该问题的反馈差异性显著，从均值表现上看，认为课程教学对完成学位论文的支撑度最高的是单位 17 的研究生，均值达到 3.68 ± 0.2，研究生认为支撑度较低的为单位 11，均值为 2.91 ± 0.2。

表 2-26　不同培养单位现有的课程教学对研究生完成学位论文支撑度的差异性分析

培养单位	样本数	均　值	F 值
单位 1	49	3 ± 0.24	4.101^{***}
单位 2	57	3.42 ± 0.21	
单位 3	54	3.26 ± 0.24	
单位 4	30	3.37 ± 0.29	
单位 5	49	3.08 ± 0.21	
单位 6	118	3.34 ± 0.15	
单位 7	54	3.17 ± 0.27	
单位 8	75	3.21 ± 0.16	
单位 9	173	3.01 ± 0.12	
单位 10	23	3.22 ± 0.47	
单位 11	56	2.91 ± 0.2	
单位 12	59	3.63 ± 0.22	
单位 13	47	3.09 ± 0.27	
单位 14	24	3.38 ± 0.35	
单位 15	31	3.16 ± 0.34	
单位 16	94	3.28 ± 0.15	
单位 17	57	3.68 ± 0.2	
单位 18	66	3.14 ± 0.17	

（3）教师在教学中存在的问题

课程教学中存在的问题是影响课程教学总体评价的重要因素之一，而通过研究生反馈是发现其不足之处的最直观、最快捷的方式，为得到较全面的反馈，针对在读研究生和毕业生的特点，我们在毕业生和在校生问卷中均设置了教师在课程教学中存在的主要问题或明显不足的问题，经过对问卷的整理得到如下结果（图 2-17、图 2-18，另见彩图 17）：35.59% 的在读研究生认为课程教学中的不足主要在于任课教师提供的教学参考资料少，20.36% 的在读研究生认为是教学秩序差、师生间缺乏互动；19.6% 的在读研究生认为是

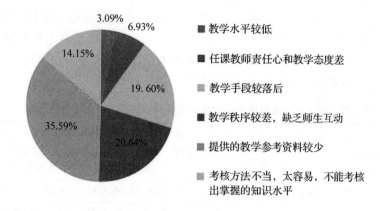

图 2-17　在读研究生反馈的教师在课程教学中存在的主要问题或明显不足

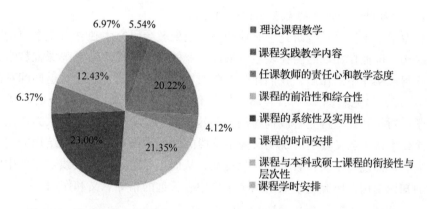

图 2-18　毕业研究生反馈的教师在课程教学中存在的主要问题或明显不足

教学手段落后；14.15% 的在读研究生认为是课程考核方法不当、不能考核出真实水平；6.93% 的研究生认为任课教师责任心和教学态度差；3.09% 的研究生认为是教学水平较低。由此可见，在读研究生认为课程教学中提供的参考资料太少、课程教学中缺乏互动、教学手段落后、考核方法不当是目前研究生课程教学中存在的最主要问题。

而毕业生调查问卷的反馈结果如图 2-19 所示（另见彩图 17），23% 的毕业生认为课程的系统性和适应性还有欠缺；21.35% 的毕业生认为课程的前沿性和综合性不够强；20.22% 的毕业生认为课程内容缺少实践；12.43% 的毕业生认为研究生课程与本科衔接不够紧密，层次不够分明，12.51% 的毕业生认为课程时间、课程学时安排不合理；6.37% 的毕业生认为理论课程教学方面存在不足。

从图 2-17、2-18（另见彩图 17）也可以看出，在读研究生和毕业生对于教师在教学中存在问题的视角完全不同。

由此可见，目前课程教学中存在的主要问题在于教学方法、教学内容和教学管理。例如，实践环节少、前沿性课程开设数量少、老师与学生缺少互动等，这与本评议组在培养单位的调查问卷的分析中得到的结论相吻合。由此，各培养单位应优化课程结构，改善教学方法，完善管理制度，积极应对课程教学中存在的问题。

对不同层次的研究生对本校教师在课程教学中存在的主要问题也进行了差异性分析，结果见表2-27，从表中可以看出，博士研究生和硕士研究生对提供参考资料课程比重、课程教学对论文支撑度等8个要素的反馈的差异性分析结果 p 值均大于0.05，即针对上表所示的8个要素，博士研究生和硕士研究生之间均无显著性差异。

表2-27　硕士研究生和博士研究生对课程教学问题的反馈差异性分析

类别	样本数	提供参考资料课程比重	课程教学对论文支撑度	授课方式满意度	外语教学内容的侧重方向	课程教学内容总体满意度	课程教学质量总体满意度	需要进行课后文献阅读课程比重	在线网络课程的需求度
硕士	1016	2.7±0.08	3.2±0.05	3.49±0.05	2.39±0.07	3.46±0.05	3.57±0.05	3.08±0.06	2.89±0.05
博士	100	2.8±0.24	3.1±0.16	3.39±0.18	2.61±0.21	3.42±0.16	3.47±0.16	3.02±0.21	2.76±0.2
F 值		0.600	0.625	1.176	3.503	0.142	1.629	0.318	1.944

（4）课程学习对于知识结构完善或构建的作用

在课程教学中不仅要教授研究生专业知识，还要教会研究生独立自主学习的能力，搭建起知识结构，即抓住知识的内在联系，形成专业的思维模式。为了解课程教学在研究生知识结构完善或构建中的作用，我们在问卷中设置了相关问题，通过对返回问卷的分析可以看出（图2-19，另见彩图18），15.78%的研究生认为非常大，47.12%的已毕业研究生认为课程学习对于知识结构完善或构建的作用比较大，32.2%的研究生认为作用一般，仅4.69%的研究生认为意义较小。说明研究生阶段的课程学习对自身知识结构的完善和构建作用比较显著，体现出了课程教学的实际意义，从而指导研究生在实践与工作中的实际应用，构建的知识结构在研究生毕业后从事工作中有长远的指导意义和作用。

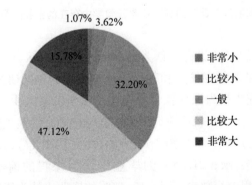

1.07%　3.62%

15.78%

32.20%

47.12%

■ 非常小
■ 比较小
■ 一般
■ 比较大
■ 非常大

2-19　毕业生研究反馈的课程学习对其知识结构完善或构建的作用

不同培养单位之间毕业生的课程学习对于知识结构完善或构建作用的差异性分析结果见表2-28，从 p 值小于0.05可得知各单位研究生在该问题反馈上呈现出显著的差异。从均值表现上可知，单位1、单位2和单位3的研究生认为在校期间的课程学习对其知识结构的完善和构建作用较强，均值分别为3.98±0.21、3.95±0.21、3.91±0.2，单位5、单位6和单位9的研究生认为课程学习对其知识结构的完善作用相对较低，均值分别为3.47±0.27、3.46±0.32、3.46±0.19。

表 2-28   不同培养单位研究生认为课程学习对知识结构完善或构建作用的差异性分

培养单位	样本数	均 值	F 值
单位 1	53	3.98 ± 0.21	4.028 * * *
单位 2	39	3.95 ± 0.21	
单位 3	55	3.91 ± 0.2	
单位 4	96	3.6 ± 0.17	
单位 5	30	3.47 ± 0.27	
单位 6	28	3.46 ± 0.32	
单位 7	57	3.82 ± 0.17	
单位 8	16	3.5 ± 0.39	
单位 9	91	3.46 ± 0.19	

通过对硕士研究生和博士研究生在校期间的课程学习对知识结构完善或构建作用的差异性分析（表 2-29）可以看出，p 值小于 0.05，说明硕士研究生和博士研究生在该问题上的差异性显著，从均值表现上看，博士研究生的均值为 3.95 ± 0.18，高于硕研究士生的 3.64 ± 0.08，由此可见，博士研究生认为在校期间的课程学习对自己知识结构的完善作用高于硕士研究生对该问题的看法。

表 2-29   不同层次研究生对在校期间课程学习对知识结构完善或构建作用的差异性分析

分类	样本数	均 值	F 值
硕士	389	3.64 ± 0.08	9.445 * * *
博士	76	3.95 ± 0.18	

2）教学内容

对研究生课程教学内容的评价从课程设置的区分度、教学内容评价、课程是否提供教学用书、参考书、阅读文献资料及提供的比例、对课后文献阅读的要求、获得的知识体系能否满足工作需要、外语教学内容是否结合学科专业特点等几个方面进行了详细的调研和分析。

（1）课程区分度评价

在学生接受高等教育的不同阶段，学习内容的层次性、衔接性、课程内容重复度、相近学科间的课程内容重复度直接影响了研究生对知识的认知水平、知识结构的形成以及在实践中的应用，而这些都是培养高质量研究生的必要条件，为了全面了解目前我国林学及涉林培养单位在不同阶段和相近学科课程体系设计的区分度和层次性，本评议组在研究生问卷和培养单位问卷中均设置了相关问题，通过对返回问卷的数据进一步整理，得到如下结果：

对课程区分度的调研结果显示（图 2-20，另见彩图 19）：在本硕同一学科或相近学科录取的硕士研究生中，7.78% 的研究生认为所学专业课程内容与本科阶段同一学科或专业课程内容完全不重复；36.61% 的研究生认为所学专业课程内容与本科阶段同一学科或专业课程内容有 0 ~ 25% 的重复，人数比例最高；而仅占 8.07% 的研究生认为所学专业课程内容与本科阶段同一学科或专业课程内容有 70% 以上的重复；分别有 25.98% 和 14.27%

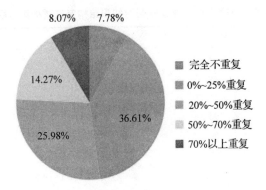

图 2-20　硕士研究生对所学专业课程内容与本科阶段
同一学科或专业课程内容的重复度看法

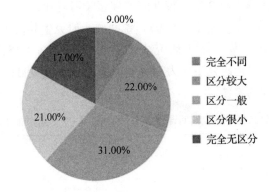

图 2-21　博士研究生课程与硕士研究生课程的区分度

的研究生认为课程重复率为 20% ~50% 和 50% ~70%，也就是说 40.25% 的研究生认为硕士研究生课程与本科生有 20% ~70% 的重复。由此可见，硕士研究生和本科生的课程区分度不是很明显。目前林学一级学科硕士研究生专业课程体系设置符合本硕专业课程学习的连续性和相关性，应强调硕士课程设置既不能脱离本科学习内容，但也不能简单地重复本科内容。而在对硕博同一学科或相近学科录取博士研究生的调研结果表明（图 2-21，另见彩图 20），31% 的在读博士研究生认为硕博研究生课程的区分程度一般；有 22% 的博士研究生认为区别较大；认为硕博课程完全不同的研究生比例仅占 9%，也就是说 52% 的研究生认为博士研究生课程和硕士研究生课程的区分度很小或一般。在博士研究生的课程学习中更需要充分调动研究生的独立思考能力和创新能力，课程内容需要及时更新并紧跟学术前沿。

总体来说，在高等教育各阶段林学一级学科研究生课程的区分度不高，且通过对比可以发现，认为区分很小和基本无区分的研究生比例中博士研究生比硕士研究生增加了 15.66%，认为区分度一般的研究生比例中博士研究生比硕士研究生增加了 4.02%，而认为区分度较高的研究生中博士研究生却比硕士研究生少了 13.39%，说明博士阶段比硕士阶段的课程重复率更高，这不排除在博士阶段更注重科研能力培养的因素，但在课程内容设置上各高校无疑还存在许多问题，因此各培养单位所在学科应注重不同学习阶段知识的层次性，不仅需在知识横向层面上扩展，还应使课程内容的深度能满足研究生不同学习阶段的需要。

　　在本学科与相近专业领域的课程教学方面，超过 1/2 的研究生认为本学科与相近专业领域的专业学位课程上有些区别，但区别不大，占总数的 59.14%；22.22% 的研究生认为区别比较大；6.99% 的研究生认为没有区别；仅 4.48% 的研究生认为区别比较大。总体来看，相近学科领域的课程教学有差异，但大部分不太明显（图 2-22，另见彩图 21）。

　　从培养单位管理人员的视角来看博士、硕士研究生课程的衔接性：超过 1/2 的培养单位认为博士生课程和硕生研究生课程的衔接性比较强，占总数的 62.5%；31.25% 的培养单位认为衔接性一般，仅 6.25% 的培养单位认为硕博课程的衔接性非常强。而在博士、硕士、本科课程的层次性看法上，53.33% 的培养单位认为本科、硕士、博士研究生课程体系的层次性比较分明，33.33% 的培养单位认为课程体系层次基本分明，13.33% 的培养单位认为层次非常分明，具体结果如图 2-23 所示。

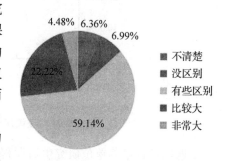

图 2-22　本学科与相近专业领域的专业学位研究生在课程教学上的区别

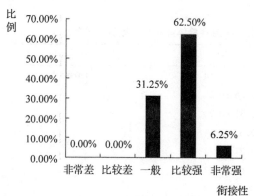

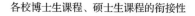

各校博士生课程、硕士生课程的衔接性

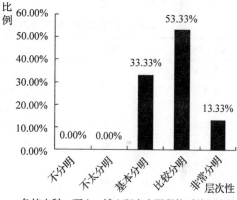

各校本科、硕士、博士研究生课程体系的层次性

图 2-23　培养单位管理人员视角对课程体系的衔接性和层次性评价

　　通过培养单位反馈和研究生反馈的对比不难发现，大部分培养单位认为自身课程体系层次性和衔接性都比较好，没有培养单位选择非常差、不太分明等选项。而在研究生问卷中，却又有完全无区分、70% 以上重复等问题反馈。虽然培养单位和研究生在填写问卷时都会带有一定的主观性，但也不能否认培养单位研究生课程体系设置上存在的问题以及在教学管理中与研究生的沟通和互动等方面仍存在不足。因此，培养单位应更加重视这些问题，以研究生的需求为出发点对课程内容以及管理方式进一步调整和优化。

　　（2）教学内容评价

　　针对在读研究生对课程教学内容的总体满意度评价结果显示（图 2-24）：对授课方式比较满意和非常满意的占到 48.56%，接近总人数的 1/2；认为比较不满意和非常不满意的研究生仅占 8.69%。这说明林学一级学科研究生的教学内容总体上得到了研究生的认可，研究生的满意度较高。

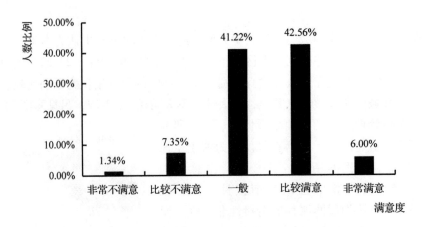

图 2-24　在读研究生对课程教学内容总体满意度评价

通过对各培养单位研究生对课程教学内容总体满意度进行差异性分析，结果说明各培养单位之间的差异性显著，从均值表现上看，各学科的课程内容满意度介于一般和比较满意之间，其中单位 12 的满意度最高，均值为 3.85 ± 0.19；单位 11 的满意度最低，均值为3.18 ± 0.18（表 2-30）。

表 2-30　各培养单位研究生对课程教学内容总体满意度的差异性分析

培养单位	样本数	均　　值	F 值
单位 1	49	3.39 ± 0.18	4.098 * * *
单位 2	57	3.66 ± 0.26	
单位 3	54	3.31 ± 0.24	
单位 4	30	3.62 ± 0.34	
单位 5	49	3.27 ± 0.23	
单位 6	118	3.67 ± 0.12	
单位 7	54	3.36 ± 0.28	
单位 8	75	3.21 ± 0.19	
单位 9	173	3.46 ± 0.11	
单位 10	23	3.43 ± 0.26	
单位 11	56	3.18 ± 0.18	
单位 12	59	3.85 ± 0.19	
单位 13	47	3.19 ± 0.23	
单位 14	24	3.39 ± 0.28	
单位 15	31	3.37 ± 0.29	
单位 16	94	3.45 ± 0.12	
单位 17	57	3.77 ± 0.19	
单位 18	66	3.32 ± 0.19	

从表 2-31 可以看出，不同培养单位已毕业研究生在校期间对课程教学总体满意度差异性显著，其中单位 1（4.11 ± 0.20）、单位 3（4.09 ± 0.19）和单位 7（3.96 ± 0.22）的研究生对课程教学质量的总体满意度较高，而单位 5（3.47 ± 0.31）相对较低。

表 2-31　不同培养单位毕业生对在校期间课程教学质量的总体满意度差异分析

培养单位	样本数	均　值	F 值
单位 1	53	4.11 ±0.2	3.688 ***
单位 2	39	3.82 ±0.29	
单位 3	55	4.09 ±0.19	
单位 4	96	3.68 ±0.16	
单位 5	30	3.47 ±0.31	
单位 6	28	3.79 ±0.29	
单位 7	57	3.96 ±0.22	
单位 8	16	3.75 ±0.36	
单位 9	91	3.66 ±0.17	

（3）教学用书、参考书、阅读文献资料

对研究生课程教学中是否提供教学用书、参考书、阅读文献资料的问题进行调研结果表明（图 2-25，另见彩图 22）：29.57% 的研究生认为 20%~50% 的课程提供了教学与学习资料，占比例最大；19.09% 的研究生认为只有 10%~20% 的课程提供了教学与参考资料；21.86% 的研究生认为有 10% 的课程提供了教学与学习资料；而仅有 10.04% 的研究生认为有 80% 的课程提供了教学与学习资料。由此可见，有逾 1/2 上的课程在提供教学用书、参考书、阅读文献资料等方面仍显不足，也就是说有大部分研究生认为其提供了教学与学习资料的课程数为 50%，在提供教学用书、参考书、阅读文献等方面仍存在不足，不能充分满足研究生对课程学习资料的需要，需要及时向研究生提供充足的教学与学习资料，使得学习资源充分利用。推广以研究生为主体的自主式学习为特征的研究型授课方式，加大课外学习力度，明确每门课程课外中外文文献阅读的范围和要求。

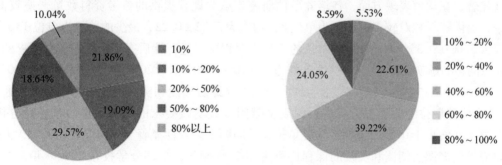

研究生课程提供教学用书、参考书、阅读文献资料的比例　　研究生所学课程中需要课后文献阅读或实践要求的课程比重

图 2-25　教学用书、参考书、阅读文献资料使用情况

课后文献资料阅读和实践对课堂教学效果有推进作用，不仅能拓展研究生对课程的视野，还能使研究生对知识的理解更加深入。通过对研究生在所学课程中需要进行课后文献阅读或实践要求问题的调研，结果表明（图 2-25，另见彩图 23）：39.22% 的研究生认为 40%~60% 的课程要求进行课后文献阅读，24.05% 的研究生认为 60%~80% 的课程要求进行课后文献阅读，仅 8.59% 的研究生认为有 80% 的课程要求进行课后文献阅读。由此可以看出，各培养单位需要进行课后文献阅读或实践要求的课程所占比重还比较低。教师

表 2-32　不同培养单位研究生课程提供参考资料情况的差异性分析

培养单位	样本数	均　值	F 值
单位 1	49	2.51 ±0.36	3.560 ***
单位 2	57	2.89 ±0.32	
单位 3	54	2.55 ±0.38	
单位 4	30	3.07 ±0.45	
单位 5	49	2.53 ±0.36	
单位 6	118	2.69 ±0.24	
单位 7	54	3.06 ±0.32	
单位 8	75	3.22 ±0.22	
单位 9	173	2.98 ±0.18	
单位 10	23	2.57 ±0.5	
单位 11	56	2.73 ±0.3	
单位 12	59	3.07 ±0.33	
单位 13	47	2 ±0.35	
单位 14	24	2.96 ±0.54	
单位 15	31	2.19 ±0.5	
单位 16	94	2.45 ±0.29	
单位 17	57	2.75 ±0.41	
单位 18	66	2.77 ±0.28	

还需结合教学需要，选择适当的课后阅读和实践项目，提升教学效果。

从表 2-32 可以看出，不同培养单位对研究生课程提供参考资料、文献资料情况的差异性显著，在均值表现方面，各培养单位研究生认为课程提供的参考资料数量普遍较低，其中，提供资料相对较多的单位为单位 8，均值为 3.22 ±0.22，最少的单位为单位 13，均值仅为 2.00 ±0.35。对不同培养单位的研究生课程中需进行课后文献阅读或实践要求的课程比重问题的选项设置上，从 1 ~ 5 分别为：①10% ~ 20%；②20% ~ 40%；③40% ~ 60%；④60% ~ 80%；⑤80% 以上。即数字越大表明需要课后阅读和实践的课程比重越大。通过对 18 个培养单位的课程中需要进行课后文献阅读或实践要求的课程比重的差异性分析，结果显示 p 值小于 0.05，说明各培养单位在该问题上差异性显著。从均值表现上看，大部分培养单位需课后阅读和实践的课程比重占 40% ~ 60%，少部分学校在 20% ~ 40% 之间（表 2-33）。

表 2-33　不同培养单位研究生课程中需要进行课后文献阅读或实践要求课程比重的差异性分析

培养单位	样本数	均　值	F 值
单位 1	49	2.65 ±0.25	3.327 ***
单位 2	57	3.37 ±0.28	
单位 3	54	3.46 ±0.31	
单位 4	30	3.00 ±0.33	
单位 5	49	3.02 ±0.25	

（续）

培养单位	样本数	均　值	F 值
单位 6	118	3.31 ± 0.19	
单位 7	54	3.06 ± 0.26	
单位 8	75	3.20 ± 0.22	
单位 9	173	2.95 ± 0.16	
单位 10	23	3.30 ± 0.54	
单位 11	56	2.79 ± 0.27	
单位 12	59	3.02 ± 0.31	
单位 13	47	2.80 ± 0.33	
单位 14	24	3.09 ± 0.34	
单位 15	31	3.15 ± 0.41	
单位 16	94	3.01 ± 0.2	
单位 17	57	3.50 ± 0.3	
单位 18	66	2.75 ± 0.21	

（4）获得的知识体系能否满足工作需要

从毕业研究生在校期间获得的知识对目前工作的支撑度调查结果来看（图 2-26），64.61% 的研究生认为在校期间所学到的知识能够满足目前工作的需要，超过了调查人数的 1/2；认为不能满足的仅占 12.37%。

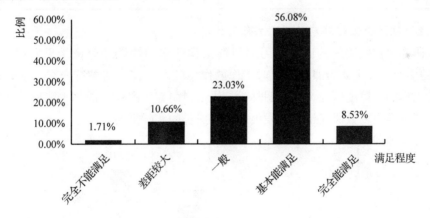

图 2-26　毕业研究生反馈课程学习中获得的知识体系能否满足工作需要的看法

通过对硕士研究生和博士研究生在校期间获得知识体系是否满足目前工作需要程度进行的差异性分析结果显示（表 2-34），p 值均小于 0.05，即博士研究生和硕士研究生在获得知识体系能否满足目前工作需要的程度问题上差异性显著。从均值表现上来看，博士生的均值为 3.92 ± 0.17，硕士生的均值为 3.53 ± 0.09，由此可见博士研究生的总体满意度要高于硕士研究生。

表 2-34 硕士、博士研究生在校期间获得知识体系满足目前工作需要程度的差异性分析

分类	样本数	均　值	F 值
硕士	389	3.53 ± 0.09	13.665 ***
博士	76	3.92 ± 0.17	

通过对不同培养单位已毕业研究生在校学习的知识对目前工作支撑度的反馈进行差异性分析，结果见表 2-35 所列，p 值小于 0.05，说明不同学校的反馈结果差异性显著。从均值的分布上看，在校期间课程学习对目前工作作用较大的为单位 1、单位 2 和单位 7，均值分别为 3.77 ± 0.26、3.87 ± 0.29 和 3.77 ± 0.23，而单位 4、单位 8 和单位 9 在研究生反馈中的满意度较低，均值分别为 3.33 ± 0.19、3.19 ± 0.49 和 3.38 ± 0.18。

表 2-35 不同培养单位毕业研究生在校期间的课程学习对目前工作的作用

培养单位	样本数	均　值	F 值
单位 1	53	3.77 ± 0.26	2.831 ***
单位 2	49	3.87 ± 0.29	
单位 3	55	3.56 ± 0.28	
单位 4	96	3.33 ± 0.19	
单位 5	30	3.47 ± 0.38	
单位 6	28	3.46 ± 0.25	
单位 7	57	3.77 ± 0.23	
单位 8	16	3.19 ± 0.49	
单位 9	91	3.38 ± 0.18	

（5）在校期间的课程学习对目前工作的作用

毕业研究生在校期间的课程学习对目前工作的作用性统计分析结果发现（图 2-27）：55.77% 的毕业研究生认为课程学习对工作的作用较大，这一结果符合在校期间获得的知识对目前工作的支撑度情况。这表明林学一级学科研究生课程建设基本能够符合当今社会的要求，基本满足多数研究生职业发展和个人成长的实际需要。

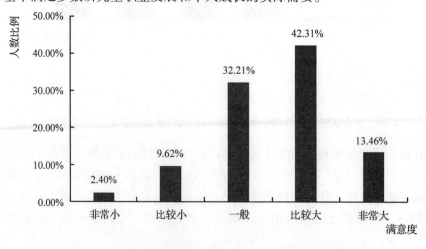

图 2-27 毕业研究生在校期间的课程学习对目前工作的作用

对各培养单位的毕业生在学期间获得的知识体系对目前工作支撑度的反馈数据进行的差异性分析结果见表 2-36，可以看出，差异性分析的 p 值小于 0.05，即不同培养单位间差异显著。从均值表现上来看，各培养单位的毕业生对所获得的知识体系对目前工作支撑度的总体满意度较高，单位 1、单位 2、单位 3、单位 6、单位 7 的毕业生在校期间获得的知识体系对目前的工作支撑度较高，其次为单位 4，支撑度相对较低的为单位 8 和单位 9。

表 2-36　不同培养单位毕业生认为知识体系对目前工作支撑度的差异性分析

培养单位	样本数	均　值	F 值
单位 1	53	3.7 ± 0.21	2.974 ***
单位 2	39	3.72 ± 0.26	
单位 3	55	3.84 ± 0.25	
单位 4	96	3.52 ± 0.16	
单位 5	30	3.27 ± 0.32	
单位 6	28	3.68 ± 0.26	
单位 7	57	3.84 ± 0.19	
单位 8	16	3.38 ± 0.55	
单位 9	91	3.38 ± 0.19	

通过对硕士研究生和博士研究生在校期间的课程学习对目前工作作用的差异性分析可以看出 $p < 0.05$（表 2-37），说明硕士研究生和博士研究生在该问题上的差异性显著，从均值表现上看，博士生的均值为 3.96 ± 0.16，硕士研究生的均值为 3.45 ± 0.09，由此可见，博士研究生的课程学习对目前工作的作用高于硕士研究生，也进一步说明博士生的课程学习更专和更深入一些，硕士研究生的课程学习更泛和更基础。

表 2-37　不同层次研究生对在校期间的课程学习对目前工作之作用的差异性分析

分类	样本数	均　值	F 值
硕士	389	3.45 ± 0.09	20.292 ***
博士	76	3.96 ± 0.16	

（6）外语教学内容是否结合学科专业特点

研究生在开展科学研究过程中不论是在文献查阅还是学术交流活动中都要求自身具备一定的英语水平，尤其专业外语对研究生了解前沿的学科知识及与国际同领域专家交流都有重要作用。对各培养单位在校研究生的外语教学内容安排方面的调研结果显示（图 2-28，另见彩图 24）：39.49% 的研究生认为学校的外语教学侧重公共外语，22.37% 的研究生认为学校的外语教学完全是公共外语，23.91% 的研究生认为是公共外语和专业外语的有机统筹，13.14% 的研究生认为外语教学侧重专业外语，0.82% 的研究生认为外语教学内容完全是专业外语。超过一半的林学和涉林高校的外语教学内容侧重公共外语，仅 23.91% 的研究生认为是公共外语和专业外语的有机统筹。因此，目前我国林学和涉林高校英语课程教学内容安排不能很好地满足研究生在专业文献查阅和科研工作中的需求。培养单位应合理安排专业外语和公共外语教学内容的比重，重视专业外语教学的同时不忽视公共外语

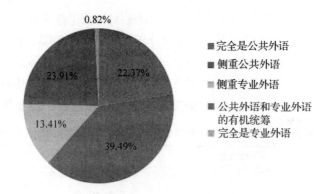

图2-28 研究生对外语教学内容与学科专业特点的结合情况看法

的教学,为研究生科研活动和学术论文撰写提供更好的支撑,促进学术交流,提高科研成果在国际上的影响力。

在对各培养单位研究生外语课教学内容安排这一问题选项设置上,从①~⑤分别为:①完全是公共外语;②侧重公共外语;③侧重专业外语;④公共外语和专业外语有机统筹;⑤完全是专业外语。即数值越大,课程设置越倾向于专业外语。通过对各培养单位研究生外语课教学内容安排的差异性分析我们可以看出(表2-38),p 值小于0.05,说明各培养单位在研究生英语课程内容的安排上呈现出显著的差异。从均值上可以看出,大部分培养单位的外语课程安排都更侧重公共外语,单位6、单位9和单位4较侧重于专业外语。

表2-38 各培养单位研究生外语课教学内容安排的差异性分析

培养单位	样本数	均　值	F 值
单位 1	49	2.12 ± 0.29	9.992 * * *
单位 2	57	1.82 ± 0.24	
单位 3	54	1.92 ± 0.29	
单位 4	30	2.73 ± 0.37	
单位 5	49	2.39 ± 0.31	
单位 6	118	2.91 ± 0.19	
单位 7	54	2.54 ± 0.32	
单位 8	75	2.53 ± 0.24	
单位 9	173	2.82 ± 0.15	
单位 10	23	1.61 ± 0.41	
单位 11	56	2.54 ± 0.27	
单位 12	59	2.71 ± 0.27	
单位 13	47	1.7 ± 0.31	
单位 14	24	2.57 ± 0.47	
单位 15	31	2.43 ± 0.46	
单位 16	94	1.78 ± 0.21	
单位 17	57	2.54 ± 0.31	
单位 18	66	2.36 ± 0.22	

3）授课方式

（1）对授课方式的总体满意度评价

在读研究生对本校任课教师的教学方式方法满意度调研结果显示（图 2-29，另见彩图 25），54.17% 的在校研究生对教师的教学方式方法比较满意，24.82% 的在读研究生表示一般，12.5% 的研究生对教师的授课方式非常满意，仅 8.52% 的研究生对授课方式表示不满意，说明目前我国研究生对教师授课的方式方法满意度较高。

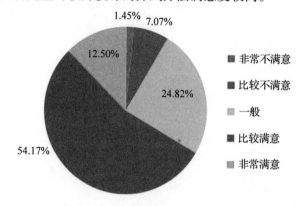

图 2-29　在读研究生对教师的教学方式方法的满意度评价

对课程教学的授课方式是否满意的问卷调查结果显示（图 2-30）：毕业研究生中有 50.09% 的研究生认为对教师的授课方式比较满意和非常满意；仅有 9.86% 的研究生认为教学方式非常不满意和比较不满意。由此可见，我国林学一级学科研究生课程教学中的授课方式普遍得到多数研究生的认可，基本能够满足研究生的课程学习要求，总体满意度较高。

通过对不同培养单位研究生对本校研究生课程教学授课方式满意度的差异性分析（表 2-39）可知，p 值小于等于 0.05，说明不同高校研究生对本校研究生课程教学授课方式满意度的差异性显著。从均值上看，总体上来说不同培养单位研究生对本校研究生课程教学授课方式的满意度普遍不高，但单位 12（3.9 ± 0.21）、单位 17（3.88 ± 0.21）和单位 2

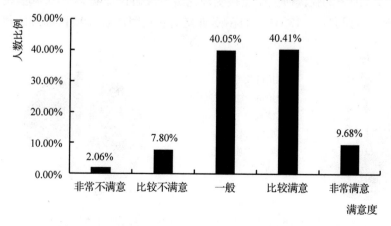

图 2-30　毕业研究生对课程教学授课方式的总体满意度评价

（3.79±0.22）的研究生对授课方式的满意度均值接近4，研究生对授课方式比较满意，而单位8、单位13等9所高校的研究生对授课方式的满意度相对较低，均值低于3.5。

表2-39　不同培养单位研究生对本校研究生课程教学授课方式满意度的差异性分析

培养单位	样本数	均　值	F 值
单位1	49	3.39±0.2	4.930***
单位2	57	3.79±0.22	
单位3	54	3.37±0.28	
单位4	30	3.63±0.35	
单位5	49	3.29±0.23	
单位6	118	3.66±0.14	
单位7	54	3.24±0.28	
单位8	75	3.09±0.22	
单位9	173	3.39±0.13	
单位10	23	3.52±0.37	
单位11	56	3.27±0.21	
单位12	59	3.9±0.21	
单位13	47	3.17±0.24	
单位14	24	3.62±0.24	
单位15	31	3.71±0.29	
单位16	94	3.51±0.14	
单位17	57	3.88±0.21	
单位18	66	3.42±0.18	

（2）教师采取的教学方式方法

针对在读研究生喜欢的课堂教学方式和研究生接受的研讨或实验和课堂面授的学时比例进行了调研，结果显示（图2-31，另见彩图26，彩图27），38.79%的在读研究生喜欢实验实习教学，27.93%的在读研究生更接受理论讲授或研讨加实验，16.76%的在读研究生喜欢案例教学的授课方式，13.31%的在读研究生喜欢团队合作项目训练的授课方式，喜

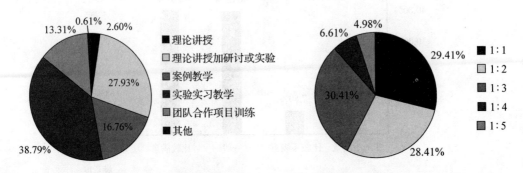

图2-31　在读研究生最喜欢的课堂教学方式和学时分配

欢理论讲授的在读研究生仅 2.6%。在时间和面授课程比例方面，30.41% 的在校研究生接受的研讨或实验和课堂面授的学时比例为 1:3，29.14% 的在读研究生接受的比例为 1:1，28.87% 的在读研究生接受的比例为 1:2，仅 11.59% 的在校研究生选择了 1:4 和 1:5，由此可以说明很少有在读研究生喜欢课堂面授占比较高的学时分配方式。

由此可见，研究生普遍认同能解决实际问题的学习方式，在理论知识具备的基础上，能够开展具体实验或项目训练。很少有研究生选择理论授课，表明了今后课堂教学方式改革的趋势，也符合多数研究生的学习意愿。

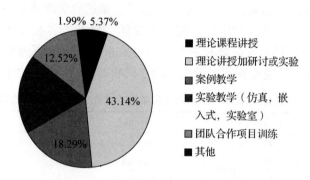

图 2-32　毕业生最喜欢的课堂教学方式调查结果

而对毕业生最喜欢的课堂教学方式调查结果显示(图 2-32，另见彩图 28)：大多数毕业生更接受理论讲授加研讨或实验的教学方式，占总人数的 43.14%；其次分别为实验教学(仿真、嵌入式、实验室)、案例教学、团队合作项目训练、理论讲授和其他。这一结果与在读研究生最喜欢的课堂教学方式有所不同。在读研究生最喜欢偏重实验实习的教学方式，而毕业生则偏重于理论结合实践的教学方式，说明研究生在从事工作过程中还是感觉到课堂教学和实际工作中使用的知识、技能有一定的脱节，而且在读研究生感觉自己动手能力不足是最主要的问题，这也与他们不知道实际工作中需要什么样的知识、能力有关，所以在读研究生大多只追求实践的重要性，这与他们缺少工作实践经验有关，而毕业生认为理论知识在工作中的指导作用仍然非常重要，理论知识可以很好地指导工作实际。

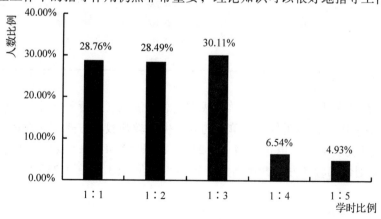

图 2-33　毕业生接受的研讨或实验和课堂面授的学时比例

对于研讨或实验和课堂面授的学时比例调查结果显示（图2-33）：选择研讨或实验和课堂面授的学时为1:3的研究生人数最多，与选择学时比例为1:1与1:2的研究生人数基本持平，远高于选择学时比例为1:4和1:5的研究生人数。这一结果充分说明了大多数在读研究生认同实际操作的重要性，培养单位应优化课堂面授与实验实践的课时分配，使研究生所学的理论知识更好地转化为科研创新能力或实践创新能力所需的能力。这也和目前研究生缺乏实际动手能力的现状吻合，压缩理论讲授课时，增加实验实践类课程的开设比例，搭建科学研究方法类、工具类、专项技能类等公共课程平台。

以创新能力和实践应用能力为出发点和落脚点，推进教学改革是一种趋势，在体系化课程教学内容设置的前提下，推广以研究生为主体、自主式学习为特征的研究型授课方式，探索把研讨班与课程学习结合起来的教学方式，倡导以问题为中心的启发式、互动式、案例式教学是今后研究生课程教学改革的方向和提高教学质量的主要途径。

表2-40　不同培养单位研究生对教师教学方式方法总体满意度的差异性分析

培养单位	样本数	均值	F 值
单位 1	49	3.29 ±0.24	5.409 * * *
单位 2	57	4 ±0.21	
单位 3	54	3.78 ±0.24	
单位 4	30	3.83 ±0.26	
单位 5	49	3.62 ±0.24	
单位 6	118	3.84 ±0.13	
单位 7	54	3.5 ±0.31	
单位 8	75	3.35 ±0.21	
单位 9	173	3.79 ±0.12	
单位 10	23	3.57 ±0.39	
单位 11	56	3.53 ±0.21	
单位 12	59	4.1 ±0.17	
单位 13	47	3.43 ±0.23	
单位 14	24	3.83 ±0.2	
单位 15	31	3.67 ±0.28	
单位 16	94	3.65 ±0.16	
单位 17	57	4.05 ±0.18	
单位 18	66	3.36 ±0.24	

对不同培养单位研究生对教师教学方式方法总体满意度进行差异性分析（表2-40），结果显示，p 值小于0.05，说明各培养单位的研究生对教师教学方式方法总体满意度的差异性显著。从均值表现上看，单位2（4 ±0.21）、单位12（4.1 ±0.17）和单位17（4.05 ±0.18）的研究生对教师教学方式方法满意度较高，单位1（3.29 ±0.24）的研究生满意度相对较低。

（3）授课方式与教学环节

为进一步探究教学方式方法与各教学环节之间的联系，通过 R 语言统计软件（R version 3.2.4），采用次序逻辑回归模型来判断各选项对总选项的影响大小。由表2-41可以看出，回归系统的绝对值越大，则该因素的影响力越大。因此，对教学方式方法总体满意度影响最大的因素是结合教学内容合理选择教学方法与策略，影响力达到 0.940，其次较为重要的影响因素分别为课堂讲授系统、深入、生动，易于理解以及注重让研究生参与教学设计两个方面。

表 2-41　教学方式方法的总体满意度影响因素

A. 教师教学方式方法总体满意度	系统回归值	标准差	t 值	p 值
B. 注重让研究生参与教学设计	0.560	0.094	5.951	0.000
C. 注重理论与实践相结合或运用案例式教学	0.367	0.116	3.164	0.002
D. 课堂与学生良好互动	0.188	0.115	1.632	0.103
E. 结合教学内容，合理选择教学方法与策略	0.940	0.122	7.736	0.000
F. 课堂讲授系统、深入、生动，易于理解	0.912	0.122	7.496	0.000
G. 注重启发学生思考和自主学习	0.338	0.124	2.739	0.006
H. 注重方法论学习，并进行实践练习	0.078	0.120	0.647	0.518
0 | 1	3.932	0.490	8.020	0.000
1 | 2	5.366	0.397	13.502	0.000
2 | 3	7.844	0.398	19.729	0.000
3 | 4	10.947	0.467	23.426	0.000
4 | 5	15.929	0.611	26.069	0.000

（4）主要实践教学方式

通过对研究生课程学习中教师采取的主要实践教学方式进行调研和数据整理分析得到如下结果（图 2-34，另见彩图 29），41.91% 的在读研究生认为教师采取了案例教学的实践教学方式，20.85% 的在读研究生认为主要采取了校内实验的实践教学方式；19.76% 的在读研究生认为主要采取的教学方式为野外调查；12.74% 的在读研究生认为主要采取的教学方式为现场实习；仅有 4.73% 的研究生认为教师采用了模拟仿真的教学方式。通过分析可以看出，在实践课程教学中，教师使用最主要的实践教学方式为案例教学，其次为校内实验、野外调查和现场实习，较少的教师使用模拟仿真的实践方式，这与课程自身的性质和所要解决的问题有关。

案例教学是研究生课堂教学中重要的教学方式之一，是评价总体教学满意度的重要指

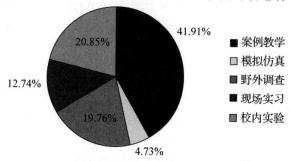

图 2-34　研究生对课程学习中教师采取主要实践教学方式的看法

标。对在校研究生对案例教学满意度进行的调研结果显示（图 2-35，另见彩图 30）：47.43% 的在校研究生对案例教学效果比较满意，11.99% 的研究生对案例教学非常满意，34.54% 的研究生对案例教学的满意度一般，仅 6.04% 的研究生对案例教学不满意。由此可以看出，我国林学及涉林高校的研究生对案例教学总体比较满意，但仍有将近 40% 的研究生选择了一般或不满意这样的选项，说明还需教育工作者们进一步加强课程教学案例的积累、编写、研究与开发，提升案例教学满意度。

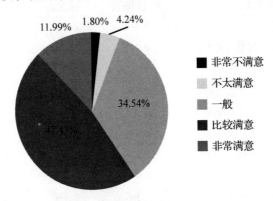

图 2-35　在校研究生对案例教学的总体满意度评价

进一步对案例教学总体满意度进行回归分析，结果显示（表 2-42）：研究生对案例教学总体满意度影响最大的因素是教师案例教学水平；其次分别为案例教学校外实践机会、案例教学形式（方式、过程）、案例教学针对性，影响大小依次为 1.401、0.638、0.596、0.506；对总体满意度影响最小的因素是教师参与案例教学的积极性。可以看出，案例教学的质量因素相比其他综合因素更加重要，提高案例教学的实践性与多样性，注重教师的教学方式在案例教学中的作用。

表 2-42　案例教学满意度影响因素的回归分析

A. 案例教学的总体满意度	系统回归值	标准差	t 值	p 值
B. 教师案例教学水平	1.401	0.128	10.979	0.000
C. 案例教学形式（方式、过程）	0.596	0.133	4.491	0.000
D. 案例教学针对性	0.506	0.124	4.083	0.000
E. 案例教学校外实践机会	0.638	0.099	6.449	0.000
F. 教师参与案例教学的积极性	0.277	0.123	2.241	0.025
0	1	2.669	0.696	3.835	0.000
1	2	5.740	0.426	13.473	0.000
2	3	7.664	0.416	18.430	0.000
3	4	11.783	0.497	23.689	0.000
4	5	16.110	0.615	26.207	0.000

（5）在线网络课程

从 2.9 节在线课程建设现状中了解到目前在线课程建设虽然具有很多优点，但并没有得到各培养单位的普遍重视，那么研究生对在线课程的了解程度和需求程度又如何呢？对此本评议组进行了调研，返回的调查数据结果显示（图 2-36，另见彩图 31，彩图 32）：在了解程度方面，超过一半的研究生对在线网络课程学习了解较少或完全不了解，占总数的68.71%，27.71% 的研究生对在线网络课程比较了解，仅 3.53% 的研究生表示对在线网络课程非常了解。在需求度方面，43.59% 的研究生对在线网络课程的需求度一般，23.28%的研究生对在线网络课程适当需要或不需要，33.13% 的研究生对在线网络课程非常需要。

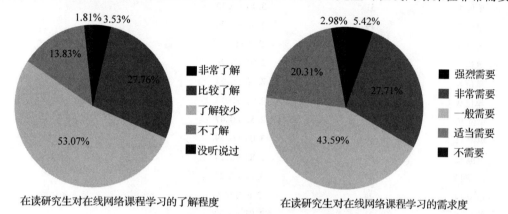

图 2-36　研究生对于网络在线课程的了解和需求度分析

通过对了解度和需求度的比较上看，比较了解的研究生比例和非常需要在线课程的研究生比例基本吻合，两者之间可能存在相关性，为证明这一假设，对了解程度和需求度进行一元回归分析，设需求程度为 y，了解程度为 x，通过 R 语言统计软件进行拟合，得到拟合模型为：

$$y = 1.6811 + 0.4231x$$

经过假设检验得到如下结果：

需求度 y	自由度	平方和	均　方	F 值	p 值
了解度 x	1	118.64	118.640	170.40	$< 2.2e \sim 16$
残差	1104	768.64	0.696		

由于 $p < 0.05$，于是在 0.05 水平处拒绝原假设，即本例回归系数有统计学意义，x 与 y 间存在直线回归关系。由此得知，研究生对在线课程的了解程度影响需求度，因此培养单位除了加强在线课程建设外，还应重视引导研究生了解在线课程的使用和现状，提高对已建设在线课程的使用率，进而促进在线课程建设的良性循环。

通过对不同培养单位研究生对在线网络课程学习的需求度进行差异性分析（表 2-43），结果显示，各培养单位关于在线网络课程学习的需求度差异性分析的 p 值小于 0.05，说明不同培养单位之间的研究生对于该问题的反馈差异性显著。从均值表现上看，各培养单位的研究生对在线网络课程的需求度普遍较低，其中需求度最高的为单位 4，均值为 3.13 ± 0.23，其次为单位 1、单位 11、单位 13，均值均超过 3，需求度最低的为单位 10，均值仅 2.52 ± 0.47。

表 2-43　不同培养单位研究生对在线网络课程学习需求度的差异性分析

培养单位	样本数	均　值	F 值
单位 1	49	3.00 ± 0.26	1.643 *
单位 2	57	2.75 ± 0.19	
单位 3	54	2.85 ± 0.21	
单位 4	31	3.13 ± 0.23	
单位 5	49	2.98 ± 0.26	
单位 6	118	2.7 ± 0.17	
单位 7	54	2.91 ± 0.26	
单位 8	75	2.76 ± 0.23	
单位 9	173	2.98 ± 0.13	
单位 10	23	2.52 ± 0.47	
单位 11	56	3.09 ± 0.29	
单位 12	59	2.83 ± 0.24	
单位 13	47	3.11 ± 0.28	
单位 14	24	2.67 ± 0.3	
单位 15	31	2.93 ± 0.32	
单位 16	94	2.94 ± 0.17	
单位 17	57	2.68 ± 0.23	
单位 18	66	2.83 ± 0.21	

4) 教学环节

对研究生教学环节实施的总体满意度以及与满意度的相关因素进行了调研 (图 2-37, 另见彩图 33), 经过对数据的整理, 得到如下结果, 在总体满意度方面, 超过一半的研究生对教学环节满意度较高, 占总数的 56.54%, 35.89% 的研究生对教学环节满意度一般, 仅 7.57% 的研究生对教学环节表示不满意。由此可见, 我国林学及涉林高校研究生对教学环节实施的总体满意度较高, 但仍有一部分研究生的满意度一般, 还需寻找原因以提升教学环节实施总体满意度。

将课程教学环节实施满意度采用次序逻辑回归模型分析 (表 2-44), 以判断不同环节实施对总体满意度的影响大小。结果显示, 影响课程教学环节实施总体满意度的最大影响因素是课程学习的学时、学分总量要求; 其次分别是课程内容的学术性, 课程内容的综合性

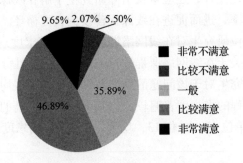

图 2-37　研究生对教学环节实施的总体满意度评价

（涉及多学科知识）等；对总体满意度影响最小的是课程的系统性及实用性。可以看出，在读研究生在课程教学中更加看重课程学时、学分，目的多为满足自身学习和培养方案的实际要求，各培养单位需在课程教学内容方面进一步提升，综合地整合课程学术性、实践性、教学方式等教学环节实施方式。

表 2-44　课程教学环节实施满意度影响因素

A. 对课程教学环节实施的总体满意度	系统回归值	标准差	t 值	p 值
B. 课程学习的学时、学分总量要求	1.288	0.132	9.765	0.000
C. 课程的时间安排	0.481	0.114	4.230	0.000
D. 课程内容的学术性	0.702	0.138	5.090	0.000
E. 课程内容的实践性	0.250	0.121	2.063	0.039
F. 课程内容的前沿性	0.357	0.124	2.876	0.004
G. 课程的系统性及实用性	0.193	0.125	1.545	0.122
H. 课程内容的综合性（涉及多学科知识）	0.506	0.120	4.207	0.000
I. 课程教学方式（讲授、案例、项目、讨论等）	0.498	0.128	3.880	0.000
J. 课程推荐的教材、阅读文献	0.244	0.114	2.135	0.033
0	1	8.484	0.552	15.366	0.000
1	2	8.484	0.552	15.366	0.000
2	3	11.236	0.560	20.079	0.000
3	4	16.045	0.696	23.041	0.000
4	5	21.188	0.859	24.659	0.000

其中，加粗的部分分别是各项的回归系数和检验的 p 值。回归系数的绝对值越大，则说明该项对 A 的影响越大。

模型公式如下：

$$C_1 = \frac{1}{1 + e^{1.288 \times B + 0.481 \times C + 0.702 \times D + 0.250 \times E + 0.357 \times F + 0.193 \times G + 0.506 \times H + 0.498 \times I + 0.244 \times J - 8.484}}$$

$$C_2 = \frac{1}{1 + e^{1.288 \times B + 0.481 \times C + 0.702 \times D + 0.250 \times E + 0.357 \times F + 0.193 \times G + 0.506 \times H + 0.498 \times I + 0.244 \times J - 11.236}}$$

$$C_3 = \frac{1}{1 + e^{1.288 \times B + 0.481 \times C + 0.702 \times D + 0.250 \times E + 0.357 \times F + 0.193 \times G + 0.506 \times H + 0.498 \times I + 0.244 \times J - 16.045}}$$

$$C_4 = \frac{1}{1 + e^{1.288 \times B + 0.481 \times C + 0.702 \times D + 0.250 \times E + 0.357 \times F + 0.193 \times G + 0.506 \times H + 0.498 \times I + 0.244 \times J - 21.188}}$$

$$C_5 = 1$$

其中 C_i（$i = 1$、2、3、4、5）表示次序累积概率。该模型可对新的数据进行预测，如某人对问卷填写结果从 B 到 J 依次为（2、3、4、1、3、4、5、3、4），那么此人对选项 A 的选择可利用上述模型进行预测，代入模型可求出上述累计概率值为：

$C_1 = 0.004$

$C_2 = 0.064$

$C_3 = 0.893$

$C_4 = 0.999$

$C_5 = 1$

对其求差分将其转化为选择各选项的概率为：

$p_1 = 0.004$

$p_2 = 0.060$

$p_3 = 0.829$

$p_4 = 0.106$

$p_5 = 0.001$

由此可得出此人对 A 选项选择 1、2、3、4、5 的可能性分别为 0.4%、6.0%、82.9%、10.6%、0.1%，从而可推断此人 A 项选 3 的可能性最大。

通过对各培养单位研究生对课程教学实施满意度进行的差异性分析，得出 p 值小于等于 0.05，说明不同培养单位的研究生对本校课程教学实施满意度的差异性显著(表 2-45)。从均值表现上看，单位 12、单位 17、单位 2 这 3 所培养单位的研究生对课程教学实施的满意度较高，单位 18、单位 13 等 5 所培养单位的研究生对课程教学实施的满意度相对较低。

表 2-45　各培养单位研究生对课程教学实施满意度的差异性分析

培养单位	样本数	均　值	F 值
单位 1	49	3.42 ± 0.17	4.748 * * *
单位 2	57	3.82 ± 0.25	
单位 3	54	3.48 ± 0.24	
单位 4	30	3.7 ± 0.26	
单位 5	49	3.65 ± 0.2	
单位 6	118	3.71 ± 0.14	
单位 7	54	3.31 ± 0.29	
单位 8	75	3.32 ± 0.18	
单位 9	173	3.61 ± 0.12	
单位 10	24	3.57 ± 0.29	
单位 11	56	3.32 ± 0.2	
单位 12	59	4.02 ± 0.17	
单位 13	47	3.33 ± 0.24	
单位 14	24	3.54 ± 0.35	
单位 15	31	3.47 ± 0.31	
单位 16	94	3.55 ± 0.14	
单位 17	57	3.96 ± 0.21	
单位 18	66	3.23 ± 0.22	

5）考核方式

课程考核应该紧密结合该课程的教学目的、方法与成果，不拘泥于单一考核方式。从毕业生视角对研究生课程的考核方式评价的调查，能够全面了解目前研究生课程考核的状况和科学性，更为今后提升课程考核的科学性与客观性提供科学依据。从图 2-38 的考核方式满意度评价可以看出：63.94% 的研究生满意目前的课程考核方式，对于目前的课程考核方式不满意的仅占 5.05% 。可见我国林学一级学科研究生课程教学的考核方式在毕业生中满意度较高。

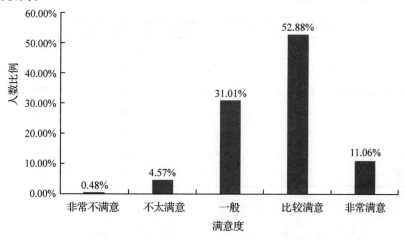

图 2-38　毕业研究生对课程考核方式满意度的评价

从毕业生视角对研究生认为对自己学习帮助较大的最主要的课程考核方式进行调查分析（图 2-39），结果表明：选择课程论文/报告/作品/设计/方案的考核方式比重最大，其次为课堂操作和演示（PPT 展示），选择这两者的人数远大于其他考核方式，所占比例达到 77.51% 。这一方面说明大多数研究生更偏爱灵活的考核方式，相比考试或随堂测验更偏重于实践。

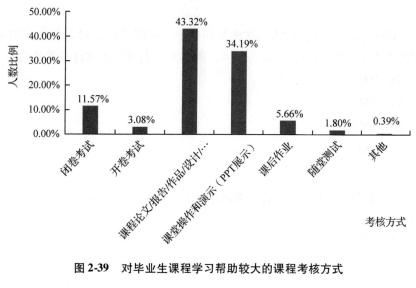

图 2-39　对毕业生课程学习帮助较大的课程考核方式

对毕业生反馈的课程考核过关的影响因素进行了定序回归分析，并在建模中进行变量筛选，仅保留回归结果相关性显著的自变量，设"A. 课程考核可以轻松过关"选项为 Y，"B. 课程复习需要很多时间和精力"为 x_1，"C. 课程考核方式能激励我更多地投入学习"为 x_2，"D. 任课教师能够严格按照评分依据打分"为 x_3，上表"系统回归值"是模型的系数回归值，"p 值"是其所对应的 p 值，$p < 0.05$ 说明回归系数不为 0，即该变量对因变量影响显著，即"B. 课程复习需要很多时间精力"和"C. 课程考核方式能激励我更多地投入学习"两个因素对课程考试过关影响显著（表 2-46）。

表 2-46　毕业生反馈的课程考核过关的影响因素分析

A. 课程考核可以轻松过关	系统回归值	标准差	t 值	p 值
B. 课程复习需要很多时间和精力	0.282	0.097	2.898	0.004
C. 课程考核方式能激励我更多地投入学习	−0.289	0.104	−2.789	0.005
1 | 2	−1.427	0.466	−3.064	0.002
2 | 3	−0.404	0.46	−0.878	0.38
3 | 4	1.126	0.463	2.433	0.015
4 | 5	2.576	0.491	5.248	0

由上述结果可以给出的模型公式为：

$$C_1 = \frac{1}{1 + e^{0.282x_1 - 0.289x_2 + 1.427}}$$

$$C_2 = \frac{1}{1 + e^{0.282x_1 - 0.289x_2 + 0.404}}$$

$$C_3 = \frac{1}{1 + e^{0.282x_1 - 0.289x_2 - 1.126}}$$

$$C_4 = \frac{1}{1 + e^{0.282x_1 - 0.289x_2 - 2.576}}$$

$$C_5 = 1$$

其中 C_i（$i = 1$、2、3、4、5）表示次序累积概率，利用该模型可对新的观测进行预测。例如，假设某人对 x_1 评分为 3，x_2 评分为 4，则代入模型可求出累计概率值为：

$C_1 = 0.246\ 600\ 1$

$C_2 = 0.476\ 479\ 4$

$C_3 = 0.807\ 904\ 1$

$C_4 = 0.947\ 170\ 3$

$C_5 = 1$

对其求差分将其转化为选择各选项的概率为：

$p_1 = 0.246\ 600\ 1$

$p_2 = 0.229\ 879\ 4$

$p_3 = 0.331\ 424\ 7$

$p_4 = 0.139\ 266\ 2$

$p_5 = 0.052\ 829\ 7$

由此可得，在假设条件下此人对 Y 选项选 1、2、3、4、5 的可能性分别为 24.7%、23.0%、33.1%、13.9%、5.3%，所以得出此人选 3 的可能性最大。

同时，对在校研究生课程考核过关及其影响因素进行了定序回归分析，设"A. 课程考核可以轻松过关"为因变量，"B. 课程复习需要很多时间和精力"为 x_1，"C. 课程考核方式能激励我更多地投入学习"为 x_2，"D. 任课教师能够严格按照评分依据打分"为 x_3，由上表可以看出，B、D 两个自变量的 p 值小于 0.05，因此在 0.05 水平处拒绝原假设，说明课程复习中付出时间和精力和任课教师评分是否公平公正是影响课程考核能否过关的主要因素，自变量 C 的 p 值大于 0.05，课程考核方式的激励与考核过关二者之间不存在相关性（表 2-47）。

表 2-47　在校研究生反馈的课程考核过关的影响因素分析

A. 课程考核可以轻松过关	系统回归值	标准差	t 值	p 值
B. 课程复习需要很多时间和精力	0.428 622	0.076 644	5.592 389	2.24E-08
C. 课程考核方式能激励我更多地投入学习	-0.119 51	0.082 464	-1.449 28	0.147 261
D. 任课教师能够严格按照评分依据打分	0.479 601	0.082 249	5.831 071	5.51E-09
1 | 2	0.213 714	0.294 503	0.725 678	0.468 036
2 | 3	1.403 243	0.286 234	4.902 44	9.47E-07
3 | 4	3.537 461	0.303 899	11.640 25	2.57E-31
4 | 5	5.442 175	0.335 101	16.240 4	2.61E-59

由上述结果可以给出的模型公式为：

$$C_1 = \frac{1}{1 + e^{0.428x_1 - 0.119x_2 + 0.479x_3 - 0.214}}$$

$$C_2 = \frac{1}{1 + e^{0.428x_1 - 0.119x_2 + 0.479x_3 - 1.403}}$$

$$C_3 = \frac{1}{1 + e^{0.428x_1 - 0.119x_2 + 0.479x_3 - 3.537}}$$

$$C_4 = \frac{1}{1 + e^{0.428x_1 - 0.119x_2 + 0.479x_3 - 5.442}}$$

$$C_5 = 1$$

假设某人对 x_1 评分为 4，x_2 评分为 2，x_3 评分为 3，则代入模型可求出累计概率值为：

$C_1 = 0.063\ 150\ 6$

$C_2 = 0.181\ 235\ 4$

$C_3 = 0.651\ 581\ 9$

$C_4 = 0.926\ 286\ 7$

$C_5 = 1$

对其求差分将其转化为选择各选项的概率为：

$p_1 = 0.063\ 150\ 6$

$p_2 = 0.118\ 084\ 8$

$p_3 = 0.470\ 346\ 5$

$p_4 = 0.274\ 704\ 8$

$p_5 = 0.073\ 713\ 3$

由此可得出,在假设条件下此人对 Y 选项选1、2、3、4、5的可能性分别为6.32%、11.81%、47.03%、27.47%、7.37%,由此可以推断本例中此人选3的可能性最大。

因此,改革课程考试方式及成绩记录方式,注重过程考核,加大课外学习、消化的要求和考核力度,全面、客观地评价研究生基本知识及综合能力,特别是要明确每门课程课外中外文文献阅读的范围和要求,才能更好地促进研究生学习和掌握扎实的理论知识。

6)外部环境

(1)培养单位对课程学习的重视程度

随着国内高校学术氛围更加自由,管理越来越人性化,很多高校对外校学生开设了跨校选修课程,通过选修校外课程可使研究生了解到该领域一流学科的教学知识。所以,校外选修课无疑是研究生拓宽视野、进行学术交流的重要途径之一。针对在校研究生对其校外选修课程的情况进行了调研(图2-40,另见彩图34),结果表明93.28%的研究生从未选过校外选修课,仅有6.72%的研究生选修过校外课程,其中选修过5门以上的研究生占被调研总数的0.45%。由此可以看出,目前林学研究生在校期间选修校外课程普及度还不高。

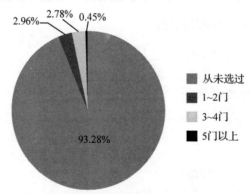

图2-40 在读研究生校外选修课程情况的分析

通过对各培养单位对研究生培养的课程学习环节重视程度进行差异性分析,结果见表2-48, p 值小于等于0.05,说明各培养单位对研究生的课程学习环节的重视程度之间存在显著性差异。其中,单位12和单位17的重视程度最高,均值分别达到3.97±0.21和3.96±0.22,单位8和单位18两所高校对研究生培养的课程学习环节重视程度相对较低,均值分别为3.16±0.22和3.26±0.25。

表 2-48　各培养单位对研究生培养中课程学习环节重视程度的差异性分析

培养单位	样本数	均　值	F 值
单位 1	49	3.53 ± 0.21	3.985 ***
单位 2	57	3.77 ± 0.23	
单位 3	54	3.43 ± 0.26	
单位 4	30	3.67 ± 0.28	
单位 5	49	3.63 ± 0.22	
单位 6	118	3.68 ± 0.14	
单位 7	54	3.57 ± 0.27	
单位 8	75	3.16 ± 0.22	
单位 9	173	3.65 ± 0.13	
单位 10	23	3.52 ± 0.37	
单位 11	56	3.36 ± 0.22	
单位 12	59	3.97 ± 0.21	
单位 13	47	3.51 ± 0.23	
单位 14	24	3.38 ± 0.3	
单位 15	31	3.67 ± 0.23	
单位 16	94	3.53 ± 0.15	
单位 17	57	3.96 ± 0.22	
单位 18	66	3.26 ± 0.25	

　　进一步对研究生课程学习环节的受重视程度影响因素进行回归分析，设"A. 重视研究生培养的课程学习环节"为因变量，"B. 鼓励修读跨院/校课程"为 x_1，"C. 丰富的课程资源"为 x_2，"D. 知名专家授课"为 x_3，"E. 收集研究生反馈意见"为 x_4，"F. 根据反馈适当调整授课"为 x_5，结果显示（表 2-49），变量 B、C、D、E、F 的 p 值都小于 0.05，于是在 0.05 水平处拒绝原假设，即 5 个变量对培养单位研究生培养重视程度影响显著，其中 C 选项丰富的课程资源，对研究生课程学习环节受重视程度影响最大。

表 2-49　研究生课程学习环节受重视程度的影响因素分析

A. 重视研究生培养的课程学习环节	系统回归值	标准差	t 值	p 值
B. 鼓励修读跨院/校课程	0.261 278	0.081 136	3.220 264	0.001 281
C. 丰富的课程资源	1.125 475	0.099 473	11.314 38	1.11E − 29
D. 知名专家授课	0.242 6	0.080 16	3.026 46	0.002 474
E. 收集研究生反馈意见	0.224 672	0.110 922	2.025 484	0.042 818
F. 根据反馈适当调整授课	0.327 486	0.101 246	3.234 57	0.001 218
1 ∣ 2	1.470 004	0.396 825	3.704 409	0.000 212
2 ∣ 3	4.509 168	0.310 692	14.513 29	9.98E − 48
3 ∣ 4	7.052 747	0.347 367	20.303 45	1.20E − 91
4 ∣ 5	10.579 04	0.431 19	24.534 54	6.32E − 133

由上述结果可以给出的模型公式为：

$$C_1 = \frac{1}{1 + e^{0.261x_1 + 1.125x_2 + 0.243x_3 + 0.225x_4 + 0.327x_5 - 1.47}}$$

$$C_2 = \frac{1}{1 + e^{0.261x_1 + 1.125x_2 + 0.243x_3 + 0.225x_4 + 0.327x_5 - 4.509}}$$

$$C_3 = \frac{1}{1 + e^{0.261x_1 + 1.125x_2 + 0.243x_3 + 0.225x_4 + 0.327x_5 - 7.053}}$$

$$C_4 = \frac{1}{1 + e^{0.261x_1 + 1.125x_2 + 0.243x_3 + 0.225x_4 + 0.327x_5 - 10.579}}$$

$$C_5 = 1$$

假设某人对 x_1 评分为 2，x_2 评分为 4，x_3 评分为 2，x_4 评分为 3，x_5 评分为 4，则代入模型可求出累计概率值为：

$C_1 = 0.002\ 421\ 4$

$C_2 = 0.048\ 245\ 7$

$C_3 = 0.392\ 217\ 6$

$C_4 = 0.956\ 395\ 0$

$C_5 = 1$

对其求差分将其转化为选择各选项的概率为：

$p_1 = 0.002\ 421\ 4$

$p_2 = 0.045\ 824\ 3$

$p_3 = 0.343\ 971\ 9$

$p_4 = 0.564\ 177\ 4$

$p_5 = 0.043\ 605\ 0$

由此可得，在假设条件下，此人对 Y 选项选 1、2、3、4、5 的可能性分别为 0.24%、4.58%、34.39%、56.42%、4.36%，由此可以推断本例中此人选 4 的可能性最大。

课程学习是研究生系统性学习专业知识，扎实基础的最重要途径。本评议组对林学类研究生就读专业是否强调课程学习进行了调研（图 2-41，另见彩图 35），结果显示超过一半的林学研究生培养单位强调研究生课程学习，仅 10.97% 的研究生认为存在培养单位对课程教学不重视。进一步分析所存在的问题发现，研究生认为邀请校外知名专家授课和为研究生提供丰富的课程资源这两方面受到的重视比较多；其次是注意研究生的反馈意见并做出调整；而鼓励研究生修读跨学科或院系的课程这一点被重视的较少。虽然研究生认为各项指标被重视和强调的比例超过 50%，但仍有部分研究生认为学校对课程学习的强调程度一般，各培养单位仍需针对自身特点进行调整。

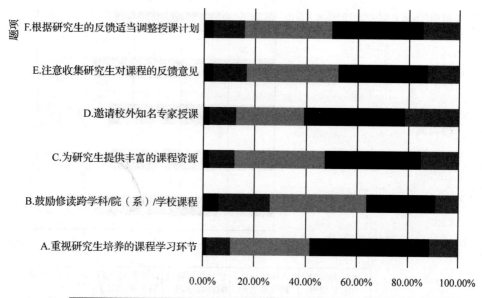

	A.重视研究生培养的课程学习环节	B.鼓励修读跨学科/院（系）/学校课程	C.为研究生提供丰富的课程资源	D.邀请校外知名专家授课	E.注意收集研究生对课程的反馈意见	F.根据研究生的反馈适当调整授课计划
■完全不强调	1.08%	5.67%	2.34%	2.70%	3.78%	3.70%
■不太强调	9.89%	20.43%	9.89%	10.17%	13.06%	12.44%
■一般	30.58%	37.26%	34.89%	26.28%	35.23%	33.54%
■比较强调	47.03%	27.36%	37.86%	39.33%	35.32%	35.71%
■非常强调	11.42%	9.27%	15.02%	21.51%	12.61%	14.61%

■ 完全不强调　■ 不太强调　■ 一般　■ 比较强调　■ 非常强调　　　　重视程度

图 2-41　研究生就读专业是否强调课程学习的看法

（2）导师对课程学习的重视程度

研究生对导师或导师组的课程学习指导的满意度调研结果如图 2-42 所示（另见彩图 36），73.17% 的研究生对导师的指导表示满意，21.69% 的研究生认为满意度一般，仅 5.13% 的研究生对导师的学习指导表示不满意。通过对进一步深入和细化分析可以看出，研究生对导师在选课方面的指导满意度较高，其次为导师关心研究生的学习情况，期末复习指导的满意度最低。从以上分析可以看出，研究生对导师们的辛勤工作给与了高度肯定，也希望各位奋斗在教育一线的导师们更多地了解研究生诉求，根据研究生的不同需求，给予更加人性化的指导。

通过对研究生对导师课程学习指导的总体满意度影响因素进行回归分析（表 2-50），设"A. 对导师课程学习指导总体满意度"为因变量，"B. 导师对学生选课进行指导"为 x_1，"C. 导师关心学生课程学习情况"为 x_2，"D. 导师对学生期末复习进行指导"为 x_3，"E. 导师鼓励学生在完成学分的基础上自由选择其他感兴趣的课程"为 x_4，从而得出，表 2-50 的 $p < 0.05$ 说明回归系数不为 0，即 4 个变量对因变量影响显著，且导师对学生进行指导和关心学生课程学习情况两个因素对学生满意度影响较大。

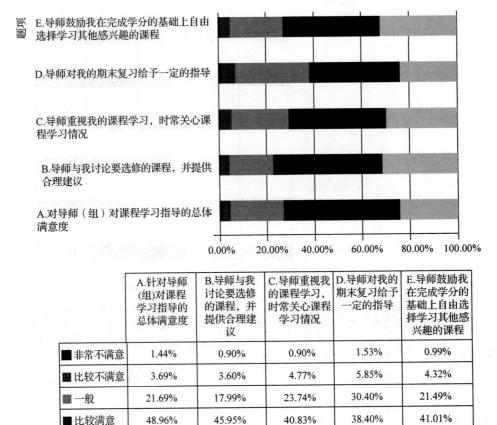

图 2-42　研究生对导师/导师组课程学习指导的满意度

表 2-50　研究生对导师课程学习指导总体满意度的影响因素分析

A. 对导师课程学习指导总体满意度	系统回归值	标准差	t 值	p 值
B. 导师对学生选课进行指导	1.734 101	0.142 979	12.128 34	7.47E − 34
C. 导师关心学生课程学习情况	1.376 667	0.142 851	9.637 093	5.57E − 22
D. 导师对学生期末复习进行指导	0.363 958	0.126 805	2.870 221	0.004 101 844
E. 导师鼓励学生在完成学分的基础上自由选择其他感兴趣的课程	0.752 862	0.123 735	6.084 48	1.17E − 09
1 ∣ 2	7.559 594	0.533 948	14.157 92	1.67E − 45
2 ∣ 3	10.385 35	0.522 956	19.858 93	9.22E − 88
3 ∣ 4	14.605 04	0.624 844	23.373 88	7.88E − 121
4 ∣ 5	19.695 2	0.790 184	24.924 85	4.00E − 137

由上述结果可以给出的模型公式为：

$$C_1 = \frac{1}{1 + e^{1.734x_1 + 1.376x_2 + 0.364x_3 + 0.753x_4 - 7.559}}$$

$$C_2 = \frac{1}{1 + e^{1.734x_1 + 1.376x_2 + 0.364x_3 + 0.753x_4 - 10.385}}$$

$$C_3 = \frac{1}{1 + e^{1.734x_1 + 1.376x_2 + 0.364x_3 + 0.753x_4 - 14.605}}$$

$$C_4 = \frac{1}{1 + e^{1.734x_1 + 1.376x_2 + 0.364x_3 + 0.753x_4 - 19.6952}}$$

$$C_5 = 1$$

假设某人对 x_1 评分为 3，x_2 评分为 2，x_3 评分为 4，x_4 评分为 3，则代入模型可求出累计概率值为：

$C_1 = 0.402\ 514\ 2$

$C_2 = 0.919\ 160\ 9$

$C_3 = 0.998\ 708\ 9$

$C_4 = 0.999\ 992\ 1$

$C_5 = 1$

对其求差分将其转化为选择各选项的概率为：

$p_1 = 0.402\ 514\ 2$

$p_2 = 0.516\ 646\ 7$

$p_3 = 0.079\ 548\ 0$

$p_4 = 0.001\ 283\ 2$

$p_5 = 0.000\ 007\ 9$

由此可得，在假设条件下此人对 Y 选项选 1、2、3、4、5 的可能性分别为 40.25%、51.66%、7.95%、0.128%、0%，由此可以推断本例中此人选 2 的可能性最大。

针对各培养单位研究生对导师课程学习指导的总体满意度进一步进行了差异性分析，结果显示(表 2-51)，p 值小于 0.05，说明不同培养单位之间的差异性显著。从均值表现上看，各培养单位的研究生对导师课程学习指导满意度普遍较高，可以看出研究生们对导师的工作给予了肯定。

表 2-51　各培养单位研究生对导师课程学习指导总体满意度的差异性分析

培养单位	样本数	均　值	F 值
单位 1	49	3.71 ± 0.20	4.113^{***}
单位 2	57	4.00 ± 0.21	
单位 3	54	3.85 ± 0.21	
单位 4	30	3.90 ± 0.25	
单位 5	49	3.86 ± 0.23	
单位 6	118	4.07 ± 0.15	

（续）

培养单位	样本数	均　值	F 值
单位 7	54	3.93 ± 0.26	
单位 8	75	3.46 ± 0.22	
单位 9	173	3.94 ± 0.12	
单位 10	23	4.17 ± 0.31	
单位 11	56	3.82 ± 0.22	
单位 12	59	4.22 ± 0.21	
单位 13	47	3.7 ± 0.24	
单位 14	24	3.88 ± 0.34	
单位 15	31	3.83 ± 0.3	
单位 16	94	3.94 ± 0.17	
单位 17	57	4.39 ± 0.17	
单位 18	66	3.64 ± 0.27	

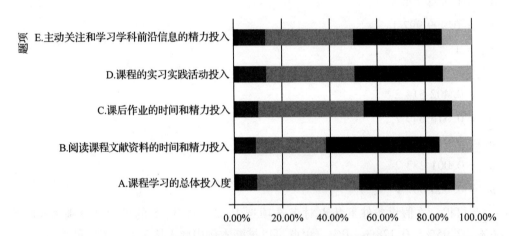

	A.课程学习的总体投入度	B.阅读课程文献资料的时间和精力投入	C.课后作业的时间和精力投入	D.课程的实习实践活动投入	E.主动关注和学习学科前沿信息的精力投入
■ 投入非常少	1.80%	0.72%	0.99%	2.35%	2.07%
■ 投入较少	7.84%	8.56%	9.67%	11.65%	11.17%
■ 一般	42.38%	28.83%	48.49%	36.40%	37.03%
■ 投入较多	40.76%	48.47%	37.70%	37.76%	37.39%
■ 投入非常多	7.21%	13.42%	8.14%	11.83%	12.34%

■ 投入非常少 ■ 投入较少 ■ 一般 ■ 投入较多 ■ 投入非常多 　　投入程度

图 2-43　研究生对课程学习的投入度、投入精力的总体情况

（3）研究生对课程学习的投入度

课程学习是研究生获得专业知识的最主要途径，高素质、高学术水平的研究生都应具备扎实的专业基础知识和刻苦钻研的品质，但如果研究生在这方面投入精力较少，则不仅很难使学校提供的教学资源发挥应有的价值，而且影响到研究生培养的总体水平。通过对研究生对课程学习投入精力的统计分析发现（图 2-43，另见彩图 37），在课程学习的总投入方面，仅 47.97% 的研究生对课程学习投入较多，超过一半的研究生对课程学习的投入力度一般，甚至投入很少。而在细分的选项中，超过一半的研究生对阅读课程文献资料投入的精力较多，而对课后作业、课程实习、主动关注学科前沿的方面投入较多的研究生数均不超过调查研究生总数的 50%；重视课后作业的研究生比例最低，仅占调查总数的 45.84%。由此可见，目前我国林学类研究生对课程学习的投入度和重视程度还不够，各培养单位还需加强引导，强调扎实的专业基础对科研活动和今后工作中的重要性，营造健康的学术氛围，提高研究生对基础课程的重视程度（表 2-52）。

表 2-52　研究生学习总体投入度的影响因素分析

A. 课程学习的总体投入度	系统回归值	标准差	t 值	p 值
B. 阅读课程文献资料的时间精力投入度	1.058 156	0.105 566	10.023 6	1.20E−23
C. 课后作业的时间和精力投入度	1.164 932	0.104 973	11.097 45	1.29E−28
D. 课程的实习实践活动投入度	0.401 001	0.092 792	4.321 514	1.55E−05
E. 关注和学习学科前沿信息的精力投入	0.330 587	0.097 182	3.401 726	0.000 669 62
1|2	4.450 634	0.410 04	10.854 14	1.91E−27
2|3	6.898 797	0.390 56	17.663 86	7.96E−70
3|4	10.518 44	0.462 602	22.737 57	1.90E−114
4|5	14.347 18	0.563 948	25.440 6	8.97E−143

通过对研究生学习的总体投入度的影响因素进行分析，设"A. 课程学习的总体投入度"为 Y，B. 阅读课程文献资料的时间精力投入度为 x_1，"C. 课后作业的时间和精力投入度"为 x_2，"D. 课程的实习实践活动投入度"为 x_3，"E. 关注和学习学科前沿信息的精力投入"为 x_4，通过分析得到，$p < 0.05$，说明回归系数不为 0，即 4 个变量对因变量影响显著，其中阅读课程文献资料的时间精力投入度和课后作业的投入度两个因素对总体投入度影响最大，对应的系数分别为 1.058 和 1.165。

由上述结果可以给出的模型公式为：

$$C_1 = \frac{1}{1 + e^{1.058x_1 + 1.165x_2 + 0.401x_3 + 0.331x_4 - 4.451}}$$

$$C_2 = \frac{1}{1 + e^{1.058x_1 + 1.165x_2 + 0.401x_3 + 0.331x_4 - 6.899}}$$

$$C_3 = \frac{1}{1 + e^{1.058x_1 + 1.165x_2 + 0.401x_3 + 0.331x_4 - 10.518}}$$

$$C_4 = \frac{1}{1 + e^{1.058x_1 + 1.165x_2 + 0.401x_3 + 0.331x_4 - 14.34718}}$$

$$C_5 = 1$$

假设某人对 x_1 评分为 4，x_2 评分为 2，x_3 评分为 3，x_4 评分为 3，则代入模型可求出累计概率值为：

$C_1 = 0.013\ 294\ 8$

$C_2 = 0.133\ 657\ 4$

$C_3 = 0.853\ 209\ 7$

$C_4 = 0.996\ 275\ 8$

$C_5 = 1$

对其求差分将其转化为选择各选项的概率为：

$p_1 = 0.013\ 294\ 8$

$p_2 = 0.120\ 362\ 6$

$p_3 = 0.419\ 552\ 3$

$p_4 = 0.143\ 066\ 1$

$p_5 = 0.003\ 724\ 2$

由此可得，在假设条件下此人对 Y 选项选 1、2、3、4、5 的可能性分别为 1.33%、12.04%、41.96%、14.31%、0.37%，由此可以推断本例中此人选 3 的可能性最大。

表 2-53　各培养单位的研究生对课程学习总体投入度的差异性分析

培养单位	样本数	均　值	F 值
单位 1	49	3.23 ± 0.2	3.885***
单位 2	57	3.74 ± 0.24	
单位 3	54	3.91 ± 0.23	
单位 4	30	3.6 ± 0.25	
单位 5	49	3.51 ± 0.21	
单位 6	118	3.41 ± 0.14	
单位 7	54	3.33 ± 0.27	
单位 8	75	3.18 ± 0.21	
单位 9	173	3.33 ± 0.13	
单位 10	23	3.43 ± 0.39	
单位 11	56	3.21 ± 0.17	
单位 12	59	3.59 ± 0.2	
单位 13	47	3.3 ± 0.21	
单位 14	24	3.54 ± 0.25	
单位 15	31	3.63 ± 0.23	
单位 16	94	3.51 ± 0.15	
单位 17	57	3.7 ± 0.16	
单位 18	66	3.23 ± 0.24	

从表 2-53 可以看出，不同培养单位的研究生对课程学习总体投入度的差异性显著，其中单位 3 的研究生对课程学习的投入度最高，均值达到 3.91 ± 0.23；单位 8 的研究生对课程投入度最低，均值为 3.18 ± 0.21。

(4)课程支撑体系建设

在校研究生对课程支撑体系的总体满意度中(图 2-44,另见彩图 38),52.76% 的在校研究生对课程支撑体系表示满意,39.93% 的在校研究生满意度一般,7.32% 的研究生表示非常不满意。在具体选项中,在读研究生对图书资料、SCI 检索、课堂设备及条件、实验实习条件满意度较高,而对可使用的交流平台和资助国际交流合作的机会满意度相对较低,表示满意的研究生比例均低于 50%。

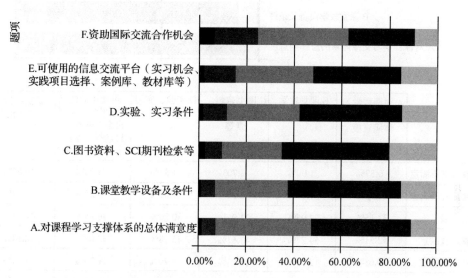

	A.对课程学习支撑体系的总体满意度	B.课堂教学设备及条件	C.图书资料、SCI期刊检索等	D.实验、实习条件	E.可使用的信息交流平台(实习机会、实践项目选择、案例库、教材库等)	F.资助国际交流合作机会
■非常不满意	1.45%	0.90%	2.61%	1.90%	2.35%	7.04%
■比较不满意	5.87%	6.31%	7.21%	9.95%	13.00%	17.33%
■一般	39.93%	30.39%	24.71%	29.93%	32.31%	38.18%
■比较满意	42.19%	47.88%	45.90%	43.76%	37.55%	27.53%
■非常满意	10.57%	14.52%	19.57%	14.47%	14.80%	9.93%

■非常不满意　■比较不满意　■一般　■比较满意　■非常满意　　　　满意度

图 2-44　在校研究生对课程支撑体系的满意度评价

毕业研究生对课程支撑体系的总体满意度中(图 2-45,另见彩图 39),63.19% 的研究生表示满意,31.15% 的研究生满意度一般,而表示不满意的研究生仅占调研总数的 5.66%。在具体选项中,毕业研究生对图书资料、SCI 检索、课堂设备及条件、实验实习条件满意度较高,而对可使用的交流平台和资助国际交流合作的机会满意度相对较低,表示满意的研究生比例均低于 50%,其中国际资助交流的满意度仅 17.22%。

整体来看,研究生对课程支撑体系的满意度较高,均超过了总数的 50%,且毕业生比在校生给予了母校课程支撑体系更多的肯定,但仍有一部分研究生对课程支撑体系满意度一般,各培养单位还需发现并改进在课程支撑体系中存在的问题,为研究生的教育教学提

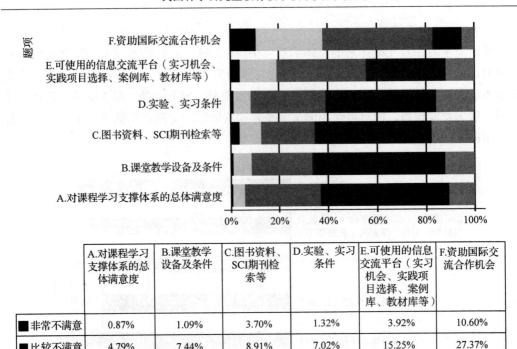

	A.对课程学习支撑体系的总体满意度	B.课堂教学设备及条件	C.图书资料、SCI期刊检索等	D.实验、实习条件	E.可使用的信息交流平台（实习机会、实践项目选择、案例库、教材库等）	F.资助国际交流合作机会
■非常不满意	0.87%	1.09%	3.70%	1.32%	3.92%	10.60%
■比较不满意	4.79%	7.44%	8.91%	7.02%	15.25%	27.37%
■一般	31.15%	24.95%	21.96%	30.70%	36.38%	44.81%
■比较满意	52.51%	54.27%	47.61%	45.18%	32.68%	12.14%
■非常满意	10.68%	12.25%	17.83%	15.79%	11.76%	5.08%

■非常不满意　■比较不满意　■一般　■比较满意　■非常满意　　　　满意度

图2-45　毕业研究生对课程支撑体系的满意度评价

供更好的服务。

　　进而对课程支撑体系的满意度、各项因子之间的相关性以及不同培养单位之间的差异性进行了分析，通过差异性分析结果可以看出（表2-54），不同培养单位的研究生对课程学习支撑体系的总体满意度差异性显著，从均值表现上看，单位2（3.88±0.23）、单位12（3.93±0.16）和单位17（3.88±0.22）的总体满意度较高，单位1（3.27±0.21）、单位11（3.18±0.2）和单位18（3.39±0.26）的总体满意度相对较低。

表2-54　各培养单位研究生对课程学习支撑体系总体满意度的差异性分析

培养单位	样本数	均　值	F 值
单位1	49	3.27±0.21	4.680***
单位2	57	3.88±0.23	
单位3	54	3.74±0.24	
单位4	30	3.6±0.27	
单位5	49	3.51±0.24	
单位6	118	3.64±0.14	
单位7	54	3.33±0.28	
单位8	75	3.26±0.18	

（续）

培养单位	样本数	均　值	F 值
单位 9	173	3.6 ± 0.11	
单位 10	23	3.57 ± 0.34	
单位 11	56	3.18 ± 0.2	
单位 12	59	3.93 ± 0.16	
单位 13	47	3.28 ± 0.21	
单位 14	24	3.61 ± 0.39	
单位 15	31	3.53 ± 0.23	
单位 16	94	3.51 ± 0.14	
单位 17	57	3.88 ± 0.22	
单位 18	66	3.39 ± 0.26	

对在校研究生对课程支撑体系的总体满意度影响因素分析，设"A. 对课程学习支撑体系的总体满意度"为因变量，"B. 课堂教学设备及条件"为 x_1，"C. 图书资料、SCI 期刊检索等"为 x_2，"D. 实验、实习条件"为 x_3，"E. 可使用的信息交流平台"为 x_4，"F. 资助国际交流合作机会"为 x_5。结果显示，课堂教学设备及条件、图书资料和 SCI 期刊检索等 5 个变量的 p 值均大于 0.05，说明 B、C、D、E、F 5 个变量对课程学习支撑体系的总体满意度影响显著，其中课程教学设备及条件的回归系数最高，对研究生课程支撑体系总体满意度影响最显著（表 2-55）。

表 2-55　在校研究生对课程支撑体系总体满意度的影响因素分析

A. 对课程学习支撑体系的总体满意度	系统回归值	标准差	t 值	p 值
B. 课堂教学设备及条件	1.555 506	0.116 596	13.340 98	1.34E − 40
C. 图书资料、SCI 期刊检索等	0.402 136	0.099 816	4.028 773	5.61E − 05
D. 实验、实习条件	0.309 727	0.107 573	2.879 241	0.003 986 339
E. 可使用的信息交流平台	0.507 482	0.106 032	4.786 135	1.70E − 06
F. 资助国际交流合作机会	0.433	0.0877 99	4.931 728	8.15E − 07
1 ∣ 2	4.590 534	0.431 859	10.629 7	2.17E − 26
2 ∣ 3	7.098 308	0.397 569	17.854 29	2.68E − 71
3 ∣ 4	11.308 96	0.492 396	22.967 22	9.92E − 117
4 ∣ 5	15.202 37	0.595 135	25.544 41	6.33E − 144

由上述结果可以给出的模型公式为：

$$C_1 = \frac{1}{1 + e^{1.556x_1 + 0.402x_2 + 0.309x_3 + 0.507x_4 + 0.443x_5 - 4.591}}$$

$$C_2 = \frac{1}{1 + e^{1.556x_1 + 0.402x_2 + 0.309x_3 + 0.507x_4 + 0.443x_5 - 7.098}}$$

$$C_3 = \frac{1}{1 + e^{1.556x_1 + 0.402x_2 + 0.309x_3 + 0.507x_4 + 0.443x_5 - 11.309}}$$

$$C_4 = \frac{1}{1 + e^{1.556x_1 + 0.402x_2 + 0.309x_3 + 0.507x_4 + 0.443x_5 - 15.202}}$$

$$C_5 = 1$$

假设某人对 x_1 评分为 4，x_2 评分为 2，x_3 评分为 3，x_4 评分为 3，x_5 评分为 3，则代入模型可求出累计概率值为：

$$C_1 = 0.001\ 997\ 2$$

$$C_2 = 0.023\ 962\ 8$$

$$C_3 = 0.623\ 398\ 9$$

$$C_4 = 0.987\ 808\ 2$$

$$C_5 = 1$$

对其求差分将其转化为选择各选项的概率为：

$$p_1 = 0.001\ 997\ 2$$

$$p_2 = 0.021\ 965\ 6$$

$$p_3 = 0.599\ 436\ 1$$

$$p_4 = 0.364\ 409\ 3$$

$$p_5 = 0.012\ 191\ 8$$

由此可得，在假设条件下，此人对 Y 选项选 1、2、3、4、5 的可能性分别为 0.2%、2.197%、59.74%、36.44%、1.22%，由此可以推断本例中此人选 3 的可能性最大。

表 2-56　毕业研究生对课程支撑体系总体满意度的影响因素分析

A. 对课程学习支撑体系的总体满意度	系统回归值	标准差	t 值	p 值
B. 课堂教学设备及条件	0.721 431	0.157 693	4.574 903	4.76E−06
C. 图书资料、SCI 期刊检索等	0.280 964	0.117 472	2.391 76	0.016 768
D. 实验/实习条件	0.661 142	0.145 454	4.545 385	5.48E−06
F. 资助国际交流合作机会	0.356 493	0.124 13	2.871 939	0.004 08
1 ∣ 2	0.983 46	0.657 257	1.496 31	0.134573
2 ∣ 3	3.227 124	0.509 974	6.328 019	2.48E−10
3 ∣ 4	6.139 134	0.566 255	10.841 65	2.18E−27
4 ∣ 5	9.627 694	0.672 91	14.307 55	1.96E−46

通过对毕业研究生反馈的对课程支撑体系的总体满意度影响因素进行了定序回归（表 2-56），并在建模中进行了变量筛选，仅保留回归结果相关性显著的自变量，设"A. 对课程学习支撑体系的总体满意度"为 Y，"B. 课堂教学设备及条件"为 x_1，"C. 图书资料、SCI 期刊检索等"为 x_2，"D. 实验、实习条件"为 x_3，"E. 可使用的信息交流平台"为 x_4，"F. 资助国际交流合作机会"为 x_5，回归结果见表 2-56 所列，$p < 0.05$，说明回归系数不为 0，即该变量对因变量影响显著，课堂教学设备及条件、图书资料和 SCI 期刊检索、实验/实习条件、资助国际交流合作机会 4 个自变量对课程学习支撑体系总体满意度影响显著，从回归系数看，课堂教学设备和实验、实习条件对因变量影响最大。

由上述结果可以给出的模型公式为：

$$C_1 = \frac{1}{1 + e^{0.721x_1 + 0.280x_2 + 0.661x_3 + 0.256x_5 - 0.983}}$$

$$C_2 = \frac{1}{1 + e^{0.721x_1 + 0.280x_2 + 0.661x_3 + 0.256x_5 - 3.227}}$$

$$C_3 = \frac{1}{1 + e^{0.721x_1 + 0.280x_2 + 0.661x_3 + 0.256x_5 - 6.139}}$$

$$C_4 = \frac{1}{1 + e^{0.721x_1 + 0.280x_2 + 0.661x_3 + 0.256x_5 - 9.627}}$$

$$C_5 = 1$$

假设某人对 x_1 评分为 3，x_2 评分为 4，x_3 评分为 4，x_5 评分为 4，则代入模型可求出累计概率值为：

$C_1 = 0.002\ 552\ 8$

$C_2 = 0.023\ 568\ 3$

$C_3 = 0.307\ 464\ 5$

$C_4 = 0.935\ 595\ 5$

$C_5 = 1$

对其求差分将其转化为选择各选项的概率为：

$p_1 = 0.002\ 552\ 8$

$p_2 = 0.021\ 215\ 5$

$p_3 = 0.283\ 897\ 1$

$p_4 = 0.628\ 131\ 0$

$p_5 = 0.064\ 404\ 5$

由此可得，在假设条件下此人对 Y 选项选 1、2、3、4、5 的可能性分别为 0.025%、2.12%、28.38%、62.81%、6.44%，由此可以推断本例中此人选 4 的可能性最大。

表 2-57　毕业生与在校生对课程支撑体系满意度的差异性分析结果

类　别	样本数	满意度	教学设备	图书资料	试验条件	交流平台	国际交流
毕业生	465	3.63 ± 0.08	3.63 ± 0.09	3.63 ± 0.10	3.6 ± 0.09	3.29 ± 0.10	2.67 ± 0.10
在校生	1116	3.52 ± 0.05	3.66 ± 0.05	3.7 ± 0.06	3.56 ± 0.06	3.47 ± 0.06	3.14 ± 0.06
p 值	/	0.023	0.470	0.206	0.436	0.002	0.000

对毕业研究生和在读研究生对课程支撑体系的满意度进行了差异性分析，由表 2-57 可以看出，满意度、交流平台、国际交流 3 个要素的毕业研究生和在读研究生的差异性分析的 p 值均小于 0.05，即毕业研究生和在校研究生在这 3 个要素上差异性显著。而教学设备、图书资料、试验条件 3 个要素的 p 值均大于 0.05，说明在这 3 个要素上毕业生和在校生差异性不显著。从均值表现上来看，毕业生的总体满意度要高于在校生，而在读研究生交流平台和国际交流的满意度要高于毕业研究生。

7）其他

通过对返回的毕业研究生和在校研究生调查问卷中的建议整理归类后发现，研究生对其课程教学的建议主要集中在课程设置、教学内容、课程考核、教学方法等方面，具体见表 2-58。

表 2-58　研究生对课程教学的建议

课程设置	同一专业不同方向研究生应分开上课，使教学更有针对性和实用性，注重教学与科研方向结合；
	多增加统计分析类课程，有助于学位论文的完成；
	改善研讨、实验、案例教学课程与理论学习课程的比例，注重课程的实用性和就业竞争力；
	希望增加野外实习机会，多去基地，多去科研院所实习；
	增加实践、实习机会，培养研究生动手能力，理论结合实践；
	课程设置应重视交叉学科的课程，课程设置与社会需求相结合
教学内容	在注重基础理论学习的基础之上，多介绍学科前沿动态及学科发展新情况、新领域；
	尽快更换老旧教材，要跟上时代的变迁和社会经济发展的要求，开设一些学科前沿的课程
教学方法	任课教师加强理论与实践实验的结合，改善授课形式，在课程教学中多与学生互动；
	提高研究生的动手能力；
	收集大量教学实例，结合实例教学，使研究生更好地理解和掌握知识；
	更好地关注研究生对于所开设课程的接受能力
课程考核	应注重考核研究生对于知识理论的掌握程度；
	更注重实践，减少形式上的考试；
	课程考试多以论文的形式，提升研究生对相关知识的认识
对外交流	邀请外校学术科研水平高的专家授课进行专题讲座，进行国际交流合作，促进学科发展；
	加强与就业单位的联系
其他	改革超大班的教学组织形式，尽可能减少上课人数超过 50 人的大班课；
	加强授课教师的责任心，在教学上投入更多的精力；
	提高学生德育和智育的培养，会学习、会生活

由此可以看出，研究生对本校的课程设置、教学内容、教学方法、课程考核等课程教学的核心内容都提出了一些很好的意见和建议，各培养单位应重视研究生提出的建议，不断优化课程教学模式，提高研究生培养质量，从而使学校及所在学科得到更长足的发展。

本评议组在调研问卷中针对课程也设置了开放性问题，从反馈结果来看，研究生认为收获最大和收获最小的课程名称分布较分散，收获最小的多为政治类课程、英语类课程，由此可见，思想政治理论课要在改进中加强，在创新中提高，及时更新教学内容，丰富教学手段，不断改善课堂教学状况；收获最大的多为专业类课程、实验方法类课程，说明研究生对于提高动手能力和实践应用能力课程的需要和欢迎。

2.1.4.3　课程教学改革与评价

1）教改立项情况

在本书 2.1.2 节中，已详细介绍了林业类和涉林高校各类研究生课程的建设情况，从中可以发现各高校在课程设置偏向理论课程、教学内容、教学方式方法、课程考核等方面都存在或大或小的问题，课程建设与改革立项正是提高课程教学质量的重要保障。在返回问卷的 16 所学校中，仅 37.5% 的高校每年对研究生课程教学研究立项；6.25% 的高校每两年立项一次；50% 的高校不定期立项；6.25% 的高校定期立项建设。近 5 年各高校研究生课程教学研究立项项目中，北京林业大学立项课程最多，占全部被调研高校立项课程总数的 71.8%，其他各学校立项课程 1～3 门不等。项目资助力度方面，浙江农林大学的百门优质硕士生课程资助金额达到 77.5 万元，其他课程项目资助金额为 1 万～10 万不等，立项建设和资助力度详情如图 2-46、表 2-59 所示。

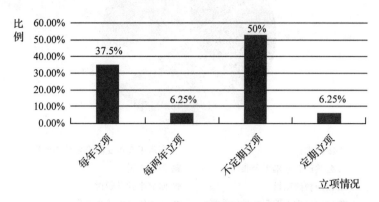

图 2-46　研究生课程教学研究立项

表 2-59　研究生课程教学研究立项明细

培养单位	立项课程数	资助力度（单个项目）	完成情况
山东农业大学	3	3 万元	已完成
内蒙古农业大学	1	2 万元	进行中
浙江农林大学	1	77.5 万元	完成
华中农业大学	1	2 万元	完成
北京林业大学	23	1.2 万～10 万元	已完成 3 个，其他项目在进行中
四川农业大学	1	2 万元	进行中
新疆农业大学	1	5000 元	

在立项建设的项目类型上（图 2-47，另见彩图 40），高水平全英文研究生核心课程（23.33%）、研究生重点课程教学创新项目（20%）、教材出版（20%）、优质研究生核心课程（16.67%）4 个选项占比较高，案例类课程建设仅占全部立项数的 3.33%。返回的问卷中定期立项的高校占比较低、立项课程数量少、立项课程种类不均衡是我国目前林学研究生课程立项建设存在的主要问题。

2）课程评价机制

如何在课程建设的同时，更好地保障或者不断提高课程教学质量，也是教育工作者关注的焦点。质量的提高与保障，自然离不开对课程教学的科学评价。在返回的问卷中有 11 个培养单位对此问题进行了反馈，多数采用督导不定期听课方式，对教师的教学态度、教学方法、课堂纪律等指标做出测评，结合研究生评价等方式，对课程教学质量进行监控（表 2-60）。仍有 31.25% 的高校没有建立课程评价机制。

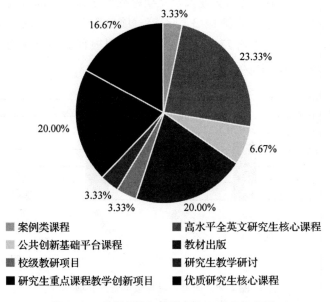

图 2-47　研究生课程教学研究立项项目类型

表 2-60　研究生课程教学效果评价指标与课程教学质量的监控措施

培养单位	评价指标与监控措施
福建农林大学	重视教学质量，定期抽查相关课程
山东农业大学	学校、学院过程控制，研究生评价
内蒙古农业大学	专家听课、研究生评价
西南林业大学	教师自评、研究生评价、督学抽查；课堂讲授情况、考试考核过关率
浙江农林大学	学生网上评教，学院教学督查，校领导、培养办不定时听课
华中农业大学	研究生评价、问卷调查、学生座谈、督导员听课、学校学院领导听课
仲恺农业工程学院	目前未对课程进行评价，刚刚成立了督导组，开学听课与不定期听课
北京林业大学	课程教学效果评价指标包括教学态度、教学内容、教学方法、考核办法、课堂管理 5 个指标，监控措施有研究生网上教学质量评价和学位与研究生教育督导员评价相结合
四川农业大学	网上评教，评价内容包括教学态度；教学准备是否充分、教学内容的前沿性；教学方法是否具有启发性；教学环节是否合理；教学内容对研究工作是否有帮助；是否对创新能力有显著提高以及总体满意度。成立了校级和院级教学督导小组，不定期开展课堂教学检查和开题报告、中期考核和论文答辩等重要环节的督查
中国林业科学研究院	研究生评价、教学督导评价
山西农业大学	从教学内容、教学技能、教学态度、课堂效果 4 个方面评价，监控措施为教学督导组评价

　　如仅有评价却没有针对评价结果的奖惩机制会使教学评价所起作用大打折扣，奖惩机制是教学评价正常运行的重要保障（图 2-48）。81.25% 的培养单位未建立与研究生课程教学效果评价结果相关联的奖惩机制，其中 25% 正在计划建立，仅福建农林大学、西南林业大学、华中农业大学 3 所学校已经建立奖惩机制。在被调查的高校中，69.23% 学校认为与研究生课程教学效果评价结果相关联的奖惩机制对各学科教学具有指导意义，30.76% 的学校认为没有意义或意义一般（图 2-49）。由此可以看出，超过 56.25% 的高校尚未建立起奖惩机制，少数高校对奖惩机制的作用还缺乏认识。

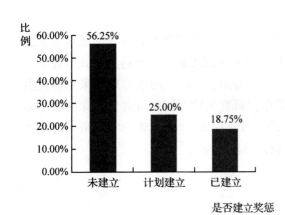

图 2-48　研究生课程教学效果评价结果相关联的奖惩机制建立情况

图 2-49　研究生课程教学效果评价结果相关联的奖惩机制对各学科教学是否有指导意义

2. 1. 4. 4　课程教学管理与运行机制

1）研究生任课教师

没有高水平的教师队伍，就没有高质量的教育。研究生在校期间接触时间最多是导师和各门课程的任课教师，甚至研究生与任课教师相处的时间更长些。他们不仅可以传授文化知识，也可以传授思维方式、做人的道理。因此，任课教师的教学水平、教学态度对研究生有很大的影响。如图 2-50 所示，31.25% 的学校要求研究生课程任课教师为中级以上职称；大多数学校要求研究生课程任课教师为副高级职称及以上，占总数的 62.5%；仅浙江农林大学要求任课教师为正高以上职称。由图 2-51 可以看出，37.50% 的培养单位要求研究生课程任课教师必须有本科教学经历，33.33% 的学校研究生课程任课教师原则上要有本科生教学经历，但可根据实际情况做出调整，山东农业大学、华南农业大学、浙江农林大学、四川农业大学、中国林业科学研究院这 5 所培养单位对这一点没有要求。从以上分析我们可以看出，大部分培养单位对研究生教师任职资格的考核模式还有所欠缺，只用职称等级和教学经历这样"一刀切"的方式来评判教师的授课质量不值得提倡，各培养单位应该建立完善的教师任职资格评价机制，通过教师职称、教学经历、科研成果、教师试讲等多因素来判断教师的任职资格。

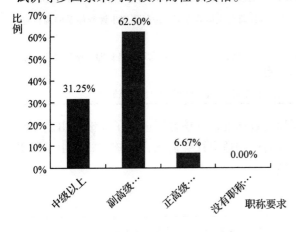

图 2-50　对研究生教师的职称要求

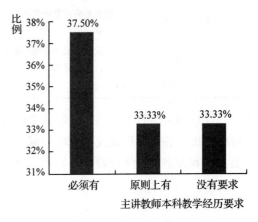

图 2-51　对研究生主讲教师本科教学经历的要求

159

2）教学管理与运行机制

课程教学管理运行机制是否高效，决定了培养单位的科研工作和日常教学能否正常进行，直接影响学校的教学质量。我们在问卷中针对研究生课程教学管理运行模式设置了问题并进行了统计分析。由图2-52（另见彩图41）可以看出，6.67%的培养单位采用研究生院/处/部统管教学的运行模式，19.99%的培养单位研究生院/处/部负责公共课的教学运行模式，6.67%的培养单位采用学院负责专业课的教学模式，66.67%的学校采用研究生院/处/部负责公共课的教学运行和学院负责专业课的教学模式。

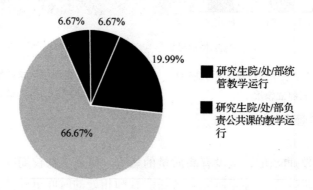

图 2-52　研究生课程管理运行模式

表 2-61　课程设置标准及审查、审核程序

培养单位	课程设置标准及审查、审核程序
山东农业大学	根据专业培养目标和社会需求，学科提出意见和方案，学院教学委员会审核，修改后审批执行
华南农业大学	由学科负责确定、评审、报送学校
西南林业大学	根据各学科的培养目标设置课程，各学科制定课程体系后提交学位委员会进行审查
浙江农林大学	课程设置由学科申请、学院审批、研究生处备案
河北农业大学	审核体系与培养目标适应，课程设置适应河北省林业生产实践，由学院初审，研究生院复核，研究生代表全程参与
华中农业大学	各学院根据教学大纲统筹协调，严格按教学大纲实施考核，变更考核方式须报学院审核
北京林业大学	根据形势的发展和社会需要定期修订研究生培养方案，进行研究生课程体系的调整与设置
四川农业大学	每次修订培养方案均制定相应的修订原则，符合课程体系和培养目标即是课程设置的标准，每学分16学时。各学科点讨论通过
中国林业科学研究院	根据国家、社会、行业需求设置，由学科提出，院教学委员会审核通过

在返回的问卷中，共9所培养单位对课程设置标准、审核程序进行了反馈，由表2-61可以看出，各校课程设置标准均根据专业培养目标和适应社会需求，审核方式是由学科提出意见和方案，由学校教学委员会或学院审核。

表 2-62　研究生课程的调整

培养单位	研究生课程调整
山东农业大学	根究社会需求和学校安排定期调整，学科也可以根据情况申请调整
浙江农林大学	培养方中的课程体系每年进行微调整
河北农业大学	每隔 5 年调整
华中农业大学	修订原则：研究生分类培养、科研与教学融合、产学研一体化背景、学习科研相协调
仲恺农业工程学院	有，但不明显
北京林业大学	从 2006—2015 年期间，分别于 2007、2009、2012 和 2015 年进行过培养方案修订，主要根据学科内涵和社会发展需求进行课程体系的梳理和课程的设置
中国林业科学研究院	前沿、专题课中会根据国家和社会需求进行调整

在返回的问卷中共有 7 所培养单位对研究生课程调整方式进行了反馈，从表 2-62 可以看出，山东农业大学、北京林业大学、中国林业科学研究院能根据学科的发展和社会的需要不定期对培养方案进行调整，浙江农林大学、河北农业大学能定期对培养方案进行调整。

通过分析可以看出，在被调查的林业类院校和涉林院校中，仅有少数培养单位定期调整课程设置，超过一半的培养单位还没有建立完善的课程教学运行机制，不利于课程教学与社会需求的有机接轨。

2.2　培养环节设置与要求

2.2.1　林学博士研究生必修环节设置及要求

从表 2-63 可以看出，林学一级学科博士培养单位对培养计划、学术研讨与报告、开题报告、中期考核 4 个环节都非常重视，在培养方案中都明确了有关要求，部分高校还对博士生学术研讨与报告、开题报告等提出了具体学分要求。仅西北农林科技大学、中南林业科技大学、四川农业大学、河南农业大学、安徽农业大学这 5 所高校在博士研究生培养环节中没有对学科综合考试做出明确要求和规定。各培养单位都要求研究生入学后，由导师或研究生本人根据本学科培养方案的要求，结合研究生自身的研究方向、学术背景和承担的在研课题，指导研究生做好培养计划的制订。在学术研讨与报告环节中，各高校对参加研讨会的次数要求在 1～12 次不等，报告质量也须经导师审核。博士研究生开题前，应根据其学科专业的培养目标，结合导师所承担的研究课题或本人的研究特长，与导师协商确定论文选题，并在广泛阅读文献资料和调查研究的基础上撰写开题报告，学科审核后在规定期限内根据专家意见修改完善，开题报告未通过者应重新开题。博士研究生开题论证通过后，由所在学院或学科统一组织中期考核。博士研究生要在学科内汇报学位论文工作进展、下一步研究计划、存在的问题和拟解决的办法等情况，考核审查小组应对考核对象的思想品德、学习态度、课程学习、精力投入、科研能力等方面进行全面考核，对论文工作中的问题提出合理的修改意见，并根据考核结果进行分流。对学科综合考试有明确要求

161

的单位都将此考核与是否继续攻读博士学位挂钩。博士研究生除完成学位论文外，必须按导师要求完成科研、教学或社会实践，大多数高校采用学校提供实践机会与研究生自主实践相结合的方式。

表 2-63　林学博士研究生培养环节设置和学分要求

培养单位	培养计划	学术研讨与报告	开题报告	中期考核	学科综合考试	实践训练
北京林业大学	√	3 学分	2 学分	√	2 学分	2 学分
东北林业大学	√	2 学分	√	√	√	√
南京林业大学	√	√	√	√	√	√
西北农林科技大学	√	√	√	√	/*	√
中南林业科技大学	√	2 学分	2 学分	2 学分	/*	√
福建农林大学	√	5 学分	√	√	√	2 学分
西南林业大学	√	2 学分	2 学分	√	2 学分	1 学分
中国林业科学研究院	√	√	√	√	√	√
四川农业大学	√	2 学分	√	√	/	√
内蒙古农业大学	√	2 学分	2 学分	2 学分	1 学分	/
河南农业大学	√	√	1 学分	√	/	√
河北农业大学	√	5 学分	√	√	√	3 学分
安徽农业大学	√	√	√	√	/	√
江西农业大学	√	√	√	√	√	√

＊无此环节。

2.2.2　林学硕士研究生必修环节设置及要求

以 15 个博士一级学科授权单位为例，对林学一级学科硕士培养单位生的培养环节和学分要求进行了统计，结果见表 2-64。

表 2-64　林学硕士研究生主体培养单位培养环节设置和学分要求

培养单位	培养计划	学术研讨与报告	开题报告	中期考核	学科综合考试	实践训练
北京林业大学	√	2 学分	1 学分	√	/*	2 学分
东北林业大学	√	3 学分	/	/	/	√
南京林业大学	√	√	√	√		√
西北农林科技大学		√	√	√		√
中南林业科技大学	√	2 学分	2 学分	2 学分	/	1 学分
福建农林大学	√	3 学分	√	√		2 学分
西南林业大学	√	1 学分	2 学分	√		1 学分
中国林业科学研究院	√	√	√	√		√
四川农业大学	√	2 学分	√	√		√

（续）

培养单位	培养计划	学术研讨与报告	开题报告	中期考核	学科综合考试	实践训练
内蒙古农业大学	√	2 学分	1 学分	2 学分	/	/
河南农业大学	√	2 学分	1 学分	√	/	√
河北农业大学	√	√	√	√	/	√
安徽农业大学	√	√	√	√	/	√
江西农业大学	√	√	√	√	/	√

＊无此环节。

从表 2-64 可以看出，林学一级学科硕士研究生主体培养单位对硕士研究生的培养计划、学术研讨与报告、开题报告 3 个培养环节非常重视，均在培养方案中明确了有关要求。中期考核只有 3 所高校没有设置该环节；实践训练有两所高校没有设置该环节。与博士研究生培养环节类似，各培养单位都要求研究生入学后，由导师或研究生本人根据本学科培养方案的要求，结合研究生的研究方向和个人学术背景以及本人承担的在研课题，指导研究生做好培养计划的制订。学术研讨与报告方面，各学校对参加研讨会的次数要求在 1～8 次不等，在次数要求上低于对博士研究生的要求，报告质量也须经导师审核后方可通过。硕士研究生开题报告需在导师指导下撰写，学科审核后在规定期限内根据专家意见修改完善，开题报告未通过者应重新开题。开题报告后，由所在学院或学科统一组织中期考核，学科提出意见并根据考核结果进行分流。除完成学位论文外，必须在导师指导下根据培养方案要求完成其他环节，比如科研、教学或社会实践。

2.2.3　林学专业学位硕士研究生必修环节设置及要求

从表 2-65 可以看出，对于林业专业学位硕士研究生，大部分培养单位更重视其实践能力的培养，大多数学校的培养方案对实践训练提出了明确的学分要求，普遍要求为 4～6 学分，并且实践时间不得少于 6 个月。对于学术研讨、中期考核环节因专业学位研究生培养特点，只有部分学校提出了要求。各培养单位都要求研究生入学后，导师应根据本专业学位类别培养方案的要求，结合研究生的职业发展方向和个人情况，指导研究生做好培养计划的制订。林业专业学位硕士研究生开题前，应根据本专业类别培养目标，在校内外导师指导下，在广泛查阅文献资料、进行实践调研和资料收集的基础上，选择一个拟解决的实际问题作为学位论文研究课题并撰写开题报告，学科审核后根据专家意见修改完善，开题报告未通过者应重新开题。

表 2-65　林学专业学位硕士研究生培养环节设置和学分要求

培养单位	培养计划	学术研讨与报告	开题报告	中期考核	学科综合考试	实践训练
北京林业大学	√	/	√	/	/＊	6 学分
河北农业大学	√	/	√	√	/	4 学分
内蒙古农业大学	√	/	√	√	/	6 学分
东北林业大学	√	/	√	/	/	6 学分

（续）

培养单位	培养计划	学术研讨与报告	开题报告	中期考核	学科综合考试	实践训练
南京林业大学	√	√	√	/	/	√
安徽农业大学	√	√	√	/	/	17学分
福建农林大学	√	/	√	/	/	4学分
江西农业大学	√	/	/	/	/	√
山东农业大学	√	/	√	/	/	4学分
河南农业大学	√	/	√	√	/	4学分
华中农业大学	√	√	√	√	/	√
中南林业科技大学	√	√	√	√	/	4学分
四川农业大学	√	√	√	/	/	6学分
西南林业大学	√	√	/	/	/	6学分
西北农林科技大学	√	√	√	/	/	4学分
四川大学	√	/	√	/	/	4学分
甘肃农业大学	√	1学分	√	√	/	6学分
新疆农业大学	√	1学分	2学分	√	/	6学分

＊无此环节。

2.3 特点与问题

2.3.1 培养方案

目前大多数培养单位都是按二级学科制定的博士研究生培养方案，这与我国大多数高校都是按照一级学科授权、二级学科招生和培养的现状相吻合。按二级学科制定培养方案能够使研究生更有针对性地掌握有关学科的基础理论和系统的专门知识，但同时也会导致研究生掌握的知识结构过于专门化，知识面较窄，普适性不高，创新水平欠缺。因此，调整与改革研究生课程体系，按照林学一级学科口径制定研究生培养方案，能够让研究生既能掌握较深的专业基础课程功底，又能获得广阔的知识视野，同时也能整合资源，避免重复、随意设置专业基础课的情况。

2.3.2 研究生课程体系设置

从前面2.1节的课程体系设置分析结果可知，林学一级学科研究生课程体系设置存在以下几个问题：

（1）博士研究生课程学分要求普遍不高

课程学习是培养研究生科研自主创新能力的基础，对于研究生知识结构的拓宽、创新思维的形成、学术创新能力的提升都具有非常重要的作用。我国各培养单位对林学博士研究生的总学分要求一般为12～19学分，大多在16学分左右，而发达国家的很多一流大学对博士研究生的课程学习有很严格的要求，博士研究生一般要求修满40学分的课程，有些大学要求更高，如麻省理工学院要求博士研究生至少修满50学分，斯坦福大学要求博士研究生必须修满72学分才准予毕业。相比国外，我国博士研究生课程学分要求普遍不高，这也可能由此造成博士研究生基础理论知识欠缺，在后续的科研工作中缺乏理论支撑和自主创新。

(2)研究生课程教学安排重公共课，轻专业基础及应用

针对课程设置的开放性问题的调研结果分析表明，研究生认为课程学习中对自己收获最小的课程为政治类、英语类课程，由此可见，思想政治理论课和英语课的教学未发挥其应有的作用。思想政治理论课要在改进中加强，在创新中提高，与时俱进，及时更新教学内容，丰富教学手段，不断改善课堂教学状况，防止形式化、表面化。思想政治理论课教育要把马克思主义理论同中国特色社会主义实践有机结合起来，把思想品德教育同中国特色社会主义理论、中华民族优秀传统文化教育结合起来，通过理论联系实际的教学实践，把自信传递给学生，让研究生领会科学理论的实践价值、中华民族优秀传统文化的智慧力量、中国发展的时代意义。思想政治理论课，要让信仰坚定、学识渊博、理论功底深厚的教师来讲，让学生真心喜爱、终身受益。要吸引更多优秀教师走上思想政治理论课讲台，让他们把传播和研究马克思主义作为光荣使命、终身追求，让学生真心喜爱、终身受益。

目前，研究生英语课程教学内容安排中在基础的外语听、说、读、写能力方面的教学内容分配学时相对较多，而与研究生学术交流能力、专业学术论文写作能力、专业文献阅读能力提升等方面的教学内容学时安排较少，而恰恰是这些方面的课程学习对研究生科研工作的开展至关重要，培养单位应重视该方面能力的训练，优化外语课程学时结构，使英语课程教学更好地为研究生科研能力的提升奠定基础、提供支撑和服务。外语教学内容是否结合学科专业特点问题的调研结果也表明：各培养单位在研究生英语课程内容的安排上存在显著性差异，但从均值上可以看出，大部分高校的外语课程安排都更侧重公共外语，只有少数单位侧重于专业外语。

(3)课程体系中欠缺实验实践类、方法类和前沿专题类课程

大多数培养单位是按二级学科制定的博士研究生培养方案，而同一培养单位内不同二级学科方向之间的课程设置差异较大，基本没有设置一门一级学科范围的平台课；在林木遗传育种学科的硕士研究生课程体系设置中普遍没有开设"植物生理研究技术""生物化学研究技术""多元统计分析""矩阵论""试验设计与数据分析"等方法类课程；野生动植物保护与利用学科各培养单位的硕士生研究生课程体系设置差异较大，高校没有普遍开设核心课程，实验实践类课程开设较少；森林保护学科各高校课程设置差异较大，且没有高校设置实践类课程为必修课；在水土保持与荒漠化防治学科的硕士研究生专业课程设置上，"水土保持学""流域管理学"等与学科方向相关度高的专业课程开设较多，而"多元统计分析""试验设计与数据分析"等方法类课程并未普遍开设。

林业类学科是应用型学科，应重点培养研究生的动手能力和创新能力。从几类课程的开设现状来看，大部分培养单位只开设了2～5门实验实践类课程，开设比例严重不足，不能满足研究生对实验实践课程的需求和提高动手能力、为科研打基础以及创新能力培养

的需求；被调研的 16 所培养单位中有 14 所培养单位开设了方法类课程，但开设的数量占总开课门数的比例仅为 0.49% ~4.11%。因此，增加方法类课程的开设数量，促进研究生自我学习能力、实践能力和团队合作能力的全面发展尤为重要；前沿专题类课程同样存在开设比例普遍较低，不能满足现代研究生教学需求的问题。同时，大部分培养单位外请专家数量偏少，研究生与校外同行的交流机会少，课程内容的前沿性难以有效得到保证。

开放性问题调研中研究生对课程体系设置看法提出以下建议：研究生课程教学应更具针对性和实用性，注重与科研方向的结合；多开设统计分析类课程，有助于科研工作的开展和学位论文的完成；改善研讨、实验、案例教学与理论学习的比例，优化课程结构；课程内容应在注重基础理论学习的基础之上重点介绍前沿科研动态及学科发展方向，为探索知识空白或前人研究的不足提供思考方向；尽快更换老旧教材，紧跟上时代的变迁；开设一些前沿学科的课程和交叉学科的课程，课程设置应与社会需要和发展相结合等。

由此可见，林学一级学科研究生的课程体系设置中，普遍缺乏一级学科范围的平台课，实验实践类课程、方法类课程和专题类课程的设置和教材也严重欠缺。

2.3.3 研究生课程教学

(1)授课方式的满意度普遍不高

不同培养单位研究生对本校研究生课程教学授课方式满意度的差异性分析结果表明，不同高校研究生对本校研究生课程教学授课方式满意度的差异性显著(F 值为 4.930***)，但总体上来讲不同培养单位研究生对本校研究生课程教学授课方式的满意度普遍不高。

对毕业生最喜欢的课堂教学方式的调查结果显示：大多数毕业生更接受理论讲授加研讨或实验的教学方式，占总人数的 43.14%；其次分别为实验教学(仿真，嵌入式，实验室)、案例教学、团队合作项目训练、理论讲授和其他。这一结果与在读研究生最喜欢的课堂教学方式有所不同。在读研究生最喜欢偏重实验实习的教学方式，而毕业生则偏重于理论结合实践的教学方式，说明研究生在从事工作的过程中感觉到课堂教学和实际工作中使用的知识、技能仍有一定的脱节，而且在校研究生感觉自己动手能力不足是最主要的问题，这与他们缺少工作实践经验有关，所以在读研究生多只追求实践的重要性，而毕业生认为理论知识在工作中的指导作用仍然非常重要，理论知识可以很好地指导工作实际。

对于研讨或实验和课堂面授的学时比例调查结果显示：选择研讨或实验和课堂面授的学时为 1:4 和 1:5 的研究生人数仅占 11.59%，这一结果充分说明了大多数在读研究生认同实际操作的重要性，与目前研究生缺乏实际动手能力的现状吻合。培养单位应优化课堂面授与实验实践的课时分配，压缩理论讲授，增加实验实践类课程的开设比例，增设科学研究方法类、工具类、专项技能类等公共课程平台，使研究生所学的理论知识更好地转化为科研创新或实践创新所需的能力。

在开放性问题的调研中，研究生对于教学方法方面提出的主要建议是希望授课老师将更多心思放在教学上，多一些责任心；加强理论与实践实验的结合，改善授课形式，希望在课程教学中多与研究生互动，提高研究生课堂的参与性与提高动手能力。

(2)课程教学用书、文献阅读资料供给不足

推广以研究生为主体的自主式学习为特征的研究型授课方式，加大课外学习力度，明

确每门课程课外中外文文献阅读的范围和要求是提高研究生课程学习质量的关键。而在对研究生课程教学中是否提供教学用书、参考书、文献阅读资料问题的调研结果表明：70.52% 的研究生认为只有不到 50% 的课程提供了教学与学习资料。由此可见，研究生课程在提供教学用书、参考书、文献阅读资料等方面仍存在不足，不能充分满足研究生对课程学习资料的需要，需要及时向研究生提供充足的教学与学习资料，使得学习资源充分利用。

（3）研究生课程考核更需多样化

从毕业生视角对研究生课程考核方式进行的调查结果显示：仅有 5.05% 的研究生不满意目前的课程考核方式，可见我国林学一级学科研究生课程教学的考核方式在毕业生中满意度较高。研究生认为对自身学习帮助较大的最主要的课程考核方式的调查结果表明：课程论文、报告、作品、设计方案的考核方式比重最大，其次为课堂操作和演示（PPT 展示），选择这两者的人数远大于其他考核方式，达到了 77.51%，可以说明大多数研究生更偏爱灵活的考核方式，相比考试或随堂测验更偏重于实践。

通过对毕业生反馈的课程考核过关影响因素进行定序回归分析，结果显示："课程复习需要很多时间精力"和"课程考核方式能激励研究生更多地投入到学习中"这两个因素对课程考试过关影响最著；而对在校研究生课程考核过关及其影响因素进行的定序回归分析结果显示："课程复习中付出时间和精力"和"任课教师评分是否公平公正"是影响课程考核能否过关的主要因素。由此可见，课程复习需要很多时间和精力、课程考核方式能否激励研究生更多地投入到学习中、任课教师评分是否公平公正是研究生最重视的课程考核的影响因素。

在课程考核开放性问题调研中，研究生提出在考试考核方面，希望学校能科学安排考试、注重考核学生对于知识理论的掌握程度而减少形式上的考试。因此，改革课程考试方式及成绩评定方式，注重过程考核，加大课外学习的要求和考核力度，全面、客观地评价研究生基本知识及综合能力，特别是明确每门课程课外中外文文献阅读的范围和要求，才能更好地促进研究生学习和掌握扎实的理论知识。

2.3.4　研究生课程教学质量评价

（1）教学质量的总体满意度不高，各培养单位之间差别很大

本评议组分别从在读研究生和毕业生的视角对课程教学质量的总体满意度进行了评价，结果显示：71.58% 的毕业生对课程教学质量满意度高，而在读研究生对本校的教学质量表示满意的占 56.85%，可见，毕业生对教学质量比较满意和非常满意累计比在校生的比例高出 14.73%。相对于在校生，毕业生经历了论文撰写、求职、参加工作实际，对所受到的教育对求职和工作的支撑度有更为直观的感受，能更真实地反映研究生对学校教学服务的评价。这一结果体现出我国林学一级学科研究生课程教学质量普遍得到了毕业生的高度认可，基本满足了研究生毕业后工作生活的需要。进一步对不同培养单位的研究生对本校研究生课程教学质量总体评价结果的差异性分析结果表明，不同培养单位的在读研究生和毕业生对本校研究生课程教学的总体满意度评价差别很大。由此说明，不同培养单位之间的课程教学水平的差距很大。

（2）课程学习对研究生完成学位论文的支撑度效果不明显

通过对现有研究生课程教学对完成学位论文支撑度的调研结果表明：只有35.31%的在读研究生认为现有的课程教学对其完成学位论文的作用"至关重要"和"作用较大"。由此可以看出，现有的研究生课程教学一定程度上有助于研究生学位论文的完成，但尚未达到应有的支撑作用，需继续加强课程教学与科研实际工作的结合，强化课程学习对科研能力的训练，缩短研究生进入科研的时间，提高研究生的学习效率和创新能力。

（3）不同层次之间的课程区分度不明显

在本硕同一学科或相近学科录取的硕士研究生中，22.34%的研究生认为硕士研究生课程与本科生有50%以上的重复，由此可见，硕士研究生和本科生的课程区分度不是很明显；而在对硕博同一学科或相近学科录取博士研究生的调研结果表明，只有31%的在读博士生认为硕博研究生课程的区分程度很大或较大，因此可见，目前博士研究生的课程内容需及时更新并紧跟学术前沿，充分调动研究生的独立思考能力和创新能力；而在本学科与相近专业领域的课程教学方面方面，只有33.87%的研究生认为本学科与相近专业领域的专业学位课程区分度明显，由此可见，相近学科领域的课程教学有差异，但大部分不太明显。因此，从总体来说博士阶段比硕士阶段的课程重复率要高，这不排除在博士阶段更注重科研能力培养的因素，但在课程内容设置上各高校无疑还存在许多问题，培养单位和学科应注重不同学习阶段知识的层次性，不仅要注重知识的广度，还要使课程内容的深度能满足研究生不同学习阶段的需要，在博士研究生的课程学习中更需要充分调动研究生的独立思考能力和创新能力，课程内容需要及时更新并紧跟学术前沿。

2.3.5　研究生课程建设

随着经济的飞速发展与科技的日新月异，加强研究生课程建设，提高研究生的培养质量，已成为迫在眉睫的问题。在被调研的16个培养单位中，总投入经费在100万~200万之间有3所高校，68.75%的高校2011—2015年对林学研究生课程建设、开发方面的总经费投入在50万元以内，甚至也有单位未对课程建设投入资金。由此可见，目前我国林业类和涉林高校对研究生课程建设的投入普遍不高。

具体体现在以下几个方面：①林学学科研究生全英文课程开设数量明显不足，聘请国外专家讲授课程的学时太少，大部分学校甚至没有开设全英文课程，研究生教育的国际化程度亟待提高。②目前开设案例库课程的高校仅占调研总数的56%，甚至有一部分高校尚未开设此类课程。在已经开设案例教学课程的培养单位中，大多数培养单位开设案例库课程的数量少，使用的教学案例单一，只有少数高校的个别课程建立了案例库，难以有效保证案例库课程的整体教学质量。③已开展在线课程教学的仅有2个培养单位，占调查总数的12.5%，各培养单位的在线课程建设尚属于起步阶段，大多数学校还未开始建设。④各高校出版的研究生教学用书不仅数量少，还存在着精品教材匮乏的问题，主干领域核心课的教学用书几乎空白。

在开放性问题调研中研究生对课程建设提出的建议主要有：培养单位应增加到野外和到科研院所实习的机会，培养研究生的动手能力，达到理论与实践相结合的效果；做好案例教学，使研究生更好地理解和掌握专业知识；在对外交流方面，希望有更多机会去听外校学术科研水平高的学者授课，增加与国际专家交流的机会，从而促进学科的发展和自身学术水平的提升。因此，各培养单位应加大研究生全英文课程、案例库课程、在线课程、研究生教学用书的建设力度，加大研究生课程的建设力度是关系到提高研究生教育质量和推进研究生教育国际化进程的关键。

2.3.6　外部环境

课程学习是研究生系统学习专业知识、夯实基础的最重要途径，培养单位对课程学习的重视程度、研究生对课程学习的投入度、课程支撑体系建设等外部环境因素也是影响研究生课程教学质量的主要因素。

(1)培养单位对课程学习的重视程度尚需进一步加强

对林学类研究生就读单位是否强调课程学习的调研结果显示：超过一半的培养单位强调研究生课程学习，仅 10.97% 的学校对课程教学不重视。对所存在的问题进一步分析表明，研究生认为邀请校外知名专家授课和为研究生提供丰富的课程资源这两方面受到的重视比较多，其次是注意研究生的反馈意见并做出调整，而鼓励研究生修读跨学科或院系的课程这一方面被重视的较少。虽然研究生认为各项指标被重视和强调的比例超过 50%，但仍有一部分研究生认为学校对课程学习的强调程度一般(41.55%)，仍需各培养单位针对自身特点进行调整。

(2)研究生对课程学习的投入度不足

课程学习是研究生获取专业知识的最主要途径，但如研究生在这方面投入的精力不足，不仅很难使学校提供的教学资源发挥应有的价值，而且影响研究生培养的总体水平。通过对研究生课程学习投入精力的统计分析发现，仅有 47.97% 的研究生对课程学习投入较多，而在具体的学习投入选项中，超过一半的研究生在阅读课程文献资料投入的精力较多，而对课后作业、课程实习、主动关注学科前沿的方面投入较多的研究生数均不超过调查学生总数的 50%，重视课后作业的研究生比例最低(45.84%)。由此可见，目前我国林学类研究生对课程学习的投入度和重视程度仍然不够，各培养单位还需加强引导，强调扎实的专业知识对科研活动和今后工作的重要性，营造更加浓郁健康的学术氛围，提高研究生对其基础课程学习的重视程度。

(3)课程支撑体系建设

在读研究生对课程支撑体系的总体满意度调查显示，52.76% 的研究生对课程支撑体系表示满意，39.93% 的研究生满意度一般，7.32% 的研究生表示非常不满意。在具体选项中，在读研究生对图书资料、SCI 检索、课堂设备及条件、实验实习条件满意度较高(52.76%)，而对可使用的交流平台和资助国际交流合作的机会满意度相对较低(均低于50%)。综合来看，研究生对课程支撑体系的满意度较高，且毕业生比在读研究生给予了母校课程支撑体系更多的肯定，但仍有部分研究生对课程支撑体系的满意度一般，各培养单位还需进一步发现并改进课程支撑体系中存在的问题，为研究生教育教学提供更好的服务。

(4)奖惩机制

奖惩机制是教学评价正常运行的重要保障，如仅有课程教学评价却没有针对评价结果的奖惩机制会使教学评价所起的作用大打折扣，奖惩机制是教学评价正常运行的重要保障。调查结果显示：81.25%的培养单位尚未建立与研究生课程教学效果评价结果相关联的奖惩机制，其中有25%的正在计划建立，仅有3所培养单位已经建立奖惩机制。在被调查的培养单位中，69.23%的学校认为与研究生课程教学效果评价结果相关联的奖惩机制对各学科教学具有指导意义，30.76%的学校认为没有意义或意义一般。由此可以看出，超过56.25%的培养单位还未建立奖惩机制，少数培养单位对与研究生课程教学效果评价结果相关联的奖惩机制的作用还缺乏认识。

(5)培养环节设置

从培养环节的设置调研结果可以看出，培养单位对林学一级学科博士研究生的培养计划、学术研讨与报告、开题报告、中期考核4个培养环节都非常重视，不仅培养方案中明确了有关要求，部分培养单位还对博士生学术研讨与报告、开题报告等提出了具体的学分要求；对硕士研究生的培养计划、学术研讨与报告、开题报告3个培养环节非常重视，均在培养方案中明确了有关要求。

在培养计划的制订中，各培养单位对林学一级学科各层次、各类别研究生除对培养计划有共性要求外，都要求研究生入学后，由导师或研究生本人根据本学科培养方案的要求，结合研究生自身的研究方向、学术背景和承担的在研课题，指导研究生做好培养计划的制订，而对其他培养环节的要求各培养单位之间有所差异，这也从侧面说明了培养计划对研究生入学后的系统规划和培养指导起着不可或缺的作用。

在开题报告的设置及要求上，除江西农业大学、西南林业大学和西北农林科技大学等少数高校对林业专业学位硕士研究生没有硬性要求外，其他培养单位都对该环节比较重视，对各层次、各类别的研究生都有相关的规定，基本提出了开题报告的流程和明确要求，严格把关，对于开题报告未通过者均应重新开题，这与开题报告对研究生学位论文研究方案可行性把关的重要性密切相关，开题报告做得好、把关严，则研究生在今后的课题研究和论文写作中会少走弯路，进展顺利；如果对其把关不严，研究生在后续论文开展过程中难免会出现各种各样的问题。

在中期考核环节中，各培养单位的设置和要求差异较大，体现了认知上的差异，有的学校制定了中期考核分流淘汰机制，非常值得借鉴。

在博士生学科综合考试方面，各培养单位也有很大差异，相对于美国等西方发达国家对博士生综合考试的高标准、严要求的做法，我国对该环节应该发挥的作用还认识不足，或者虽已认识到，但未切实有效地贯彻落实。在今后的研究生培养工作中，应借鉴欧美经验，探讨制定符合中国国情和培养单位具体实际的具有可执行性的对于博士生综合考试的要求和制度。

在林业专业学位硕士研究生培养中，各培养单位对实践训练都比较重视，大多数单位对实践训练也提出了学分要求，这说明大多数培养单位都很重视专业学位研究生实践动手能力的培养，这与专业学位研究生的培养目标一致。在学术研讨与报告方面，大多数培养单位对学术型研究生都有要求，对专业学位研究生则没有要求，这体现了研究生分类培养的原则，与不同类别研究生的培养目标基本一致。

研究生培养环节贯穿着研究生培养的全过程，对研究生培养质量的提高发挥着十分重要的作用。因此，应以完善培养环节和强化过程管理为着眼点，从优化环节设置、改进环节流程和考核方式、严把开题报告和论文质量关、建立长效监管和激励及分流淘汰机制等方面入手，切实加强研究生过程管理，使研究生在各个阶段都能从思想上认识到位，端正学习态度，明确学习目标，激发学习动力，从而达到提高研究生培养质量的目的。

第3章

比较与分析——国外大学学科专业设置与课程体系

3.1 国外大学基本情况

通过对国外知名高校林学研究生教育情况进行调研与比较分析，从中吸取国外林学研究生教育的先进经验，为我国培养林业及生态环境建设高层次人才提供理论依据。本课题组对6个国家开设了林学研究生教育的15所知名高校进行了调研，以分布于欧洲、美洲和大洋洲等经济较为发达地区的高校为主，具体分布情况见表3-1。

表3-1 开设林学研究生教育的国外高校分布

位　置	国　家	大学名称(中文)	大学名称(英文)
美　洲	美　国	耶鲁大学	Yale University
		佐治亚大学	University of Georgia
		北卡罗来纳州立大学	North Carolina State University
		杜克大学	Duke University
		普渡大学	Purdue University
		西弗吉尼亚大学	West Virginia University
		路易斯安那州立大学	Louisiana State University
		缅因大学	University of Maine
		俄勒冈州立大学	Oregon State University
	加拿大	不列颠哥伦比亚大学	University of British Columbia
		多伦多大学	University of Toronto
欧　洲	英　国	阿伯丁大学	University of Aberdeen
	丹　麦	哥本哈根大学	University of Copenhagen
	瑞　典	瑞典农业科学大学	Swedish University of Agricultural Sciences
大洋洲	澳大利亚	墨尔本大学	University of Melbourne

3.2　国外大学涉林研究生教育的学科专业设置

3.2.1　典型案例介绍

3.2.1.1　美国耶鲁大学

耶鲁大学 2017 年"QS"世界大学排名位居第 15 位，U. S. News 美国大学综合排名第 3 位，其博士和硕士研究生教育中涉林专业详见表 3-2。开展博士学位研究生教育的专业包括：林业、环境科学/人类学、生态学与进化生物学和遗传学；开展硕士研究生教学的类型包括林学专业学位硕士和林学学术型硕士，其硕士学位研究生林学学科专业设置情况与我国林学学科专业设置情况相似，但内涵有很大不同，而博士学位研究生的专业设置比我国的学科内涵较为宽泛，涉及领域较广。

其中林学专业硕士包括 1 年制和 2 年制，而林业科学学术型硕士只有 2 年制的；硕士学位研究生的专业方向有林业、森林科学和森林经理，而博士学位研究生的专业方向设置很灵活、广泛，主要依据导师的科研方向确定。硕士专业要求总学分达到 48 学分，其中必修课至少达到 24 学分。

表 3-2　耶鲁大学涉林研究生专业设置

专业名称（英文）	专业名称（中文）	总学分	必修课学分	授予学位层次
Ph. D. in Forestry and Environmental Science /Anthropology	林业、环境科学/人类学	16	/	学术型博士
Ph. D. in Ecology and Evolutionary Biology	生态学与进化生物学	/	/	学术型博士
Ph. D. in Genetics	遗传学	/	/	学术型博士
Master of Forestry	林学	48	24	专业学位硕士
Master of Forest Science	林学	48	24	学术型硕士

3.2.1.2　美国佐治亚大学

佐治亚大学 2017 年"QS"世界大学排名第 431～440，U. S. News 美国大学综合排名第 56 位，其博士和硕士研究生涉林专业见表 3-3。美国佐治亚大学涉林研究生专业分布在林业与自然资源学院、生态学院和农业与环境科学学院，各学院专门成立了咨询委员会（Advisory Committee）负责规划学生的专业研究方向和专业课程设置，以协助学生更好地开展学习与科研工作。咨询委员会由学生的专业课教授担任主席，并至少有两名其他学科的教师作为成员。硕士研究生专业学制基本为 2 年，博士研究生专业中只有生态学博士专业和综合保护博士专业明确了学制为 6 年，其余博士研究生专业学制可视自身研究情况而定。

学分方面，部分专业要求学生需要达到一定的总学分和规定的必修课学分，如生态学博士要求修满 30 个总学分和 16 个必修课学分；而超过半数专业只要求达到一定的必修课学分，在总学分上没有硬性要求，如森林资源硕士只要求达到 33 个必修课学分；少数专业对总学分和必修课学分没有硬性要求，需要经过导师和咨询委员会商议，如生态学硕士

表 3-3 佐治亚大学涉林研究生专业设置

专业名称(英文)	专业名称(中文)	总学分	必修课学分	授予学位层次
Ph. D. in Ecology	生态学	30	16	学术型博士
Ph. D. in Integrative Conservation	综合保护	30	16	学术型博士
Ph. D. in Forest Resources	森林资源	30	16	学术型博士
Ph. D. in Plant Pathology	植物病理学	/	18	学术型博士
Ph. D. in Entomology	昆虫学	/	30	学术型博士
Ph. D. in Horticulture	园艺	/	/	学术型博士
M. S. in Ecology	生态学	/	/	学术型硕士
M. S. in Conservation Ecology	保护生态学	30	10	学术型硕士
Master of Forest Resources (MFR in Forest Business)	森林资源(包括森林经营)	/	33	专业学位硕士
Master of Natural Resources	自然资源	/	33	专业学位硕士
Master of Science in Forest Resources	森林资源	/	30	学术型硕士
M. S. in Plant Pathology	植物病理学	/	18	学术型硕士
Master of Plant Protection and Pest Managemen	植物保护与病虫害治理	33	19	专业学位硕士
M. S. in Entomology	昆虫学	30	24	学术型硕士
M. S. in Horticulture	园艺	/	/	学术型硕士

等。由此可见佐治亚大学在学分设置方面较为灵活,不去过多地硬性要求学分,体现学生对于专业课选择的自主性,对于学习和科研兴趣的培养起到促进作用。

3.2.1.3 美国北卡罗来纳州立大学

北卡罗来纳州立大学 2017 年"QS"世界排名第 277 位, U. S. News 美国大学综合排名第 92 位,其博士和硕士研究生涉林专业见表 3-4。可以看出,学校设立了多种林学相关专业,表明了该校对林业教育的重视和投入力度。很多专业同时设置了博士与硕士学位研究生教育层次,如森林生物材料、遗传学和渔业、野生动物和保护生物学等。并且从硕士研究生专业设置中可以看到,几乎所有硕士研究生的专业都同时提供专业学位硕士和学术型硕士两种学位类型和学习模式供学生选择,学校针对不同的学位层次开展有针对性的教学。

课程学分设置方面,除了遗传学硕士与博士都明确提到有必修课学分的要求,其他专业对必修课学分没有提出明确的要求,只是对部分专业的总学分有所要求。如林业和环境资源博士专业要求总学分达到 12 学分;林学专业硕士要求达到 39 学分,林学学术型硕士要求达到 30 学分。总体来说,学院会根据专业的不同学习要求而设置相对应的学分要求。

表 3-4 北卡罗来纳州立大学涉林研究生专业设置

专业名称(英文)	专业名称(中文)	总学分	必修课学分	授予学位层次
Ph. D. in Forestry and Environmental Resources	林业和环境资源	12	/	学术型博士
Ph. D. in Forest Biomaterials	森林生物材料	/	/	学术型博士
Ph. D. in Fisheries, Wildlife, and Conservation Biology	渔业、野生动物和保护生物学	36 ~ 54	/	学术型博士

（续）

专业名称（英文）	专业名称（中文）	总学分	必修课学分	授予学位层次
Ph. D. in Genetics	遗传学	/	17	学术型博士
Ph. D. in Plant Biology	植物生态学	/	/	学术型博士
Ph. D. in Plant Pathology	植物病理学	/	/	学术型博士
Ph. D. in Soil Science	土壤科学	72	/	学术型博士
Master of Forestry	林学	39	/	专业学位硕士
Master of Science in Forestry	林学	30	/	学术型硕士
Master of Forest Biomaterials	森林生物材料	/	/	专业学位硕士
Master of Science in Forest Biomaterials	森林生物材料	/	/	学术型硕士
Master of Fisheries, Wildlife, and Conservation Biology	渔业、野生动物和保护生物学	36	/	专业学位硕士
Master of Science in Fisheries, Wildlife, and Conservation Biology	渔业、野生动物和保护生物学	30	/	学术型硕士
Master of Environmental Assessment Degree	环境评估	30	/	专业学位硕士
Master of Genetics	遗传学	/	17	专业学位硕士
Master of Natural Resources	自然资源	32	/	专业学位硕士
Master of Plant Biology	植物生态学	/	/	专业学位硕士
Master of Science in Plant Biology	植物生态学	/	/	学术型硕士
Master of Plant Pathology	植物病理学	/	/	专业学位硕士
Master of Science in Plant Pathology	植物病理学	/	/	学术型硕士
Master of Science in Soil Science	土壤科学	30	/	学术型硕士
Master of Soil Science	土壤科学	36	/	专业学位硕士

3.2.1.4　美国杜克大学

杜克大学 2017 年"QS"世界大学排名是第 24 位，U. S. News 美国大学综合排名第 8 位，其博士和硕士研究生涉林专业见表 3-5，从表中可以看出杜克大学的林学研究生相关专业设置并不是很多，博士研究生涉林专业包括生态学，硕士研究生涉林专业包括林学专业硕士。专业教学主要由环境学院承担，没有特别设立林学院。学校未对专业所修学分提出具体的要求，学校会根据当年开课情况与教师教学情况来设置学分要求。特别是生态学博士专业，对于总学分和必修课学分都没有明确说明，学制为 5 ~ 6 年；而林学专业学位硕士要求学生毕业达到的总学分为 48 学分，没有明确必修课学分要求，学制为 2 年。

以林学专业学位硕士为例，杜克大学的林学硕士学位共需修满 48 学分，在其入学士的第一学年，学生会有一名课程导师帮助其选择课程并决定硕士毕业课题设计的研究领域；第一年年末，学生须选择一名毕业课题导师；到第二学年，学生通过咨询课程导师的规划建议选择接下来的课程；最终的毕业课题设计可以是个人，也可以是小组形式。

表 3-5　杜克大学涉林研究生专业设置

专业名称（英文）	专业名称（中文）	总学分	必修课学分	授予学位层次
Ph. D. in Ecology	生态学	/	/	学术型博士
Master of Forestry（MF）	林学	48	6 ~ 8	专业学位硕士

3.2.1.5　美国普渡大学

美国普渡大学是世界著名的高等学府，其林学学术研究声望很高，其中普渡大学西拉法叶分校 2017 年"QS"世界排名是第 92 位，U. S. News 美国大学综合排名第 60 位。学校设立了林学与自然科学学院，致力于专门培养高水平的林业人才。普渡大学的涉林研究生专业较为丰富（表 3-6），其中博士研究生涉林专业主要包括林业、生态、野生动物等方向，没有特别明确学制年限；硕士研究生多数专业与博士学位专业设置一致，但都为学术型硕士，学制均为 2 年，没有设置专业学位硕士。

课程学分设置方面，博士专业要求学生毕业达到总学分为 60 学分，其中明确必修课 3 学分，毕业论文占的比重较大，学校比较看重毕业论文内容；硕士专业要求学生毕业达到总学分 30 学分，其中明确必修课 3 学分。由此可以看出，普渡大学对于涉林专业研究生的培养方式还是比较严格的，学分设置要求比较高。

表 3-6　普渡大学涉林研究生专业设置

专业名称（英文）	专业名称（中文）	总学分	必修课学分	授予学位层次
Ph. D. in Forest Biology	森林生态学	60	3	学术型博士
Ph. D. in Forest Measurement and Assessment/GIS	森林测量和评估/ GIS	60	3	学术型博士
Ph. D. in Wood Products and Wood Products Manufacturing	木材和木材加工	60	3	学术型博士
Ph. D. in Ecology of Natural Systems	自然生态系统	60	3	学术型博士
Ph. D. in Quantitative Ecology	数量生态学	60	3	学术型博士
Ph. D. in Natural Resource Social Science	自然资源社会科学	60	3	学术型博士
Ph. D. in Wildlife Science	野生动物学	60	3	学术型博士
Ph. D. in Genetics	遗传学	60	3	学术型博士
Ph. D. in Fisheries and Aquatic Sciences	渔业与水产科学	60	3	学术型博士
Forest Biology	森林生态学	30	3	学术型硕士
Forest Measurement and Assessment/GIS	森林测量和评估/ GIS	30	3	学术型硕士
Natural Resource Social Science	自然资源社会科学	30	3	学术型硕士
Wildlife Science	野生动物学	30	3	学术型硕士
Genetics	遗传学	30	3	学术型硕士
Sustainable Biomaterials	生物材料可持续	30	3	学术型硕士
Fisheries and Aquatic Sciences	渔业与水产科学	30	3	学术型硕士

3.2.1.6　美国西弗吉尼亚大学

西弗吉尼亚大学 2017 年"U. S. News"世界大学综合排名是第 183 位，该校的涉林学科专业特色明显，有很多值得各培养单位学习和借鉴的经验（表 3-7）。从表中可以看出，博士研究生的涉林专业包括森林资源科学、自然资源经济学和遗传学与发育生物学，学生需完成由研究方法、研究生研讨会和教学实习组成的核心计划；硕士研究生涉林专业可供学生选择的方向较多，多为学术型硕士，涵盖了林学、园艺学、植物病理学等多个领域。学校教学主要从技术和专业教育两个方面开展，更多地为学生提供了根据自身发展需要而进行学术项目设计的机会。其中，林学学术型硕士、园艺学学术型硕士、植物病理学学术型硕士、昆虫学学术型硕士的学制均为 2 年，其余博士与硕士专业的研究生没有明确学制要求。

西弗吉尼亚大学对于多数林学硕士专业的学分设置要求：多数硕士专业要求总学分达到 30～36 学分，必修课达到 20～24 学分；其中，林学学术型硕士毕业要求的总学分为 36 分，没有具体必修课学分的要求；植物病理学学术型硕士规定学生需要达到 30 学分，必修课达到 24 学分；野生生物与渔业资源学术型硕士要求学生达到的总学分为 36 学分，没有具体明确必修课学分。而对于博士研究生的总学分和必修课学分方面则没有明确说明。各个专业学分的设置是基于专业课程的开展以及学院师资配置，学院会针对不同学生的学习习惯和兴趣来展开教学，特别针对外国留学生而适当改变授课方式，这体现了教学的灵活性与多样化。

表 3-7　西弗吉尼亚大学涉林研究生专业设置

专业名称（英文）	专业名称（中文）	总学分	必修课学分	授予学位层次
Ph. D. in Forest Resources Science	森林资源科学	/	/	学术型博士
Ph. D. in Natural Resource Economics	自然资源经济学	/	/	学术型博士
Ph. D. in Genetics and Developmental Biology	遗传学与发育生物学	/	/	学术型博士
Forestry	林学	36	/	学术型硕士
Horticulture	园艺学	30	24	学术型硕士
Soil Sciences	土壤学	/	/	学术型硕士
Plant Pathology	植物病理学	30	24	学术型硕士
Genetics and Developmental Biology	遗传学与发育生物学	32	20	学术型硕士
Applied and Environmental Microbiology	应用与环境微生物学	30	24	学术型硕士
Agriculture, Forestry, and Consumer Sciences	农业、林业与消费者科学	36	/	专业学位硕士
Entomology	昆虫学	30	24	学术型硕士
Recreation, Parks, and Tourism Resources	娱乐公园与旅游资源	34	/	学术型硕士
Wildlife and Fisheries Resources	野生动物与渔业资源	36	/	学术型硕士

3.2.1.7　美国路易斯安那州立大学

路易斯安那州立大学 2017 年"QS"世界大学排名第 651～700 位，"U. S. News"世界大学综合排名是第 135 位，其博士和硕士研究生涉林专业见表 3-8。该校博士研究生涉林专业包括植物、环境与土壤科学、植物健康学和昆虫学；硕士研究生涉林专业与博士研究生一致，在设立以上专业的基础上，还增加了昆虫学和园艺学。学校没有单独设立与林学相关的学院，专业课的教学基本都由农学院承担，沿海和生态工程专业由海岸与环境学院承担教学，涉林硕士研究生专业缺少专业学位硕士。

博士专业的毕业学分要求达到55~59学分，其中植物健康学分要求为作物生理学55学分和植物病理学59学分，必修课方面只有植物、环境与土壤科学博士专业有明确规定要修满24学分，其他专业没有明确提到。硕士专业的学分要求方面，沿海和生态工程专业要求总学分达到32学分，其中必修课25学分，植物、环境与土壤科学要求总学分达到54学分，其中必修课24学分，植物健康学分为作物生理学55学分和植物病理学59学分。可以看到，路易斯安那州立大学的硕士博士专业安排具有承接性，硕士学生可较为顺利地申请到该专业领域攻读博士学位。

表3-8 路易斯安那州立大学涉林研究生专业设置

专业名称（英文）	专业名称（中文）	总学分	必修课学分	授予学位层次
Ph. D. in Plant, Environmental & Soil Sciences	植物、环境与土壤科学	60	24	学术型博士
Ph. D. in Plant Health	植物健康学	55/59	/	学术型博士
Ph. D. in Entomology	昆虫学	/	/	学术型博士
Plant, Environmental & Soil Sciences	植物、环境与土壤科学	54	24	学术型硕士
Plant Health	植物健康学	55/59	/	学术型硕士
Coastal and Ecological Engineering	沿海和生态工程	32	25	学术型硕士
Entomology	昆虫学	/	/	学术型硕士
Horticulture	园艺学	/	/	学术型硕士

3.2.1.8 美国缅因大学

缅因大学在美国有着悠久的办学历史，该校2017年"U. S. News"大学综合排名第183位，学校涉林研究生学科专业设置见表3-9，从表中可以看出，学校设置的涉林博士研究生学科专业为林业资源；硕士研究生教育包括学术型研究生教育和专业型研究生教育两类，分别为林学专业学位硕士研究生和林业资源硕士学位型研究生。该校开设的涉林研究生专业较少，教学工作由自然科学、林业与农业学院承担。

课程学分设置方面，学院所有课程的选择由咨询委员会决定，其中，林学专业学位硕士要求的总学分为30学分，其中必修课15学分；林业资源硕士要求的总学分为30学分，其中必修课12学分；林业资源博士则对总学分和必修课学分没有明确的要求。林学专业学位硕士对毕业论文没有要求，但需向咨询委员会提交一份项目研究报告；而林业资源专业的硕士博士则需要完成一篇专业论文并通过审核，在研究开始之前，论文主题和研究计划必须经咨询委员会批准通过。

表3-9 缅因大学涉林研究生专业设置

专业名称（英文）	专业名称（中文）	总学分	必修课学分	授予学位层次
Ph. D. in Forest Resources	林业资源	/	/	学术型博士
Master of Forestry	林学	30	15	专业学位硕士
Master of Science in Forest Resources	林业资源	30	12	学术型硕士

3.2.1.9 美国俄勒冈州立大学

俄勒冈州立大学2017年"QS"世界排名第451~460位，"U. S. News"大学综合排名第

143位，学校设立了林学院来培养林业方面的各类专业人才，其涉林研究生学科专业设置情况见表3-10。可见，俄勒冈州立大学开设的涉林博士研究生教育的学科专业包括：森林生态系统与社会、可持续森林管理、木材科学与工程；硕士研究生教育分专业学位硕士和学术型硕士两种学位类型。学院要求所有学科专业的研究生须掌握相关的林学与生态学原理，以及实践方面的知识与技能，从而为林地生态系统的可持续发展做出贡献。博士专业学制通常为3年以上，专业学位硕士学制通常1年及以上，学术型硕士研究生学制为2年及以上。

俄勒冈州立大学的硕博专业设置具有连续性，几乎每一个硕士专业都可以申请到同专业对口的博士学位。另外，硕士期间学过的课程可以免修。所有博士专业毕业要求达到的总学分为108学分，其中，可持续森林管理专业的必修课学分为19～21学分，木材科学与工程专业的必修课学分为15学分。在硕士专业学分设置方面，所有专业学位硕士和学术型硕士的总学分要求都为45学分，其中，可持续森林管理专业学位硕士要求的必修课学分为17～23学分，可持续森林管理学术型硕士必修课学分为19～21学分，木材科学与工程学术型硕士为13个必修课学分。而各专业的选修课课程内容则需要与学院的咨询委员会来积极沟通，并最终制定课程内容。

表3-10 俄勒冈州立大学涉林研究生专业设置

专业名称(英文)	专业名称(中文)	总学分	必修课学分	授予学位层次
Ph. D. in Forest Ecosystems and Society	森林生态系统与社会	108	/	学术型博士
Ph. D. in Sustainable Forest Management	可持续森林管理	108	19～21	学术型博士
Ph. D. in Wood Science and Engineering	木材科学与工程	108	15	学术型博士
Forest Ecosystems and Society(MF)	森林生态系统与社会	45	/	专业学位硕士
Forest Ecosystems and Society(MS)	森林生态系统与社会	45	/	学术型硕士
Sustainable Forest Management(MF)	可持续森林管理	45	17～23	专业学位硕士
Sustainable Forest Managemen(MS)	可持续森林管理	45	19～21	学术型硕士
Wood Science and Engineering(MS)	木材科学与工程	45	13	学术型硕士

3.2.1.10 加拿大不列颠哥伦比亚大学

不列颠哥伦比亚大学是一所国际知名学府，该校2017年"QS"世界大学排名位居第45位，并且拥有较为成熟的林业研究生教育体系，其涉林研究生教育的学科专业设置情况见表3-11。从表中可以看出，不列颠哥伦比亚大学涉林博士研究生教育学科专业有林学、植物学和土壤学；硕士研究生教育分专业学位硕士和学术型硕士两种类型。学校设立了林学院开展林业相关专业的教学任务，植物学与土壤学专业由土地与食品系统学院承担教学任务。值得一提的是，该校的林学专业学位硕士采取了与欧洲大学联合培养的模式，研究生在学习完本校课程的基础上可选择进入与其他欧洲联合培养的大学进行课程学习，特别是实践类课程的学习。这种联合培养的模式不仅丰富了相关专业领域知识，还进一步提升了林学课程的质量。博士专业的学制为5年及以上；硕士学制方面，可持续森林管理专业学位硕士学制为9个月；国际林业专业学位硕士学制为10个月；林学专业学位硕士学制为2年；林学以及林业应用学术型硕士学制为2～3年。

不列颠哥伦比亚大学涉林硕士研究生的总学分基本都规定为 30 学分，国际林业为 31 学分；必修课方面，林学专业学位硕士 24~27 学分、可持续森林管理 21 学分、国际林业 28 学分、林学学术型硕士 12~24 学分、林业应用 12~24 学分、植物学 12~18 学分、土壤学 12 学分，各专业都根据自身专业的性质和授课内容来制订不同的学分方案。在博士专业中都没有对总学分和必修课学分提出明确的要求，学生需要与学院的咨询委员会商议制定博士课程内容，并通常被要求在最后一学期提交学术论文。

表 3-11　不列颠哥伦比亚大学涉林研究生专业设置

专业名称（英文）	专业名称（中文）	总学分	必修课学分	授予学位层次
Ph. D. in Forestry	林学	/	/	学术型博士
Ph. D. in Plant Science	植物学	/	/	学术型博士
Ph. D. in Soil Science	土壤学	/	/	学术型博士
Master of Forestry	林学	30	24~27	专业学位硕士
Master of Sustainable Forest Management	可持续森林管理	33	21	专业学位硕士
Master of International Forestry	国际林业	31	28	专业学位硕士
Master of Science in Forestry	林学	30	12~24	学术型硕士
Master of Applied Science in Forestry	林业应用	30	12~24	学术型硕士
Master of Science in Plant Science	植物学	30	12~18	学术型硕士
Master of Science in Soil Science	土壤学	30	12	学术型硕士

3.2.1.11　加拿大多伦多大学

多伦多大学 2017 年"QS"世界大学排名位居第 32 位，是一所国际一流的综合性学府，该校博士和硕士研究生教育的涉林学科专业见表 3-12，其中林学、生态学与进化生物学两个学科专业都开展博士和硕士学位层次的研究生教育，硕士学位研究生教育还设置了森林保护学专业学位硕士。森林保护学专业学位研究生教育主要侧重实际的野外实践和相关实验室课程学习，学校致力于为学生提供在本国或其他国家野外考察与实习的机会。

生态学与进化生物学博士专业与林学博士专业学制通常为 4~5 年，硕士专业通常 12~16 个月不等。学校没有特别明确各专业的学分要求，学院会根据当年的授课等情况来制定学分。学校在教学内容方面比较侧重实地考察以及实习项目，鼓励学生多参与相关的室外课程学习，除了学习林业相关的理论与实践知识，还重视培养学生的沟通交流、团队协作等社会技能。

表 3-12　多伦多大学涉林研究生专业设置

专业名称（英文）	专业名称（中文）	总学分	必修课学分	授予学位层次
Ph. D. in Ecology & Evolutionary Biology	生态学与进化生物学	/	/	学术型博士
Ph. D. in Forestry	林学	/	/	学术型博士
Master of Science in Ecology & Evolutionary Biology	生态学与进化生物学	/	/	学术型硕士
Master of Science in Forestry	林学	/	/	学术型硕士
Master of Forest Conservation	森林保护学	/	/	专业学位硕士

3.2.1.12 英国阿伯丁大学

阿伯丁大学是一所具有悠久历史的著名英国高校,该校 2017 年"QS"世界大学排名第 141 位。其涉林研究生教育学科专业设置情况见表 3-13。可以看出,阿伯丁大学没有明确具体的博士专业名称,学制要求为 3.5 ~ 4 年,学生需要与导师共同商讨专业方向,并在导师的指导下接受具体的课程学习任务。涉林硕士研究生学科专业包括环境与森林管理、土壤学、环境科学和生态保护学,硕士就读形式分为 3 类:授课型学习(Taught)、为期一年的研究型学习(Research)和为期两年的哲学硕士(Master of Philosophy)。通常来说,就读完哲学硕士(Master of Philosophy)多数情况下可以直接就读博士,并常被认为是博士学习的一部分。

表 3-13 阿伯丁大学涉林研究生专业设置

专业名称(英文)	专业名称(中文)	总学分	必修课学分	授予学位层次
MSc Environmental & Forest Management	环境与森林管理	120	/	学术型硕士
MSc Soil Science	土壤学	/	/	学术型硕士
MSc Environmental Science	环境科学	/	96	学术型硕士
MSc Ecology and Conservation	生态保护学	/	52.5	学术型硕士

3.2.1.13 丹麦哥本哈根大学

哥本哈根大学 2017 年"U.S. News"世界大学排名位居第 68 位,该校在林业教育培养模式中有其特色。对于涉林博士研究生教育的专业,丹麦哥本哈根大学在科学学院设有与林学相关的研究方向,但没有具体的专业名称,与林学相关的博士研究生教育被安排在地球科学和自然资源管理系、植物与环境科学系,具体专业方向需与导师进一步讨论确定;该校在硕士研究生教育中开设了大量的联合培养硕士专业学位研究生教育项目(表 3-14),硕士研究生的学制一般为 2 年,例如:可持续森林及自然管理、热带可持续林业两个专业是由欧盟资助的学习项目,称为"伊拉斯莫斯"(Erasmus Mundus)计划,该计划旨在培养高水平的科学研究型人才。可持续森林及自然管理、热带可持续林业两个专业,由 5 所欧洲大学联盟共同提供联合教学,项目要求学生需要选择在两个大学中开展学习,毕业会获得双学位证书,并且得到欧盟奖学金的资助。

课程学分方面,森林及自然管理硕士要求总学分达到 120 学分,必修课学分为 52.5 学分,论文分为 30 学分和 45 学分两种模式;可持续森林及自然管理专业总学分需达到 120 学分,必修课为 60 学分,论文 30 学分;热带可持续林业专业总学分需达到 120 学分,必修课要求 60 学分,论文 30 学分;自然管理专业需达到 75 或 90 总学分,必修课学分要求 45 学分。以自然管理硕士专业为例,课程通常在第一学年开展,第二学年主要是做论文的相关研究,其中论文分为 30 学分和 45 学分两种,两种学分的论文所需时间以及研究内容有所区别,相比 30 学分的论文,45 学分的论文所需时间更长,研究内容更加深入,难度相对较大,学生会根据自身学习情况和导师建议来选择相应的论文研究。

表 3-14　哥本哈根大学涉林研究生专业设置

专业名称(英文)	专业名称(中文)	总学分	必修课学分	授予学位层次
MSc in Forest and Nature Management	森林及自然管理	120	52.5	学术型硕士
MSc in Sustainable Forest and Nature Management (SUFONAMA)	可持续森林及自然管理	120	60	学术型硕士
MSc in Sustainable Tropical Forestry (SUTROFOR)	热带可持续林业	120	60	学术型硕士
MSc in Nature Management	自然管理	75~90	45	学术型硕士

3.2.1.14　瑞典农业科学大学

瑞典农业科学大学是欧洲著名的农林学科专业院校,2017 年"Times"世界大学排名第251~300 位。表 3-15 为瑞典农业科学大学涉林研究生教育学科专业设置情况,该校没有明确具体的博士研究生学科专业名称,学生需根据自身的学习方向与导师商讨确定具体的博士研究内容;涉林硕士研究生教育的学科专业设置比较多元化,有多个专业与欧洲其他大学通过联合培养方式来开展研究生教育,如可持续森林及自然管理专业,该专业的研究生课程教学任务由丹麦哥本哈根大学等 5 所欧洲大学联盟所共同提供(同哥本哈根大学可持续森林及自然管理专业)。学校教学目的是培养全球化、高水平的林业管理人才。

瑞典农业科学大学所有涉林硕士研究生毕业要求总学分为 120 学分,一般学制为 2 年,必修课学分要求基本都设置为 60 学分,只有土壤与水资源管理硕士专业的必修课要求为 30 学分。学校重视学生对于林业管理以及政策相关内容的学习,侧重培养学生对于林业系统相关问题分析的宏观视角以及综合技能的学习能力。

表 3-15　瑞典农业科学大学涉林研究生专业设置

专业名称(英文)	专业名称(中文)	总学分	必修课学分	授予学位层次
Euroforester	欧洲林务员	120	60	专业学位硕士
Plant Biology	植物生物学	120	60	学术型硕士
Soil and Water Management	土壤与水资源管理	120	30	学术型硕士
Sustainable Forest and Nature Management	可持续森林及自然管理	120	60	学术型硕士
Management of Fish and Wildlife Populations	鱼类和野生动物种群管理	120	60	学术型硕士

3.2.1.15　澳大利亚墨尔本大学

墨尔本大学 2017 年"QS"世界大学排名位居第 42 位,其博士和硕士研究生教育涉林学科专业见表 3-16。墨尔本大学涉林博士研究生学科专业包括森林生态系统科学和植物学;硕士研究生教育学科专业包括:森林生态系统科学和城市园艺学。该学校没有典型的林学学科研究体系,没有特别设立林学院,由理学院开设并承担教学任务。

在学制上,森林生态系统科学专业与植物学专业的博士学制一般至少是 4 年,没有明确总学分和必修课学分。森林生态系统科学学术型硕士和城市园艺学专业学位硕士学制通常为 2 年。在课程学分要求上,以城市园艺学为例,学位总学分要求为 200 学分,这其中包括必修课程 50 学分、专业及工具类课程 25 学分、定点项目即毕业论文 25 学分、选修

表 3-16　墨尔本大学涉林研究生专业设置

专业名称(英文)	专业名称(中文)	总学分	必修课学分	授予学位层次
Ph. D. in Forest Ecosystem Science	森林生态系统科学	/	/	学术型博士
Ph. D. in Botany	植物学	/	/	学术型博士
Forest Ecosystem Science	森林生态系统科学	200	125	学术型硕士
Master of Urban Horticulture	城市园艺学	200	50	专业学位硕士

课至少 75 学分，剩余 25 学分可以从普通选修课或学科选修课中选择。

3.2.2　特点分析

从以上 15 所国外涉林高校研究生教育的学科专业设置调研结果可以看出，国外高水平大学在高层次人才培养的学科专业设置中主要有以下几个特点：

（1）博士学位研究生教育的学科专业设置更灵活、更宽广与综合

很多高校不设置开展博士研究生教育具体的学科专业名称，由学生与导师共同商讨专业名称和研究内容，并在导师的指导下接受具体的课程学习任务。如英国阿伯丁大学只规定博士研究生的学制为 3.5～4 年，没有明确具体的博士专业名称；丹麦哥本哈根大学在科学学院设有林学相关的研究方向，但没有具体的博士学位专业名称；瑞典农业科学大学也没有明确具体的博士专业名称。

同时，开展博士研究生教育的学科专业设置较为宽泛，涉及的领域较广，如美国耶鲁大学的林业、环境科学与人类学、生态学与进化生物学专业开展博士研究生教育；美国北卡罗来纳州立大学的林业和环境资源专业开展学术型博士研究生教育；美国路易斯安那州立大学开展植物、环境与土壤科学专业的学术型博士生教育；缅因大学在林业资源专业开展博士研究生教育；美国俄勒冈州立大学开展森林生态系统与社会专业的学术型博士研究生教育；加拿大多伦多大学开展生态学与进化生物学博士生教育；澳大利亚墨尔本大学在森林生态系统科学专业开展学术型博士研究生教育，这些学科专业内涵都很宽广与综合，很多专业都是从综合化、全球化、生态系统综合角度培养高层次人才的。

（2）学位层次设置齐全、类型丰富

被调研的 15 所国外高校中，除美国路易斯安那州立大学未开展专业学位研究生教育外，其余高校均开展博士研究生、学术型硕士研究生和专业学位研究生教育，不同层次、不同类型的博士、硕士研究生教育学科专业设置齐全，能满足社会经济发展需要的各类高层次人才培养的需求。如美国北卡罗来纳州立大学几乎所有的涉林学科专业都同时开展学术学位和专业学位的硕士研究生教育，学校针对不同的学位层次开展有针对性的教学方式；佐治亚大学既开展森林资源专业的学术型博士研究生教育，又开展森林资源学术型硕士和专业型硕士研究生教育；普渡大学在森林生态学和自然资源社会科学专业都开展博士研究生和硕士研究生教育；路易斯安那州立大学在植物环境与土壤科学、植物健康学、昆虫学专业都开展博士学位和硕士学位研究生教育；缅因大学在林业资源专业开展博士、硕士研究生教育；俄勒冈州立大学的森林生态系统与社会、可持续森林管理、木材科学与工程 3 个专业既开展学术型博士研究生教育，又开展学术型硕士、专业型硕士研究生教育；不列颠哥伦

比亚大学在林学、植物学、土壤学都开展学术型博士、学术型硕士、专业型硕士研究生教育；多伦多大学在林学、生态学与进化生物学专业都开展博士、硕士研究生教育。

博士学位研究生教育的学科专业相对于硕士层次的研究生教育学科设置更综合化，如耶鲁大学在林业、环境科学与人类学开展学术型博士研究生教育，而在林学开展学术型硕士研究生和专业型硕士研究生教育，林学的范畴相对于林业、环境科学与人类学范畴就小了很多；北卡罗来纳州立大学在林业和环境资源专业开展学术型博士研究生教育，而在林学开展学术型硕士和专业型硕士研究生教育；杜克大学设置了生态学的学术型博士学位与林业硕士学位。

（3）专业学位硕士研究生教育中培养模式多元化

硕士学位研究生教育层次上，大多数高校都同时开展学术型硕士学位和专业型硕士学位研究生教育，如佐治亚大学在森林资源专业既开展学术型硕士研究生教育，也开展专业型硕士研究生教育；北卡罗来纳州立大学在林学、森林生物材料、土壤科学3个专业都开展学术型和专业型硕士研究生教育。

加拿大不列颠哥伦比亚大学的林学专业学位硕士采取了与欧洲大学联合培养的模式，在学习完本校课程的基础上，可以选择进入与其他欧洲联合培养的大学进行特别是实践课的学习。这种联合培养的模式不仅丰富了相关专业领域知识，还进一步提升了林学课程的质量；英国阿伯丁大学涉林硕士研究生专业包括环境与森林管理、土壤学、环境科学和生态保护，硕士就读形式分为3类：授课型学习（Taught）、为期一年的研究型学习（Research）和为期两年的哲学硕士（Master of Philosophy）。通常来说，就读完哲学硕士（Master of Philosophy）多数情况下可以直接就读博士，常被认为是博士学习的一部分；哥本哈根大学在硕士研究生教育中开设了大量的联合培养硕士专业项目，如可持续森林及自然管理和热带可持续林业专业是由欧盟资助的学习项目，称为"伊拉斯莫斯"计划，该计划旨在培养高水平的科学研究型人才；瑞典农业科学大学涉林硕士研究生专业的设置比较多元化，有多个专业是与欧洲其他大学开展联合培养，如可持续森林及自然管理专业，同样是作为"伊拉斯莫斯"计划的一部分，该专业的研究生教学由瑞典农业大学与丹麦哥本哈根大学等5所欧洲大学联盟所共同提供，项目要求学生需要选择在两个大学中开展学习，毕业会获得双学位证书，并且得到欧盟奖学金资助学。

（4）鼓励团队培养和交叉融合

如美国佐治亚大学的研究生培养是由咨询委员会来负责规划研究生的专业研究方向和专业课程设置的，咨询委员会的主席由研究生所在专业的教授担任，但至少要有两名其他学科的教师作为成员，即鼓励团队培养和鼓励学科专家之间的交叉融合，类似于我国研究生培养中的导师组培养模式，但更具实体性。

3.3　国外大学涉林专业研究生培养目标

3.3.1　典型案例介绍

通过总结和分析国外知名大学林学相关专业研究生的培养目标，以吸取其先进的培养管理理念，为我国林学研究生的培养提供可参考的依据。以上所调研的涉林研究生专业所在的大学几乎分布于世界林业系统结构最为完善的国家。这里以美洲、欧洲以及大洋洲的各大学校林学研究生培养目标为例，阐述林学研究生培养在各大洲的开展情况以及特色内容。

3.3.1.1　美洲林学研究生培养

以美国耶鲁大学、佐治亚大学、俄勒冈州立大学和加拿大多伦多大学为例，详细论述各个大学的林学研究生培养目标。

（1）美国耶鲁大学

耶鲁大学林业专业硕士培养目标：培养在复杂的社会、政治和生态背景下能够对森林资源进行管理与政策制定的林业职业化人员。就业机会包括私营森林管理部门（公司或咨询）、公共部门森林管理部门（联邦、州和县级及当地政府）、森林资源监管与保护部门（政府、私营或非政府组织）和教育部门。制定课程的两个主导培养思路是"多学科的全面学习"和"综合知识体系的逐步整合"。整体课程以培养从事林业资源管理和政策制定工作的专业性人才为目的而设立，培养方案具体体现在以下 3 个教学阶段：第一阶段"构建基础知识库"，主要为日后知识框架的整合打下基础，该课程鼓励学生先了解资源、人口和社会的状况，再制定管理和政策解决方案；第二阶段"知识整合的框架和技能"，此阶段的学习既重视技术与框架的知识，也重视数量分析能力，以培养精通在时间和空间上测量资源以及人类活动等信息的人才；第三阶段"知识的分析与综合运用以及毕业论文"，目的是使学生具备在现实社会中解决重要问题的能力和处理可能发生的资源冲突的能力。

学生需要在完成规定的学习与科研内容的情况下，还需要培养一定的管理技能，如领导能力，这被学校看作是一种旨在强化学生的分析能力、沟通能力和文字表达能力的正式的研讨会或项目课程。此外，学校经常鼓励学生利用假期时间，运用学习和管理的技能进行独立研究并在期刊上发表论文。

（2）美国佐治亚大学

美国佐治亚大学注重学生的创新性研究，强调学生的实践能力和团队工作能力，培养学生的独立思考能力和综合素质。在培养过程中，学校以解决实际问题为出发点，授课形式与课程考核方式灵活，跨专业课程较多。相关林学领域毕业生就业方向广泛，包括林地投资公司、木材经销商、能源公司、美国森林服务部、土地信托等部门；佐治亚大学会推荐优秀毕业生参加国际性组织，如联合国、国际粮农组织、经济贸易合作组织、世界银行等。学校注重学习过程与工作内容的衔接，学生在林业学习中会面对具体工作中所要面临的挑战，同时学习到工作中需要应用的专业技能，为进入相关林业部门工作打好理论与实践基础。

（3）美国俄勒冈州立大学

林业专业硕士（MF）的培养目标：培养在林业部门（包括公立和私营）任职的林业专家和从事自然资源的管理人员，学生应掌握森林经理的原理与实践方面的知识与技能，为各种林产品和林地生态系统提供服务。培养标准：能够完成一项创造性工作，熟练掌握本领域知识，能够在理性科学范围内进行专业活动。MF 不仅是培养学生的研究兴趣或继续深造而获得更高学位，学生通常需要完成一个技术性项目，而不是研究论文。学制 1 年或 1

年以上。

林业学术硕士(MS)的培养目标：主要培养从事科研或教学人员，需要在某一研究领域有所专攻。学生主要通过研究论文的训练，培养对原创研究的兴趣及具有专业知识和研究能力的人才。培养标准：能够开展研究工作，熟练掌握本领域知识，在伦理范围内进行学术活动。MS可以是个终结学位，也可以继续攻读博士学位。MS学制通常2年或2年以上。

林业博士学位(MD)研究生的培养目标：培养教学或科研人员。学生应具有有关管理和资源问题的广阔知识，同时在某一研究领域方面具有深入扎实的研究。博士论文和有关研究应发挥两个作用，一是使学生对某一具体技术领域的知识有深入的了解，二是在形成概念、计划、实施和汇报一个主要研究项目方面积累经验。博士学位的学制一般为3年或3年以上。培养标准：能够在知识的原创性方面做出重要贡献，熟练掌握本领域知识，在理性科学范围内进行学术活动。此外，要求博士毕业生能够熟练掌握科研方法和教学方法。

(4)加拿大多伦多大学

加拿大拥有丰富的森林资源，林业发展比较成熟，这成为加拿大发展林业资源的基础条件。多伦多大学注重专业实验方法与实际应用技能的结合，在课程教学中有很大比重是要求学生参加讨论和内容展示；在项目研究中要求学生参与实验室实验，熟悉林学实验操作流程。由此可见，学校注重培养学生的实践、创新和综合学习的能力。多伦多大学相关涉林研究生专业主要培养内容包括：森林可持续经营、城市林业、林业经济、森林治理与政策、野生动物保护、森林培育等。学生需从全球化的视角看待森林保护问题，并进行实际的森林和环境保护项目工作。要求学生在林业研究领域中，将野外考察与实验相结合，独立完成项目设计，掌握样品采集、实验处理、分析评价等技能，以适应当地及国际林业相关企业提出的新要求。

3.3.1.2 欧洲林学研究生培养

以丹麦哥本哈根大学和英国阿伯丁大学为例，详细阐述两所大学的林学研究生培养目标。

(1)丹麦哥本哈根大学

丹麦哥本哈根大学致力于培养学生的综合素质，特别是学生专业能力的应用方面。学校提供了多种跨学科的林学专业学位项目，主要目标是培养高层次的林业人才，从而能够应对现代林业的巨大挑战。毕业生将获得林业和自然管理相关的工作与学习能力，具备重要的理论基础，拥有林学实践与国际学习的经验，以及跨学科的研究能力。由于哥本哈根大学在林学研究中着力发展可持续林业，从而在对专业学生的培养过程中要求学生以可持续林业为发展目标，使其能够在生态、经济和全球社会的要求下，为林业和自然环境的可持续方面做出贡献。

优秀的硕士毕业生可以较容易地申请到本校更高层次的博士专业，进一步开展林学相关研究。学生毕业后可以从事的工作范围包括：国际和政府机构，区域森林和自然办事处，私人公司和非政府组织。哥本哈根大学涉林专业毕业生经常能够申请到的国际组织有：世界自然基金会、联合国粮农组织、联合国环境规划署等。这体现了哥本哈根大学对于学生综合素质的培养，强调了培养过程中的专业性和实践性。

（2）英国阿伯丁大学

英国阿伯丁大学提供的相关涉林博士与硕士研究生专业，主要培养学生在林业资源保护与管理和政策制定方面的能力。学生会经常与政府或林业研究人员合作处理在森林实践中的相关问题，还被鼓励参加国内和国际间的学术研讨。在培养过程中，各专业的培养目标有所区别，例如：环境与森林管理硕士专业以环境管理、环境服务、木材生产和社区林业为主要培养内容，毕业生可以在英国或海外的私营与公共林业资源管理部门就职；生态保护硕士专业以林业治理、环境保护与咨询等为主要培养内容，旨在培养生态或环境保护专业的综合性人才，未来就业集中在环保咨询、污染治理、政策制定等方向。

英国阿伯丁大学与许多欧洲学校开展了联合培养等教学方式，鼓励学生到欧洲或其他国家进行学习交流。这种培养模式不仅使涉林专业研究生能够应对当地有关林业问题的挑战，还对世界林业可持续发展、森林资源保护与利用、森林经营与管理等研究理论与方法有所掌握。使学生更具国际视野，不仅能够应对当地相关林业问题的挑战，更能在全球森林保护与管理方面做出贡献。

3.3.1.3　大洋洲林学研究生培养

大洋洲林学研究生培养以澳大利亚墨尔本大学为例，详细阐述其林学研究生培养目标。

墨尔本大学对于硕士研究生的培养，不仅要求学生掌握专业相关的理论知识，还注重培养学生在实践和工作中所需要的多方面技术和能力。如大学为森林生态系统科学专业的硕士研究生提供专业知识、技巧和分析能力的培养，使其符合全球范围内林业与自然资源管理企业的要求，学生将学习到气候变化科学、水资源管理和生物多样性保护等方面的知识，并培养出具备进行该领域重要实践工作方面的能力；而对城市园艺的专业硕士研究生则更注重其相关技能的培养，该硕士学位汇集了城市环境中社会及商业方面的理论知识和设计技巧，用以改善城市及城市周边社区的绿化方式，在此过程中提高学生在技术、设计、规划、理论、实践和管理等多方面的技能。

而对于博士研究生的培养，则更注重其科研技能和深层次知识的掌握，力图培养博士研究生在其研究工作中所需的学术领导力、日益增进的独立性、创造力和创新性，为其将来从事科学研究奠定良好基础，并且学生在毕业前需要具备与科研相关的多方面品质与能力。以墨尔本大学植物学博士和森林生态系统科学博士为例，学校将重点培养包括开展研究和制订可行性的研究计划能力；设计、执行和原创研究的实际能力；评定和综合以研究为基础和撰写学术论文的卓越能力；对相关领域的关键学科和多学科发展的标准和观点的卓越理解力；在不断变化的学科环境之中的批判分析能力；通过口头和书面交流，向各层次的受众来传播研究和学术结果的能力；对真理和知识完整性以及研究和学术伦理的深刻尊重；先进的信息管理设备，研究领域所需的计算机系统和软件的应用能力；在知识产权管理和创新、发明商业化相关问题上的意识能力；向相关机构起草申请书的能力，如基金机构和科学委员会等。学校为促进学生获得这些特性提供了各种各样的机会和额外的导师研究项目。博士研究生在毕业后不仅要求储备林业生态系统的相关知识，更需站在林业发展的前沿去发现问题和解决问题，在区域乃至于全球林业保护、恢复工作中发挥作用。

3.3.2 特点分析

(1)学位层次齐全、不同层次和类型研究生的培养目标清晰

国外高水平大学不同学位层次、类型的研究生培养目标非常明确，不同的学位类型对应不同的就业去向，如学术型硕士和专业硕士的培养目标非常明确，学术型硕士的培养标准是能够开展研究工作，熟练掌握本领域知识，在理性科学范围内进行学术活动，学术型硕士可以是终结学位，也可以继续攻读博士学位，学制通常为2年或2年以上；而专业学位不是培养学生的研究兴趣或鼓励继续深造攻读更高学位，而要求学生完成一个技术性项目，而不是研究论文，学制一般为1年或1年以上。林业博士学位研究生的培养目标是培养教学或科研人员，学生应具有学科相关管理和资源问题的广阔知识，同时在某一研究领域进行深入扎实的研究；博士研究生的学制一般为3年或3年以上，培养标准是能够在知识的原创性方面做出重要贡献，熟练掌握本领域知识，在科学理性范围内进行学术活动。此外，要求博士毕业生能够熟练掌握科研方法和教学方法。

(2)社会经济和行业现状决定高层次人才的培养目标

不同国家林业及生态环境资源的现状不同、林业行业需要解决的实际问题或面临的矛盾不同，林业高层次人才的培养目标和方向则完全不同，如加拿大拥有丰富的森林资源，林业发展比较成熟，多伦多大学就很注重培养学生的实践、创新和综合学习的能力，涉林专业项目以森林可持续经营、城市林业、林业经济、森林治理与政策、野生动物保护、森林培育等为主；英国阿伯丁大学主要培养学生在林业资源保护与管理和政策制定方面的能力；丹麦哥本哈根大学致力于培养学生的综合素质，重视林业的可持续发展，培养研究生林业和自然资源管理相关的能力，使其能够在生态、经济和全球社会的要求下，为林业和自然环境的可持续方面做出贡献。

(3)注重全球视野培养

高水平大学重视研究生的全球视野培养，如阿伯丁大学与许多欧洲学校开展了联合培养项目等培养模式和学习方式，鼓励学生到欧洲或其他国家进行学习交流。这种培养模式可以帮助涉林专业的研究生对世界林业可持续发展、森林资源保护与利用、森林经营与管理等研究理论与方法有所掌握。使学生更具国际视野，不仅能够应对当地相关林业问题的挑战，更能在全球森林保护与管理方面做出贡献；丹麦哥本哈根大学为学生提供了多种交叉学科的林学专业学位项目和联合培养项目，使研究生具备重要的理论基础，拥有林学实践与国际学习的经验，以及跨学科的研究能力，涉林专业毕业生经常能够申请到国际组织如世界自然基金会、联合国粮农组织、联合国环境规划署等工作的机会；佐治亚大学会推荐优秀毕业生到国际性组织，如联合国、国际粮农组织、经济贸易合作组织、世界银行等机构工作。

(4)注重实践能力和团队公关能力培养

国外高水平大学注重对研究生的应用实践能力和团队协作能力的培养，如美国佐治亚大学注重学生的创新性研究，强调学生的实践能力和团队工作能力培养，授课形式与课程考核方式灵活，跨专业课程较多；英国阿伯丁大学主要培养学生在林业资源保护与管理和政策制定方面的能力，学生会经常与政府或林业研究人员合作处理在森林实践中的相关问

题, 还被鼓励参加国家和国际间的学术研讨; 加拿大多伦多大学注重学生的实践、创新和综合学习的能力培养, 在课程教学中有很大比重是要求学生参加讨论和内容展示, 在项目研究中要求学生参与实验室的具体实验内容, 熟悉林学实验的操作流程。

3.4　国外大学涉林专业研究生课程体系设置

3.4.1　典型案例介绍

3.4.1.1　美国耶鲁大学

以林学专业学位硕士研究生课程体系为例分析耶鲁大学涉林专业研究生的课程体系设置特点, 耶鲁大学林学专业学位硕士研究生的课程体系设置详见表 3-17。可以看出, 耶鲁大学林学专业学位硕士研究生的课程按照"生物科学类""物理科学类""社会科学类""经济学类""测量学类""资源管理类""专业技能类""专业知识与实地考察"和"定点项目"共分为 9 大类。每一大类课程中都包含 2~3 门甚至十多门课程, 内容非常丰富, 没有固定的必修课要求, 但要求从每一大类或领域课程中都至少选 1 门课程, 具体的课程由学生根据自身情况和导师的建议进行选择, 总学分要求为 48 学分。同时要求有两年的在校时间和暑期实习或研究的经历, 入学前完成技术技能的培训。其次, 从表 3-17 也可以看出, 耶鲁大学很重视基础课程、专业技能课程和方法类课程的学习, 其基础课程模块就包括了生物科学、物理科学和社会科学三大类, 专业技能类课程主要培养研究生解决实际问题的能力, 而方法类课程包括研究方法和写作, 以及综合知识应用能力。

博士研究生的课程学习以"林业、环境科学与人类学"专业为例, 总学分要求为 16 学分, 没有具体必修课学分的要求。通常情况下, 博士学位有毕业论文的要求, 首先, 要求学生准备一份 50~100 页的全面的论文研究计划, 并通过学术委员会的审核; 其次, 需要进行正式答辩, 答辩是在委员会的内部进行, 学生共有两次答辩通过机会; 最后, 需提交完整的毕业论文, 论文共有两次机会来通过最终审核, 若二次审查失败, 学生将不允许被授予博士学位, 但可以申请获得硕士学位。学校要求博士研究生在第四和第五学期分别安排综合考试和项目答辩, 并需要平均长达 18 个月的野外考察, 为最终的毕业论文写作服务。

表 3-17　耶鲁大学林学专业硕士研究生的课程体系

	课程代码	课程名称(英文)	课程名称(中文)	学分	类型及要求
生物科学类	F&ES 654A	Structure, Function and Development of Trees and Other Vascular Plants	树木和其他维管植物的结构、功能和发展	3	领域 1: 树木生理学、形态学、分类学
	F&ES 731B	Tropical Field Botany	热带野外植物学	3	
	F&ES 656B	Physiology of Trees and Forests	树木和森林生理学	3	
	F&ES 671A	Natural History and Taxonomy of Trees	自然历史与树木分类	3	
	F&ES 732A	Tropical Forest Ecology	热带森林生态学	3	领域 2: 森林生态学和森林生态
	F&ES 530A	Ecosystems and Landscapes	景观与生态系统	4	
	F&ES 660A	Forest Dynamics: Growth & Development of Forest Stands	森林动态: 森林的生长与发展	3	

（续）

课程代码		课程名称（英文）	课程名称（中文）	学分	类型及要求
生物科学类	F&ES 738A	Aquatic Ecology	水生生态学	4	领域3：野生动物与社会生态性
	F&ES 740B	Dynamics of Ecological Systems	生态系统动态	3	
	F&ES 650B	Fire：Science and Policy	森林火灾：科学与政策	3	
	F&ES 651B	Forest Ecosystem Health：Urban to Wilderness	森林生态系统健康：从城市到野外	3	领域4：森林健康
	F&ES 663A	Invasive Species：Ecology，Policy and Management	物种入侵：生态，政策与管理	3	
物理科学类	F&ES 709A	Soil Science	土壤学	3	土壤与地质学
	G&G 210A	Physical and Environmental Geology	物理与环境地质学	/	
	F&ES 515A	Physical Sciences for Environmental Management	环境管理物理学	3	水文学
	F&ES 714A	Environmental Hydrology	环境水文学	3	
	F&ES 708A	Biogeochemistry and Pollution	生物地球化学与污染	3	
	F&ES 719A	River Processes & Restoration	河流处理与恢复	3	
	F&ES 724B	Watershed Cycles &Processes	流域循环与过程	3	
	F&ES 703B	Climate and Life	气候与生命	3	
	G&G 322A	Introduction to Meterology and Climatology	气象学与气候学概论	/	生物气象学
社会科学类	F&ES 836A	Agrarian Societies：Culture，Society，History and Development	农业社会：文化、社会、历史与发展	3	社会政治生态学与人类学
	F&ES 535A	Social Science of Development and Conservation	社会科学的发展与保护	3	
	F&ES 520A	Society & Environ：Intro to Theory & Method	社会与环境：理论方法概论	3	
	F&ES 739B	Species and Ecosystem Conservation：an Interdisciplinary Approach	物种与生态系统保护：跨学科方法	3	政策科学与法律
	F&ES 824B	Environmental Law and Policy	环境法律与政策	3	
	F&ES 826A	Foundations of Natural Resource Policy & Management	自然资源政策与管理基础	3	
	F&ES 525A	The Politics and Practice of Environmental and Resource Policy	环境与资源政策的政治与实践	3	
	F&ES 829B	International Environmental Policy Governance	国际环境政策管理	3	
经济学类	F&ES 680A	Forest and Ecosystem Finance	森林与生态系统金融	3	
	F&ES 804A	Economics of Natural Resource Management	自然资源管理经济学	3	
	F&ES 802B	Valuing the Environment	环境评估	3	
	F&ES 505A	Economics of the Environment	环境经济学	3	
测量学类	F&ES 751B	Sampling Methodology and Practice	抽样方法与实践	3	
	F&ES 753A	Regression Modeling of Ecological and Environmental Data	生态环境数据的回归模型	3	
	F&ES 510A	Introduction to Statistics for the Environmental Sciences	环境科学统计概论	3	
	F&ES 758B	Multivariate Statistical Analysis	多元统计分析	3	

（续）

	课程代码	课程名称（英文）	课程名称（中文）	学分	类型及要求
造林学	F&ES 659B	Principles in Applied Ecology: the Practice of Silviculture	应用生态学原理：造林实践	4	
资源管理类	F&ES 658A	Global Resources Exchanges	全球资源交流	3	生态资源管理、评价与战略研究
	F&ES 954A	Management Plans for Protected Areas	保护区管理计划	6	
	F&ES 657B	Managing Resources: Spatial, Strategic, Tactical and Operational	资源管理：空间，战略，策略与经营	3	
	F&ES 969B	Rapid Assessment in Forest Conservation	森林保护中快速评价	3	
	F&ES 819B	Strategies for Land Conservation	土地保护战略	3	
	F&ES 963B	Payments for Ecosystem Services	生态服务支付	4	
专业技能类	F&ES 576A	Collaboration and Conflict Resolution Skills	合作与冲突解决技能	1	实践技能
	F&ES 669B	Forest Management Operations	森林经营操作	2	
专业知识与实地考察	F&ES 886A	Greening Business Operations	绿色企业经营	4	经营方法写作方法
	F&ES 550A	Natural Science Research Methods	自然科学研究方法	3	
	F&ES 745A	Environmental Writing	环境科学写作	3	
顶点项目	F&ES 837B	Seminar in Environmental and Natural Resource Leadership	环境与自然资源引导专题讨论会	3	研讨会

3.4.1.2　美国佐治亚大学

以佐治亚大学森林经营专业学位硕士的研究生课程体系和林业与自然资源学院开设的涉林硕士、博士研究生课程（表3-18、表3-19）为例，分析佐治亚大学涉林专业的研究生课程体系设置特点。从表3-18可以看出，森林经营专业学位硕士研究生的课程分为必修课与选修课两类，必修的10门课程既包含了基础的"树木学""森林测量学"外，也包括了与森林经营十分相关的"森林测量学""造林学""生态学""木材学""森林经营"等课程；选修课程也紧密围绕森林经营相关的生态、管理、规划和实地调查的内容，课程知识覆盖较为全面。

从林业与自然资源学院开设的部分课程来看，其课程设置内容与我国涉林专业开设的研究生课程内容较为相似，其中博士研究生课程学习没有特别规定的主修或选修课程。授课内容较为全面，学生可根据不同专业要求的必修课学分自主选择选择与专业相关的课程学习。课程内容基本都是基于理论研究，并扩展到区域的林业课题研究，如"区域造林学""国际森林经营"等课程。

表3-18　佐治亚大学森林经营专业硕士研究生的课程体系

	课程代码	课程名称（英文）	课程名称（中文）	学分
必修课程	FORS 3010	Dendrology	树木学	3
	FORS 6610	Forest Mensuration	森林测量学	4
	FORS 6010	Silviculture	造林学	4
	FORS 6620	Timber Management	木材管理	4

（续）

课程代码	课程名称（英文）	课程名称（中文）	学分
	FANR 3200	Forest Ecology	森林生态学	4
必修 课程	FORS 7750	Procurement and Management of Wood Fiber Supply	木材纤维供应的采购与管理	3
	FORS 7780	Timberland Accounting, Finance and Taxation	林场会计、财务和税务	3
	FORS 8010	Forest Business Seminar	森林经营研讨会	1
	ACCT 6000	Financial Accounting	财务会计	3
	FINA 7010	Financial Management (or higher level FINA course)	财务管理（或更高级别的金融课程）	3
选修 课程 （共选9 学分）	FORS 6200	International Forest Business	国际森林经营	3
	FORS 6570	Practical Wood Identification	实用木材识别	2
	FORS 6640	Forest Inventory	森林资源调查	3
	FORS 6650	Forestry Field Camp	林场营地	4
	FORS 6710	Forest Planning	森林规划	3
	FORS 7070	Forest Resource Consulting and Real Estate Practices	森林资源咨询与不动产实践	3
	FORS 7550	Contemporary Forest Products	当代林业产品	3
	FORS 7630	Intensive Forest Management	森林集约经营	3
	FORS 7640	Advanced Forest Management	高级森林经理	3

表 3-19 佐治亚大学林业与自然资源学院开设的涉林研究生课程（以部分课程举例）

课程代码	课程名称（英文）	课程名称（中文）	学分
FANR1100	Natural Resources Conservation	自然资源保护	3
FANR1200	Natural History of Georgia	佐治亚州的自然历史	3
FANR2200	International Issues in Natural Resources and Conservation	关于自然资源与保护的国际问题	3
FANR2888E	Forest Ecosystems Services	森林生态系统服务功能	3
FANR3000	Field Orientation, Measurements, and Sampling in Forestry and Natural Resources	林业和自然资源领域的定位，测量和采样	4
FANR3060	Soils and Hydrology	土壤和水文	4
FANR3200	Ecology of Natural Resources	自然资源生态	4
FANR3300	Economics of Renewable Resources	可再生资源经济学	4
FANR3400	Society and Natural Resources	社会与自然资源	2
FORS1000	Introduction to Forestry and Sustainable Resource Management	林业与可持续资源管理概论	3
FORS3010	Dendrology	树木学	3
FORS3500	Wood Properties and Utilization	木材性质与利用	2
FORS3610	Forest Biometrics	森林生物测定学	3
FORS4000/6000	Forest Soil Management	森林土壤管理	3
FORS4010/6010	Silviculture	造林学	4
FORS4020/6020	Genetics and Breeding of Forest Trees	林木遗传育种	3
FORS4030/6030	Regional Silviculture	区域造林学	3

（续）

课程代码	课程名称（英文）	课程名称（中文）	学分
FORS4080/6080	Management and Restoration of the Longleaf Pine Ecosystem	长叶松生态系统的管理与恢复	2
FORS4110/6110	Forest Hydrology	森林水文学	4
FORS4200/6200	International Forest Business	国际森林经营	3
FORS4210/6210	Forest Health and Protection	森林健康与保护	3

3.4.1.3　美国北卡罗来纳州立大学

北卡罗来纳州立大学林学专业学位硕士课程体系设置见表 3-20，共 4 个学期，分为秋季、春季课程，总学分要求 30 学分。每个学期平均学习 3～4 门专业课程，内容主要围绕林业科学展开，将基础理论、课外实践与科学实验有机地结合。课程内容广泛，基本涵盖了林学专业的大部分学习内容，由于是专业学位硕士，学院所开设的课程内容有一半是结合课外实践的授课方式，这点与我国的林学专业硕士课程内容接近，对实践教学有所侧重。另外，学校要求学生为老师教学水平与方式进行客观评价与打分，学生打分能够为授课教师提供重要的反馈，从而为教学方式方法的改进做出贡献，此外学生打分对学校的管理者还可以提供管理方面的相关信息。

北卡罗来纳州立大学遗传学硕士研究生的课程体系设置见表 3-21 和表 3-22，该校的遗传学专业提出了明确必修课学分要求（即硕士 17 学分、博士 17 学分）。从中可以看出，遗传学硕士研究生的课程分为必修课和选修课两类，必修课的设置主要侧重于遗传学原理与统计学知识；选修课的设置也主要包含了遗传学知识相关的理论研究。因此，课程学习的内容主要集中于专业基础理论知识和方法。通过对比硕博课程可以看出，博士课程设置与硕士课程很接近，多数开设的课程一样，硕博研究生可以同时选择一门课程上课，大大节省了学校的教师和教学资源。

表 3-20　北卡罗来纳州立大学林学专业学位硕士课程

	课程代码	课程名称（英文）	课程名称（中文）	学分
秋季课程	FOR 501	Dendrology	树木学	3
	FOR 502	Forest Measurements	森林测量学	1
	SSC 461	Soil Physical Properties and Plant Growth	土壤物理性质与植物生长	3
	FOR 574	Forest Measurement, Modeling and Inventory	森林测量、建模和编制	3
春季课程	FOR 504	Practice of Silviculture	造林学实践	3
	FOR 506	Silviculture Laboratory	造林学实验	1
	FOR 534	Forest Operations and Analysis	森林经营与分析	3
	GIS 510	Intro to GIS	GIS 导论	3
夏季课程	FOR 630	Master's Supervised Research	研究生指导研究	1

（续）

课程代码	课程名称（英文）	课程名称（中文）	学分
秋季课程	NR 560 /NR 571	Renewable Natural Resources Administration and Policy/ Current Issues in Natural Resources Policy	可再生资源管理和政策/或自然资源政策中的当前问题	3
	PB 421	Plant Physiology	植物生理学	3
	FOR 519	Forest Economics	森林经济学	3
春季课程	NR 500	Natural Resource Management	自然资源管理	3
	PB 565	Plant Community Ecology	植物群落生态学	4
	FOR 531	Wildland Fire Science	野外火灾学	3

表 3-21 北卡罗来纳州立大学遗传学硕士研究生课程

	课程代码	课程名称（英文）	课程名称（中文）	学分
必修课程	GN 701	Molecular Genetics	分子遗传学	3
	GN 702	Cellular & Developmental Genetics	细胞与发育遗传学	3
	GN 703	Population & Quantitative Genetics	人口与数量遗传学	3
	BCH 451	Principles of Biochemistry	生物化学原理	4
	GN 850	Professionalism & Ethics	专业与伦理	1
	ST 511	Experimental Statistics for Biologists	生物学家试验统计	3
选修课程	GN 713	Quantitative Genetics and Breeding	数量遗传育种	3
	GN 721	Genetic Data Analysis	基因数据分析	3
	GN 725	Forest Genetics	森林遗传学	3
	GN 735	Functional Genomics	功能基因组学	3
	GN 750	Developmental Genetics	发育遗传学	3
	GN 756	Computational Molecular Evolution	计算分子进化	3
	GN 757	Stats for Molecular Quantitative Genetics	分子数量遗传学	3
	GN 758	Prokaryotic Molecular Genetics	原核分子遗传学	3
	GN 761	Advanced Molecular Biology of the Cell	细胞高级分子生物学	3
	GN 768	Nucleic Acid：Structure and Function	核酸：结构与功能	3
	GN 810X	Special Topics in Genetics	遗传学专题	/
	ST 590C	Bioinformatics I	生物信息学 1	3
	ST 590C	Bioinformatics II	生物信息学 2	3
	PB 780	Plant Molecular Biology	植物分子生物学	3
	PB 824N	Topics in Plant Molecular Genetics	植物分子遗传学专题	3
	BCH 701	Macromolecular Structure	大分子结构	3
	BIT 510	Core Technologies	核心技术	4
	BIT 815X	Advanced Modules（several）	高级模块	/

表 3-22　北卡罗来纳州立大学遗传学博士研究生课程

课程代码		课程名称（英文）	课程名称（中文）	学分
必修课程	GN 701	Molecular Genetics	分子遗传学	3
	GN 702	Cellular & Developmental Genetics	细胞与发育遗传学	3
	GN 703	Population & Quantitative Genetics	人口与数量遗传学	3
	GN 810	Special Topics in Genetics – Journal Club	遗传学专题研究—期刊俱乐部	1
	GN 820	Special Problems, Professional Development	特殊问题，专业发展	3
	GN 850	Professionalism & Ethics	专业与理性	1
	ST 511	Experimental Statistics for Biologists	生物学家试验统计	3
选修课程	GN 713	Quantitative Genetics and Breeding	数量遗传育种	3
	GN 721	Genetic Data Analysis	基因数据分析	3
	GN 725	Forest Genetics	森林遗传学	3
	GN 735	Functional Genomics	功能基因组学	3
	GN 750	Developmental Genetics	发育遗传学	3
	GN 756	Computational Molecular Evolution	计算分子进化	3
	GN 757	Stats for Molecular Quantitative Genetics	分子数量遗传学	3
	GN 758	Prokaryotic Molecular Genetics	原核分子遗传学	3
	GN 761	Advanced Molecular Biology of the Cell	细胞高级分子生物学	3
	GN 768	Nucleic Acid：Structure and Function	核酸：结构与功能	3
	GN 810X	Special Topics in Genetics	遗传学专题	/
	ST 590C	Bioinformatics I	生物信息学 1	3
	ST 590C	Bioinformatics II	生物信息学 2	3
	PB 780	Plant Molecular Biology	植物分子生物学	3
	PB 824N	Topics in Plant Molecular Genetics	植物分子遗传学专题	3
	BCH 701	Macromolecular Structure	大分子结构	3
	BIT 510	Core Technologies	核心技术	4
	BIT 815X	Advanced Modules（several）	高级模块	/

3.4.1.4　美国杜克大学

从前面的学科设置可知，杜克大学设置了林业硕士专业学位，其林学专业硕士学位研究生课程设置见表 3-23。从中可以看出，专业必修课要求 6 ~ 8 学分，杜克大学林学专业硕士的课程包括"必修课程""森林生态与生物学""森林管理""森林政策与管理""定量分析"和"林业实地考察"六大课程模块。除必修课外，其他课程模块的课程均为选修课，其中必修课主要包括专业领域内的交流与研讨项目，重在基础能力的培养；选修课主要包括森林生态学、森林管理、森林政策方面的课程内容，更注重数据的分析能力培养和实地考察与综合性实习。林业硕士学位的学期为 2 年，共 4 个学期，学院将课程作业作为教学重点，着重培养学生的科学分析能力，为将来制定正确的管理决策奠定基础，硕士毕业生可以从事一份与环境政策和管理相关的事业。

一系列课程的开展，在于培养学生对于森林资源的有效管理，以及在政府、非营利和商业部门具有高度职业道德和跨学科环境中有效工作的能力。不同模块内容着重培养学生的不同方面的学习能力，"森林生态与生物学"模块以林学方面的基础知识为讲授内容，课程主要关于森林生态系统理论的相关知识，需要学生熟练地理解并掌握此模块知识框架与内容，课程结束通常会有相关的课程考试和论文；"森林管理"模块以林业管理实践为主要的学习内容，培养学生对于林业资源的分配、规划、管理的能力，为今后的就业积累实践相关的知识；"森林政策与管理"模块主要研究林业相关的政策理论，学生不仅需要学习森林系统与生态学知识，还需了解相关的政策和其他相关领域，如森林经济学、公共利益等内容；"定量分析"模块要求学生掌握数理统计与分析，配合林业研究，分析相关的指标与数据，培养学生的综合学习能力；"林业实地考察"模块以美国当地的森林系统为考察对象，要求学生在实践中学习森林资源管理、森林培育等内容，结合课程理论，发现森林管理中的问题并得出自己的解决方法。几大模块在课程开展过程中，层层递进，能够帮助学生在今后的工作中充分发挥课程中所学到的理论与实践知识，课程模块化的教学方法值得借鉴。

表 3-23　杜克大学林学专业硕士学位研究生课程体系

课程代码		课程名称（英文）	课程名称（中文）	学分
必修课程	ENVIRON 800	Professional Communications	专业交流	1
	ENVIRON 898	FRM Seminar	林学讨论会	1
	ENVIRON 899	Master's Project	硕士计划	4/5/6
森林生态与生物学	ENVIRON 705L	Ecological Management of Forest Systems（Silviculture）	森林生态系统管理（造林）	3
	ENVIRON 708	Silviculture Prescription	造林原则	2
	ENVIRON 503	Forest Ecosystems	森林生态系统	3
森林管理	ENVIRON 701	Forest Measurements	森林管理	4
	ENVIRON 806	Forestry Practicum	林业实习	2
	ENVIRON 763	Forest Mgt Traveling Sem	森林管理与旅行研讨	1
森林政策与管理	ENVIRON 727	Forests in the Public Interest	公共利益中的林业	1
	ENVIRON 520	Resource & Environmental Econ	资源与环境生态学	1.5
	ENVIRON 680	Economics of Forest Resources	森林资源经济学	1.5
定量分析	ENVIRON 710	Applied Data Analysis for Environ Sciences	应用数据分析环境科学	3
林业实地考察	ENVIRON 766A	Ecol of S. Appachnl Forest	阿巴拉契亚森林生态课程	1
	ENVIRON 760A	Western Field Trip	西部林业实地考察	1

3.4.1.5　美国普渡大学

普渡大学林学与自然科学学院研究生的课程设置见表 3-24，由此可见，涉林专业研究生的课程包括必修与选修课两大类。博士与硕士研究生都在此课程体系中选择需要学习的课程，必修课内容包括行为责任的研究、森林资源研讨和自然资源扩展项目理论与应用；选修课涵盖内容较广，针对不同方向的专业设置，主要包括理论研究与野外实习，如"自然资源实习"和"林业实习"等。其课程内容跨度较大，涉及领域广，内容丰富度较高。但是没有明确具体专业所需选择的课程内容方向，不同专业的硕士、博士研究生需要针对自身的研究领域与导师沟通。

普渡大学追求高质量的林学专业研究生教育，全日制林业硕士的培养时间一般为 2 年，博士学习未规定年限，一般 4 ~ 7 年。学校实行弹性式的授课计划，没有硬性规定学生选择上课的学期和课程，课程结束一般是以考试和论文结合的方式来进行考核，学生必须通过全部课程内容才能进行下阶段的毕业论文与答辩。学生需要在充分了解自己选择的专业基础上选择课程，课程分为以下几大类：森林资源、环境保护、森林土壤学、树木学、野生动植物学、地理信息系统、林学数理统计与分析、林业实习等。学院一般要求学生在掌握本专业的前提下，多涉及其他林学领域的课程，将知识储备形成一个有机整体，从而更有利于学生在实践中发挥作用。

表 3-24　普渡大学林学与自然科学学院研究生课程（以部分课程举例）

	课程代码	课程名称（英文）	课程名称（中文）	学分
所有专业 必修课程	GRAD 61200	Responsible Conduct in Research	行为责任的研究	1
	FNR 67900	Forest Resources Seminar	森林资源研讨	1
	FNR 59800	Theory & Applied Natural Resource Extension Program	自然资源扩展项目理论与应用	1
选修课程	FNR 10000	Introduction to Forestry：Luger-Purdue Future of Forestry	林学概论，普渡 林业未来	3
	FNR 10300	Introduction to Environmental Conservation	环境保护概论	3
	FNR 19800	Introductory Topics in Forestry And Natural Resources	林业和自然资源概论	1 ~ 3
	FNR 20100	Marine Biology	海洋生物学	3
	FNR 20300	Freshwater Ecology	淡水生态学	3
	FNR 21000	Natural Resource Information Management	自然资源信息管理	3
	FNR 22310	Introduction to Environmental Policy	环境政策概论	3
	FNR 22500	Dendrology	树木学	3
	FNR 23000	The World's Forests and Society	全球森林和群落	3
	FNR 24000	Wildlife in America	美国野生动物保护	3
	FNR 24150	Ecology and Systematics of Fish, Amphibians and Reptiles	鱼类、两栖动物和爬行动物生态系统学	3
	FNR 24250	Laboratory in Ecology and Systematics of Fish, Amphibians and Reptiles	鱼类、两栖动物和爬行动物生态系统学实验课	1
	FNR 25150	Ecology And Systematics of Mammals and Birds	哺乳动物和鸟类的生态系统学	3
	FNR 25250	Laboratory in Ecology and Systematics of Mammals and Birds	哺乳动物和鸟类的生态系统学实验课	1
	FNR 30110	Sustainable Forest Products Manufacturing	可持续林木产品制造	3
	FNR 30200	Global Sustainability Issues	全球可持续性问题	2
	FNR 30500	Conservation Genetics	保护遗传学	3
	FNR 31000	Harvesting Forest Products	森林采伐	2
	FNR 31110	Structure, Identification and Properties of Woody Biomaterials	木质生物材料的结构、识别和属性	3

（续）

课程代码		课程名称（英文）	课程名称（中文）	学分
	FNR 32200	Forest Soil: Properties, Processes, and Management	森林土壤属性及管理	3
	FNR 33100	Forest Ecosystems	森林生态系统	3
	FNR 33300	Fire Effects in Forest Environments	火灾对森林的影响	1
	FNR 33900	Principles of Silviculture	森林培育学原理	3
	FNR 34100	Wildlife Habitat Management	野生动物栖息地经营管理	3
	FNR 34800	Wildlife Investigational Techniques	野生动物临床实验	3
	FNR 35100	Aquatic Sampling Techniques	水生抽样技术	3
	FNR 35300	Natural Resources Measurement	自然资源测量	3
	FNR 35500	Quantitative Methods for Resource Management	资源管理定量方法	3
选修课程	FNR 35700	Fundamental Remote Sensing	遥感基本原理	3
	FNR 35900	Spatial Ecology and GIS	空间生态和地理信息系统	3
	FNR 36500	Natural Resources Issues, Policy, and Administration	自然资源政策与管理	3
	FNR 37010	Natural Resources Practicum	自然资源实习	1
	FNR 37050	Forest Habitats and Communities Practicum	森林栖息地和实习	1
	FNR 37100	Fisheries and Aquatic Sciences Practicum	渔业和水产科学实习	5
	FNR 37200	Forestry Practicum	林业实习	4
	FNR 37300	Wildlife Practicum	野生动物实习	4
	FNR 37500	Human Dimensions of Natural Resource Management	人类的自然资源管理的维度	3

3.4.1.6 美国西弗吉尼亚大学

西弗吉尼亚大学涉林专业研究生课程体系设置见表 3-25 和表 3-26，以林学硕士研究生和遗传学与发育生物学硕士研究生课程为例分析西弗吉尼亚大学涉林专业研究生课程体系特点。从表中可以看出：林学硕士学位研究生的课程设置多以讲座和研讨会的形式开展，内容多以研究方法为主；遗传学与发育生物学硕士研究生的的课程学习由多个学院联合开设，以"人类遗传学""高级生化遗传学""细胞遗传学"等基础理论课程的学习为主，辅助多个研究生专题讲座、研讨会。因此，西弗吉尼亚大学涉林专业研究生的课程设置中重点强调了学生自主思考的重要性，学校很重视学生对于专业课程的研讨，并充分调动学生的学习主动性。

博士研究生课程学习方面，以森林资源科学博士为例，森林资源科学博士研究方向有以下领域：森林资源管理，游憩、公园和旅游资源，木材科学技术，野生动植物和渔业资源。其中，森林资源管理方向的学生需要与他们的导师密切交流合作，制订一个专门的课程学习以及科学研究计划，课程内容取决于学生的职业目标、过去的课程历史以及预期研究项目的需求。一般来说，所有的学生都需要 2 个学期的统计学课程和高级地理信息系统课程，其余课程按照导师与研究委员会的建议来进一步选择；游憩、公园和旅游资源方向的研究生需要与主要的教师顾问和研究生委员会协调，制订课程学习和研究计划，课程内容要求 60 学分，且博士学位论文的研究工作必须具有很高的学术价值，需要对森林资源科学领域做出原创性的贡献；除课程和论文外，还必须通过资格考试和课程期末考试；野生动植物和渔业资源方向的学生将学习研究重点放在野生动物或渔业上，最终毕业一般会获得野生动物协会或美国渔业协会的生物学家的专业认证，课程内容要求 60 学分并提供专业的博士论文项目；木材科学技术方向旨在培养专业的木材产品领域人才，通过理论教学、实践教学、科研教学等多种手段来培养学生的独立科研能力，毕业论文要求较高，须做出木材科学原创性内容并要求通过专家答辩。

表 3-25　西弗吉尼亚大学林学硕士研究生的课程体系

	课程代码	课程名称（英文）	课程名称（中文）	学分
	FOR 525	Vegetation of West Virginia	西弗吉尼亚州的植被	3
	FOR 575	Forest Soils：Ecology – Management	森林土壤：生态管理	3
	FOR 590	Teaching Practicum	实践课	1 ~ 3
	FOR 591A – Z	Advanced Topics	高级专题课程	1 ~ 6
	FOR 592A – Z	Directed Study	定向研究	1 ~ 6
	FOR 593A – Z	Special Topics	专题讲座	1 ~ 6
	FOR 594A – Z	Seminar	研讨会	1 ~ 6
	FOR 595	Independent Study	独立研究	1 ~ 6
	FOR 650	Econ，Environ & Education in WV	西弗吉尼亚州的经济、环境和教育	3
选修课程	FOR 670	Human Dimensions – Natl Rsrc Mang	人文因素—自然资源管理	3
	FOR 691A – Z	Advanced Topics	高级专题课程	1 ~ 6
	FOR 693A – Z	Special Topics	专题讲座	1 ~ 6
	FOR 696	Graduate Seminar	研究生讨论会	1
	FOR 697	Research	研究方法	1 ~ 15
	FOR 698	Thesis	论文	1 ~ 6
	FOR 699	Graduate Colloquium	研究生讨论会	1 ~ 6
	FOR 791A – Z	Advanced Topics	高级专题课	1 ~ 6
	FOR 793A – Z	Special Topics	专题讲座	1 ~ 6
	FOR 797	Research	研究方法	1 ~ 15

表 3-26　西弗吉尼亚大学遗传学与发育生物学硕士研究生课程

	课程代码	课程名称（英文）	课程名称（中文）	学分
	GEN 521	Basic Concepts of Modern Genetics	现代遗传学的基本概念	3
	GEN 525	Human Genetics	人类遗传学	3
	GEN 535	Population Genetics	人口遗传学	3
	GEN 591	Advanced Topics	高级专题课程	1 ~ 6
	GEN 593A	Special Topics	专题讲座	1 ~ 6
	GEN 593B	Special Topics	专题讲座	1 ~ 6
选修课程	GEN 595	Independent Study	独立研究	1 ~ 6
	GEN 691A	Advanced Topics	高级专题课程	1 ~ 6
	GEN 692A – A	Directed Study	定向研究	1 ~ 6
	GEN 697	Research	研究方法	1 ~ 15
	GEN 724	Cytogenetics	细胞遗传学	4
	GEN 726	Advanced Biochemical Genetics	高级生化遗传学	3
	GEN 727	Genetic Mechanisms of Evolution	进化的遗传机制	3

（续）

课程代码	课程名称（英文）	课程名称（中文）	学分
GEN 790	Teaching Practicum	实践	1~3
GEN 791	Advanced Topics	高级专题课程	1~6
GEN 792	Directed Study	定向研究	1~6
GEN 793	Special Topics	专题讲座	1~6
GEN 794	Seminar	研讨会	1~6
GEN 795	Independent Study	独立研究	1~9
GEN 796	Graduate Seminar	研究生讨论会	1
GEN 797	Research	研究方法	1~15
GEN 798	Thesis or Dissertation	学术论文	1~6
GEN 799	Graduate Colloquium.	研究生讨论会	1~6

（选修课程）

3.4.1.7　美国路易斯安那州立大学

路易斯安那州立大学园艺学硕士研究生的课程体系见表3-27，可以看出，园艺学硕士研究生的课程设置包括必修和选修课两大类，其中必修课主要是关于园艺学基础理论知识和温室、水果蔬菜的加工等方面的专业知识；选修课主要是与园艺学相关的一些其他方面的专业理论知识和管理、经营、研讨与论文研究等方面的知识和能力培养，如与园艺学相关的"园艺加工设施""苗圃管理""蔬菜栽培学原理与实践""水果和坚果生产原理与实践""采后生理学"等是园艺学的专业理论和应用实践类课程，而"高尔夫球场经营""高级植物基因学""植物组织培养""高基植物育种""植物改良中的数量遗传学"等则是一些相关的基础理论知识。需要说明的是，该专业分为有论文和无论文两种学习模式。若选择论文的学习模式，则需要在毕业时提交专业的学术论文并获得专家的评审通过才可得到硕士学位；选择无毕业论文的学习模式，则需要多选择3个学分以上的课程，并且需要提交一份团队研究项目书或一份实习报告，最终还需要通过综合考试。从课程列表中可以看出，路易斯安那州立大学的研究生课程体系设置中很重视专业课程的教学，同时也很重视专业基础理论知识的学习和实践类课程，通过研讨会、论文研究、园艺问题探究、毕业论文研究等课程的学习，培养了学生综合运用专业知识的能力，学院鼓励学生选择并提供相应的支持。

博士研究生课程以植物、环境与土壤科学专业为例（表3-28），共需修满60个学分，其中9学分为毕业论文，其课程内容包括必修课程、生物物理系统课程、环境规划与管理课程、环境评价与分析课程。学生除了选择必修课程外，还需要在其他3个课程模块中各选择6学分，共18学分，但各门课程学分在学校网站没有具体列出。必修课程包括"综合环境问题"（3学分）、"环境研讨会"（1学分）；生物物理系统课程主要包括了生态系统中的生物、物理、化学等研究内容，比如"环境化学""毒理学"等；环境规划与管理课程主要包括了参与环境管理过程中所运用到的设计手段、法律政策等研究内容，比如"环境政策分析""土地利用法律法规"等；环境评价与分析课程主要包括了空间数据研究与统计方法学习，主要课程有"环境遥感基本原理""环境空间数据建模研究"等。各个模块的课程内容各有特色，并通过知识整合，形成完整的专业知识链条，其目的在于培养林业系统的全方位人才。

表 3-27　路易斯安那州立大学园艺学硕士研究生的课程体系

	课程代码	课程名称（英文）	课程名称（中文）	学分
必修课程	4010	Tropical/Subtropical Horticulture	热带/亚热带园艺学	3
	4012	Special Topics in Horticulture	园艺学专题研究	1~3
	4020	Greenhouse Production and Management	温室生产与管理	4
	4030	Plantation, Beverage, and Tropical Nut Crops	种植园、饮料和热带坚果作物	3
	4040	International Horticulture	国际园艺	3
	4050	Horticultural Science Education	园艺科学教育	3
	4051	Processing of Fruits and Vegetables	水果蔬菜加工	3
选修课程	4052	Horticulture Processing Facilities	园艺加工设施	2
	4064	Principles of Plant Breeding	植物育种原理	4
	4071	Nursery Management	苗圃管理	3
	4083	Principles and Practices in Olericulture	蔬菜栽培学原理与实践	4
	4085	Principles and Practices in Fruit and Nut Production	水果和坚果生产原理与实践	4
	4090	Golf Course Operations	高尔夫球场经营	4
	4096	Postharvest Physiology	采后生理学	4
	7050	Plant Tissue Culture	植物组织培养	4
	7070	Advanced Plant Breeding	高级植物育种	4
	7071	Advanced Plant Gentices	高级植物基因学	4
	7074	Quantitative Genetics in Plant Improvement	植物改良中的数量遗传学	3
	7913	Seminar	研讨会	1
	8000	Thesis Research	论文研究	1~12
	8900	Research Problems in Horticulture	园艺问题探究	3
	9000	Dissertation Research	毕业论文研究	1~12

表 3-28　路易斯安那州立大学植物，环境与土壤科学博士研究生课程体系

	课程代码	课程名称（英文）	课程名称（中文）	学分
核心课程	ENVS 7700	Integrated Environmental Issues	综合环境问题	3
	ENVS 7995	Environmental Seminar	环境研讨会	1
生物物理系统课程	ENVS 4010	Applied Ecology	应用生态学	/
	ENVS 4035	Aquatic Pollution	水污染	
	ENVS 4101	Environmental Chemistry	环境化学	
	ENVS 4045	Air Pollution	气体污染	
	ENVS 4477	Environmental Toxicology-Introduction and Application	环境毒理学——介绍和应用	
	ENVS 4500	Health Effects of Environmental Pollutants	环境污染物对健康的影响	
	ENVS 4600	Global Environmental Change	全球环境变化	
	ENVS 7110	Toxicology of Aquatic Environment	水环境毒理学	
	ENVS 7112	Concepts in Marine Ecotoxicology	海洋生态毒理学概况	
	ENVS 7151	Watershed Hydrology and Floodplain Analysis	流域水文与洪泛区分析	
	ENVS 7623	Toxicology I	毒理学 I	
	ENVS 7626	Genetic Toxicology	遗传毒理学	

（续）

课程代码	课程名称（英文）	课程名称（中文）	学分
	ENVS 4261	Energy and the Environment	能源与环境	
	ENVS 4262	Environmental Hazard Analysis	环境风险分析	
	ENVS 4264	Regulation of Environmental Hazards	环境危害的管制	
	ENVS 4266	Ocean Policy	海洋政策	
	ENVS 7040	Environmental Planning/Management	环境规划/管理	
环境规划	ENVS 7041	Environmental Policy Analysis	环境政策分析	
与管理	ENVS 7042	Environmental Conflict Resolution	环境冲突解决	
课程	ENVS 7043	Environmental Law and Regulation	环境法律法规	
	ENVS 7061	Water Quality Management and Policy	水质管理与政策	
	ENVS 7044	Regulation of Toxic Substances	有毒物质管制	
	ENVS 7045	Land Use Law and Regulation	土地利用法律法规	
	ENVS 7046	International Environmental Law	国际环境法	
	ENVS 7047	Environmental Economics and Policy	环境经济学与政策	
	ENVS 4145	Remote Sensing Fundamentals for Env. Scientists	环境遥感基本原理	/
环境评价	ENVS 4149	Design of Environmental Management Systems	环境管理系统的设计	
与分析	ENVS 4900	Watershed Hydrology	流域水文学	
课程	ENVS 7050	Spatial Modeling of Environmental Data	环境空间数据建模研究	
	EXST 7003；7004；or 7005	Introduction to Statistical Methods	统计方法导论	

3.4.1.8　美国缅因大学

缅因大学林学专业硕士学位研究生的课程体系见表 3-29，从该表中可以看出，课程包括了必修和选修课两大类。必修课程中包括了"森林经营规划""森林植被学""树木病虫害""造林学""森林景观管理与规划""土壤学""森林资源经济学""高级森林测量与模型""林业政策"等与森林的经营、管理、保护等相关的一系列专业知识；选修课程主要涵盖了"湿地生态""森林资源管理的信息技术""森林资源的营销"等课程，也全部是森林资源管理和经营相关的知识。毕业要求完成一项独立的研究项目，这不是一个以研究为基础的论文，而是一份专业报告，最终将需通过咨询委员会的批判性评审。因此，该校林学专业硕士学位研究生的课程主要针对森林资源的经营与管理进行教学，针对性与应用性较强。

林业资源学术型硕士课程见表 3-30，学生需要在咨询委员会的建议下选择所修课程，其中研讨会是必须参加的，其他课程会根据各学年的情况来开展和选择。其课程主要围绕森林资源管理、生态保护、植物的发育和生长、相关林业政策以及各种林业问题研究等内容。课程所涉及的范围较广，偏向于管理以及政策研究，旨在培养学生对于林业资源的管理以及相关问题的处理能力。

森林资源学院的研究生还必须通过咨询委员会，制订一份学习计划，并尽可能早地编写一篇论文或项目建议书。所有研究生必须至少参加一次研究生研讨会，其他课程要求由学生及其咨询委员会制定。学术型硕士学生必须在完成并通过论文答辩；博士生必须进行强制性的综合考试，包括笔试和口试两部分，通常在课程完成后再进行，而在博士课程结束时也需要通过最后的综合考试。

表 3-29　缅因大学林学专业硕士学位研究生的课程体系

	课程代码	课程名称(英文)	课程名称(中文)	学分
必修课程	SFR 211	Forest Operations Planning	森林经营规划	4
	SFR 107	Forest Vegetation	森林植被学	3
	SFR 457/557	Tree Pests and Disease	树木病虫害	3
	SFR 407	Forest Ecology	森林生态学	3
	SFR 408	Silviculture	造林学	3
	SFR 409	Silviculture & Ecology Field Lab	造林学与生态野外实验室	2
	SFR 477	Forest Landscape Management & Planning	森林景观管理与规划	3
	PSE 140	Soil Science	土壤学	3
	SFR 444	Forest Resources Economics	森林资源经济学	3
	SFR 402	Advanced Forest Measurements and Models	高级森林测量与模型	3
	SFR 406	Remote Sensing Image Interpretation and Forest Mapping	遥感影像判读与森林制图	3
	SFR 690	Master of Forestry Project	林学专业项目	3
	SFR 446	Forest Policy	林业政策	3
选修课程	WLE 423	Wetland Ecology	湿地生态学	3
	PSE 413	Wetland Delineation	湿地划分	4
	INT 527	Integration of GIS and Remote Sensing Data Analysis in Natural Resource Applications	自然资源应用中的 GIS 与遥感数据分析一体化	3
	SFR 450	Processing of Biomaterials	生物材料处理过程	3
	ERS 350	Fresh-water Flows	淡水流域学	3
	SFR 400	Applied Geographic Information Systems	地理信息系统应用	4/3
	SFR 464	Forest Resources Business, Marketing & Entrepreneurs	森林资源商业、营销与企业家	3

表 3-30　缅因大学林业资源学术型硕士课程体系(所有可选择课程)

课程代码	课程名称(英文)	课程名称(中文)	学分
SFR 502	Timber Harvesting	木材采伐	3
SFR 503	Advanced Forest Measurements and Models	高级森林测与建模	3
SFR 504	Rural Communities: Theory and Practice	农村社区：理论与实践	4
SFR 507	Forest Ecology	森林生态学	3
SFR 508	Ecology and Management of the Acadian Forest	阿卡迪亚森林生态与管理	3
SFR 509	Silviculture	造林学	3
SFR 511	Scale in Forest Ecology and Management	森林生态尺度与管理	3
SFR 520	Development and Growth of Plants	植物的发育和生长	3
SFR 521	Research Methods in Forest Resources	森林资源研究方法	3
SFR 522	Physiological Ecology of Plants	植物生理生态学	3
SFR 525	Tropical Forest Ecology and Conservation	热带森林生态与保护	1~2
SFR 530	Wood Physics	木材物理学	4
SFR 531	Mechanics of Wood and Wood Composites	木材与木复合材料力学	3
SFR 536	Forest Dynamics and Production Ecology	森林动力学与生产生态学	3

（续）

课程代码	课程名称（英文）	课程名称（中文）	学分
SFR 539	Plant Anatomy Structure and Function	植物解剖学结构与功能	3
SFR 541	Disturbance Ecology of Forest Ecosystems	森林生态系统干扰生态学	3
SFR 544	Forest Resources Economics	森林资源经济学	3
FR 545	Adhesion and Adhesives Technology	粘接与粘接技术	4
SFR 550	Wood-Polymer Hybrid Composites	木塑复合材料	3
SFR 557	Tree Pests and Disease	树木病虫害	3
SFR 575	Advanced Forest Biometrics and Modeling	高级森林生物特征识别与建模	/
SFR 577	Forest Landscape Management and Planning	森林景观管理与规划	3
SFR 582	Industrial Ecology and Life Cycle Assessment	工业生态学与生命周期评价	3
SFR 601	Forest Mensuration Problems	森林法问题	/
SFR 603	Forest Management Problems	森林资源管理问题	/
SFR 605	Forest Biology Problems	森林生物学问题	/
SFR 607	Silviculture Problems	造林学问题	/
SFR 609	Remote Sensing Problems	遥感问题	/
SFR 611	Research Problems in Forest Economics	森林经济学研究问题	/
SFR 613	Forest Recreation Problems	森林游憩问题	/
SFR 615	Problems in Wood Technology	木材技术存在的问题	/
SFR 617	Forest Policy Problems	林业政策问题	/
SFR 690	Master of Forestry Project	林业硕士项目	1~3
SFR 695	Graduate Seminar in Wood Science	木材科学研究生研讨会	1

3.4.1.9 美国俄勒冈州立大学

以俄勒冈州立大学的森林可持续管理专业学位硕士研究生的课程体系为例（表3-31），来分析涉林专业研究生课程体系设置的特点，从表3-31可看出，森林可持续管理专业硕士学位研究生的课程按照"森林经营与管理""森林政策分析与经济""森林生物和地理""造林、防火、森林健康""森林流域管理""可持续林业工程"6个专业方向分别设置了课程，学生可以根据自身的学习兴趣或就业计划和导师建议选择合适的专业方向；每一个方向的研究生课程中均包括了核心课程、必修课程、选修课程、案例教学课程和其他课程五大类。进一步可以看出，任何一个方向的研究生课程中核心课程均指森林可持续管理和数据分析方法或统计学或数理统计，即森林可持续管理和1~2门数据统计与处理的方法类课程；其他课程则特指项目、专业论文和研讨会；每个方向的必修课程和案例教学课程的差异很大，但每个方向都开设了多门案例教学课程，来提高课程学习效果。同时也反映了俄勒冈州立大学能给研究生提供的专业课程非常丰富，强调学生的学习自主性，要求学生掌握森林可持续管理的原理与实践知识与技能，为各种林产品的开发和林地生态系统提供专业服务。

表3-32为森林可持续管理博士学位课程，同专业学位硕士课程设置基本相同，森林可持续管理博士学位课程也被分为6个专业方向，分别是"森林经营与管理""森林政策分析与经济""森林生物和地理""造林、防火、森林健康""森林土壤与流域管理""可持续林业工程"。每个专业方向的课程相比于专业硕士课程内容，课程数量以及知识深度都有所

提高，更加注重专业与综合性人才的培养。所有专业方向都设置了学位论文和研究生研讨会，博士学生毕业必须提交并通过一篇具有专业创新性的学术论文，方可能达到毕业要求。

本专业共开设 98 门研究生课程，其中林学院教师授课 41 门，其余 57 门由农学院、理学院、工程学院和地球海洋和大气学院的教师开设，硕士学位研究生需修满 45 学分的研究生层次课程，博士学位则需要修满 108 学分。可持续森林管理专业的必修课要求在可持续森林经理和研究方法课程方面修满 10～14 学分，具体课程包括可"持续森林管理"（3 学分）、"研究生统计学或计量经济学"（共 6～8 学分）和"专业伦理"（1～3 学分）；专业方向必修课，在各自专业方向选 2 门（6～8 学分）；参加课题报告研讨会（1 学分），专业论文答辩研讨（1 学分），学生在其他重要专业会议宣读论文可替代这部分的学分，但课程学习至少要占学业计划的一半以上。

专业硕士的培养目标是培养在林业部门（包括公立和私营）任职的林业专家和从事自然资源的管理人员，学生应掌握森林经理的原理与实践方面的知识与技能，为各种林产品和林地生态系统提供服务。培养标准为能够完成一项创造性工作，熟练掌握本领域知识，能够在科学理性范围内进行专业活动。专业硕士不是培养学生的研究兴趣或继续深造而获得更高学位，学生通常需要完成一个技术性项目，而不是研究论文，学制 1 年或 1 年以上。

学术型硕士研究生的培养目标主要是培养从事科研或教学人员，需要在某一研究领域有所专攻。学生主要通过研究论文的训练，培养对原创研究的兴趣及具有专业知识和研究能力的人才。培养标准能够开展研究工作，熟练掌握本领域知识，在科学范围内进行学术活动。学术型硕士可以是个终结学位，也可以继续攻读博士学位，学制通常 2 年或 2 年以上。

博士研究生的培养目标是培养教学或科研人员。学生应具有有关管理和资源问题的广阔知识，同时在某一研究领域方面具有深入扎实的研究。博士论文和有关研究发挥两个作用，一是使学生对某一具体技术领域的知识有深入的了解，二是在形成概念、计划、实施和汇报一个主要研究项目方面积累经验；学制在 3 年或 3 年以上；培养标准的是能够在知识的原创性方面做出重要贡献，熟练掌握本领域知识，在科学范围内进行学术活动。此外，要求博士毕业生能够熟练掌握科研方法和教学方法。

表 3-31　俄勒冈州立大学森林可持续管理专业学位硕士学位课程

	课程代码		课程名称（英文）	课程名称（中文）	学分
森林经营与管理方向	核心课程	FOR 550	Sustainable Forest Management	可持续森林管理	3
		ST 511	Methods of Data Analysis Ⅰ	数据分析方法1	4
		ST 512	Methods of Data Analysis Ⅱ	数据分析方法2	4
	必修课程	FE 555	Forest Supply Chain Management	森林供应链管理	3
		FE 557	Techniques for Forest Resource Analysis	森林资源分析技术	3
	案例教学	FE 522	Forest Geomatics	森林测绘	4
		FE 523	Unmanned Aircraft System Remote Sensing	无人飞机系统遥感	3
		FE 540	Forest Operations Analysis	森林运作分析	4
		FE 552	Forest Transportation Systems	森林运输系统	4
		FE 560	Forest Operations Regulations and Policy Issues	森林经营法规和政策问题	3

（续）

	课程代码		课程名称（英文）	课程名称（中文）	学分
森林经营与管理方向	案例教学	FE 571	Harvesting Management	采伐管理	3
		FE 640	ST: Heuristics for Combinatorial Optimization	组合优化的探索方法	3
		FOR 520	Geospatial Data Analysis with MATLAB	MATLAB 对地理空间数据分析	3
		FOR 561	Forest Policy Analysis	林业政策分析	3
		FES 521	Natural Resource Research Planning	自然资源研究计划	3
		FES 543	AdvancedSilviculture	高级造林学	3
		FES 552	Forest Wildlife Habitat Management	森林野生动物栖息地管理	4
		IE521	Industrial Systems Optimization Ⅰ	工业系统优化 1	3
	其他课程	FE 506	Project / Professional Paper	项目/专业论文	3
		FOR 599	Seminar(if available)	研讨会	3
森林政策分析与经济方向	核心课程	FOR 550	Sustainable Forest Management	可持续森林管理	3
		AEC 523 AEC 525	Statistics	统计学	4
	必修课程	FOR 561	Forest Policy Analysis	林业政策分析	3
		AEC 512	Microeconomic Theory Ⅰ	微观经济理论 1	4
		FOR557 或	Techniques for Forest Resource Analysis	森林资源分析技术	4
		IE521	Industrial Systems Optimization Ⅰ	工业系统优化 1	3
		FOR	Natural Resource Policy and Law	自然资源政策与法律	3
		562 或 FOR 563	Environmental Policy and Law Interactions	环境政策与法律 互相作用	3
	案例教学	FOR 534	Economics of the Forest Resource	森林资源经济学	3
		FOR 536	Wildland Fire Scienceand Management	荒原火灾科学与管理	4
		AEC 523	Preliminaries for Quantitative Methods	定量方法的初步学习	4
		AEC 525	Applied Econometrics	应用计量经济学	4
		FES 521	Natural Resource Research Planning	自然资源研究计划	3
		FES 540	Wildland Fire Ecology	荒原火灾生态学	3
	其他课程	FE 506	Project / Professional Paper	项目/专业论文	3
		FOR 599	Seminar(if available)	研讨会	2
森林生物和地理方向 1	核心课程	FOR 550	Sustainable Forest Management	可持续森林管理	3
		ST 521	Introduction to Mathematical Statistics Ⅰ	数理统计导论 1	4
		ST 522	Introduction to Mathematical Statistics Ⅱ	数理统计导论 2	4
	必修课程	FOR 520	Geospatial Data Analysis with MATLAB	MATLAB 对地理空间数据分析	3
		FOR 524	Forest Biometric	森林生物学	3
		FOR 525	Forest Modeling	森林建模	3
	案例教学	FOR 561	Forest Policy Analysis	林业政策分析	3
		FES 521	Natural Resource Research Planning	自然资源研究计划	3
		FES 543	Advanced Silviculture	高级造林学	3
		ST 551	Statistical Methods Ⅰ	统计方法 1	4
		ST 552	Statistical Methods Ⅱ	统计方法 2	4
		ST 553	Statistical Methods Ⅲ	统计方法 3	4
	其他课程	FE 506	Project / Professional Paper	项目/专业论文	3
		FOR 599	Seminar(if available)	研讨会	2

（续）

	课程代码	课程名称（英文）	课程名称（中文）	学分
	FOR 550	Sustainable Forest Management	可持续森林管理	3
核心课程	ST 551	Statistical Methods Ⅰ	统计方法 1	4
	ST 552	Statistical Methods Ⅱ	统计方法 2	4
	FE 522	Forest Geomatics	森林测绘	4
必修课程	FOR 524	Forest Biometric	森林生物学	3
	CE 513	GIS in Water Resources	GIS 在水资源管理中的应用	3
	FE 515	Forest Road Engineering	林区道路工程	4
	FE 523	Unmanned Aircraft System Remote Sensing	无人飞机系统遥感	3
	FE 532	Forest Hydrology	森林水文学	4
	FOR 534	Economics of the Forest Resource	森林资源经济学	3
	FOR 536	Wildland Fire Science and Management	荒原火灾科学与管理	4
森林生物和地理方向 2	CE 562	Digital Terrain Modeling	数字地形模型	4
案例教学	FES 521	Natural Resource Research Planning	自然资源研究计划	3
	GEOG 546	Advanced Landscape and Seascape Ecology	高级景观和海景生态学	4
	GEOG561	GIScience Ⅱ：Analysis and Applications	地理信息科学 2：分析与应用	4
	GEOG565	Spatio-Temporal Variation in Ecology & Earth Sci	生态与地球科学时空变化	4
	GEOG580	Remote Sensing Ⅰ：Principles and Applications	遥感 1：原理与应用	4
	GPH 640	Geodesy	测地学	4
其他课程	FE 506	Project / Professional Paper	项目/专业论文	3
	FOR 599	Seminar（if available）	研讨会	2
核心课程	FOR 550	Sustainable Forest Management	可持续森林管理	3
	ST 511	Methods of Data Analysis Ⅰ	数据分析方法 1	4
	FOR 513	Forest Pathology	森林病理学	3
必修课程	FOR 536	Wildland Fire Science and Management	荒原火灾科学与管理	4
	FES 512	Forest Entomology	森林昆虫学	3
	FES 543	Advanced Silviculture	高级造林学	3
	FOR 561	Forest Policy Analysis	林业政策分析	3
选修课程	FOR 562	Natural Resource Policy and Law	自然资源政策与法律	3
	FOR 563	Environmental Policy and Law Interactions	环境政策与法律互相作用	3
造林、防火、森林健康方向	FE 532	Forest Hydrology	森林水文学	4
	FE 535	Water Quality and Forest Land Use	水质与林地利用	3
	FOR 517	Advanced Forest Soils	高级森林土壤学	4
	FES 521	Natural Resource Research Planning	自然资源研究计划	3
案例教学	FES 540	Wildland Fire Ecology	荒原火灾生态学	3
	FES 545	Ecological Restoration	生态恢复	4
	FES 546	Advanced Forest Community Ecology	高级森林群落生态学	4
	FES 548	Biology of Invasive Plants	入侵植物生物学	3
	FES 552	Forest Wildlife Habitat Management	森林野生动物栖息地管理	4
其他课程	FE 506	Project / Professional Paper	项目/专业论文	3
	FOR 599	Seminar（if available）	研讨会	2

（续）

	课程代码	课程名称（英文）	课程名称（中文）	学分
核心课程	FOR 550	Sustainable Forest Management	可持续森林管理	3
	ST 511	Methods of Data Analysis Ⅰ	数据分析方法1	4
	ST 512	Methods of Data Analysis Ⅱ	数据分析方法2	4
必修课程	FE 530	Watershed Processes	流域过程学	4
	FE 532	Forest Hydrology	森林水文学	4
	FOR 517	Advanced Forest Soils	高级森林土壤学	4
森林流域管理方向	案例教学	FE 536	Watershed Impacts of Forest Disturbance	森林干扰对流域的影响	4
		FE 560	Forest Operations Regulations and Policy Issues	森林经营法规和政策问题	3
		FOR 518	Managing Forest Nutrition	森林营养管理	3
		FOR 520	Geospatial Data Analysis with MATLAB	MATLAB 对地理空间数据分析	3
		FOR 521	Spatial Analysis of Forested Landscapes	森林景观空间分析	3
		BEE 512	Physical Hydrology	物理水文学	3
		BEE 545	Sediment Transport	土砂流送	4
		FES 521	Natural Resource Research Planning	自然资源研究计划	3
		FES 524	Natural Resource Data Analysis	自然资源数据分析	4
		FW 580	Stream Ecology	河流生态学	3
		GEOG 523	Snow Hydrology	积雪水文学	3
		GEOG 596	Field Research in Geomorphology & Landscape Eco	地貌学与景观生态学研究	3
		SOIL 513	Properties, Processes, and Functions of Soils	土壤的性质、过程和功能	4
		SOIL 523	Principles of Stable Isotopes	稳定同位素原理	3
		SOIL 525	Mineral Organic Matter Interactions	矿物有机质相互作用	3
		SOIL 535	Soil Physics	土壤物理学	3
		SOIL 545	Environmental Soil Chemistry	环境土壤化学	3
		SOIL 547	Nutrient Cycling	营养循环学	3
		SOIL 566	Soil Morphology and Classification	土壤形态分类学	4
	其他课程	FE 506	Project / Professional Paper	项目/专业论文	3
		FOR 599	Seminar(if available)	研讨会	2
可持续林业工程方向	核心课程	FOR 550	Sustainable Forest Management	可持续森林管理	3
		ST 511	Methods of Data Analysis Ⅰ	数据分析方法1	4
		ST 512	Methods of Data Analysis Ⅱ	数据分析方法2	4
	必修课程	FE 532	Forest Hydrology	森林水文学	4
		FE 552	Forest Transportation Systems	森林运输系统	4
	案例教学	FE 515	Forest Road Engineering	林区道路工程	3
		FE 516	Forest Road System Management	森林道路系统管理	4
		FE 522	Forest Geomatics	森林测绘学	4
		FE 535	Water Quality and Forest Land Use	水质与林地利用	3
		FE 540	Forest Operations Analysis	森林作业分析	4
		FE 570	Logging Mechanics	伐木力学	4
		FE 571	Harvesting Management	采伐管理	3
		FE 579	Slope and Embankment Design	边坡与路堤设计	3
		FES 521	Natural Resource Research Planning	自然资源研究计划	3
		FES 543	Advanced Silviculture	高级造林学	3
		GEOG561	GIS science Ⅱ: Analysis and Applications	GIS 科学2：分析与应用	4
	其他课程	FE 506	Project / Professional Paper	项目/专业论文	3
		FOR 599	Seminar(if available)	研讨会	2

表 3-32　俄勒冈州立大学森林可持续管理博士学位课程

	课程代码	课程名称（英文）	课程名称（中文）	学分
核心课程	FOR 550	Sustainable Forest Management	可持续森林管理	3
	FES 521	Natural Resource Research Planning	自然资源研究计划	3
	ST 511	Methods of Data Analysis Ⅰ	数据分析方法 1	4
	ST 512	Methods of Data Analysis Ⅱ	数据分析方法 2	4
必修课程	FE 555	Forest Supply Chain Management	森林供应链管理	3
	FE 557	Techniques for Forest Resource Analysis	森林资源分析技术	3
森林经营与管理方向 案例教学	FE 522	Forest Geomatics	森林测绘	4
	FE 523	Unmanned Aircraft System Remote Sensing	无人飞机系统遥感	3
	FE 540	Forest Operations Analysis	森林运作分析	4
	FE 552	Forest Transportation Systems	森林运输系统	4
	FE 560	Forest Operations Regulations and Policy Issues	森林经营法规和政策问题	3
	FE 640	ST：Heuristics for Combinatorial Optimization	组合优化的探索方法	3
	FOR 520	Geospatial Data Analysis with MATLAB	MATLAB 对地理空间数据分析	3
	FOR 524	Forest Biometric	森林生物学	3
	FOR 561	Forest Policy Analysis	林业政策分析	3
	FES 543	Advanced Silviculture	高级造林学	3
	FES 552	Forest Wildlife Habitat Management	森林野生动物栖息地管理	4
	BA 562	Managing Projects	管理项目	3
	BA 550	Organization Leadership and Management	组织领导与管理	3
	IE521	Industrial Systems Optimization Ⅰ	工业系统优化 1	3
	IE 522	Industrial Systems Optimization Ⅱ	工业系统优化 2	3
	IE 563	Advanced Production Planning and Control	高级生产计划与控制	3
	ST 521	Introduction to Mathematical Statistics Ⅰ	数理统计导论 1	4
	ST 522	Introduction to Mathematical Statistics Ⅱ	数理统计导论 2	4
	ST 551	Statistical Methods Ⅰ	统计方法 1	4
	ST 552	Statistical Methods Ⅱ	统计方法 2	4
	WSE 555	Marketing and Innovation in Renewable Materials	可再生材料的营销与创新	4
其他课程	FE 603	Dissertation	学位论文	36 +
	FOR 699	Seminar（if available）	研讨会	2
森林政策分析与经济方向 核心课程	FOR 550	Sustainable Forest Management	可持续森林管理	3
	FES 521	Natural Resource Research Planning	自然资源研究计划	3
必修课程	FOR 561	Forest Policy Analysis	林业政策分析	3
	AEC 512	Microeconomic Theory Ⅰ	微观经济理论 1	4
选修两门	AEC 611	Advanced Microeconomic Theory Ⅰ	高级微观经济理论 1	4
	AEC 515	Macroeconomic Theory	宏观经济理论	4
	AEC 615	Advanced Macroeconomic Theory	高级宏观经济学理论	4
	AEC 652	Advanced Environmental Economics	高级环境经济学	3

（续）

课程代码		课程名称（英文）	课程名称（中文）	学分
森林政策分析与经济方向	案例教学	FE 640	ST：Heuristics for Combinatorial Optimization	组合优化的启发式算法	3
		FOR 534	Economics of the Forest Resource	森林资源经济学	3
		FOR 536	Wildland Fire Science and Management	荒原火灾科学与管理	4
		FOR 562	Natural Resource Policy and Law	自然资源政策与法律	3
		FOR 563	Environmental Policy and Law Interactions	环境政策与法律互相作用	3
		AEC 523	Preliminaries for Quantitative Methods	定量方法的初步学习	4
		AEC 525	Applied Econometrics	应用计量经济学	4
		FES 540	Wildland Fire Ecology	荒原火灾生态学	3
		IE 521	Industrial Systems Optimization Ⅰ	工业系统优化1	3
	其他课程	FE 603	Dissertation	学位论文	36 +
		FOR 699	Seminar（if available）	研讨会	2
森林生物和地理方向1	核心课程	FOR 550	Sustainable Forest Management	可持续森林管理	3
		FES 521	Natural Resource Research Planning	自然资源研究计划	3
		ST 521	Introduction to Mathematical Statistics Ⅰ	数理统计导论1	4
		ST 522	Introduction to Mathematical Statistics Ⅱ	数理统计导论2	4
	必修课程（选择两门）	FOR520	Geospatial Data Analysis with MATLAB	MATLAB 对地理空间数据分析	3
		FOR 524	Forest Biometric	森林生物学	3
		FOR 525	Forest Modeling	森林建模	3
	案例教学	FOR 561	Forest Policy Analysis	林业政策分析	3
		FES 543	Advanced Silviculture	高级造林学	3
		GEOG565	Spatio – Temporal Variation in Ecology & Earth Sci	生态与地球科学时空变化	4
		ST 535	Quantitative Ecology	数量生态学	3
		ST 551	Statistical Methods Ⅰ	统计方法1	4
		ST 552	Statistical Methods Ⅱ	统计方法2	4
		ST 553	Statistical Methods Ⅲ	统计方法3	4
		ST 555	Advanced Experimental Design	高级实验设计	3
		ST 557	Applied Multivariate Analysis	应用多变量分析	3
		ST 561	Theory of Statistics Ⅰ	统计理论1	3
		ST 562	Theory of Statistics Ⅱ	统计理论2	3
		ST 563	Theory of Statistics Ⅲ	统计理论3	3
		ST 623	Generalized Regression Models Ⅰ	广义回归模型1	3
		ST 625	Generalized Regression Models Ⅱ	广义回归模型2	3
	其他课程	FE 603	Dissertation	学位论文	36 +
		FOR 699	Seminar（if available）	研讨会	2
森林生物和地理方向2	核心课程	FOR 550	Sustainable Forest Management	可持续森林管理	3
		FES 521	Natural Resource Research Planning	自然资源研究计划	3
		ST 551	Statistical Methods Ⅰ	统计方法1	4
	必修课程（选择两门）	ST 552	Statistical Methods Ⅱ	统计方法2	4
		FE 522	Forest Geomatics	森林测绘	4
		FOR 524	Forest Biometric	森林生物学	3

（续）

	课程代码	课程名称（英文）	课程名称（中文）	学分
森林生物和地理方向 2	案例教学	CE 513	GIS in Water Resources	GIS 在水资源管理中的应用	3
		FE 515	Forest Road Engineering	林区道路工程	4
		FE 523	Unmanned Aircraft System Remote Sensing	无人飞机系统遥感	3
		FE 532	Forest Hydrology	森林水文学	4
		FE 640	ST：Heuristics for Combinatorial Optimization	组合优化的启发式算法	3
		FOR 525	Forest Modeling	森林建模	3
		FOR 534	Economics of the Forest Resource	森林资源经济学	3
		FOR 536	Wildland Fire Science and Management	荒原火灾科学与管理	4
		CE 562	Digital Terrain Modeling	数字地形模型	4
		CS 553	Scientific Visualization	科学计算可视化	4
		GEOG 546	Advanced Landscape and Seascape Ecology	高级景观和海景生态学	4
		GEOG561	GIScience Ⅱ：Analysis and Applications	地理信息科学 2：分析与应用	4
		GEOG565	Spatio-Temporal Variation in Ecology & Earth Sci	生态与地球科学时空变化	4
		GEOG580	Remote Sensing Ⅰ：Principles and Applications	遥感 1：原理与应用	4
		GPH 640	Geodesy	测地学	4
		ST 565	Time Series	时间序列	3
	其他课程	FE 603	Dissertation	学位论文	36 +
		FOR 699	Seminar（if available）	研讨会	2
造林、防火、森林健康方向	核心课程	FOR 550	Sustainable Forest Management	可持续森林管理	3
		FES 521	Natural Resource Research Planning	自然资源研究计划	3
		ST 551	Statistical Methods Ⅰ	统计方法 1	4
		ST 552	Statistical Methods Ⅱ	统计方法 2	4
	必修课程（选择两门）	FOR 513	Forest Pathology	森林病理学	3
		FOR 536	Wildland Fire Science and Management	荒原火灾科学与管理	4
		FES 512	Forest Entomology	森林昆虫学	3
		FES 543	Advanced Silviculture	高级造林学	3
	案例教学	FE 532	Forest Hydrology	森林水文学	4
		FE 534	Forest Watershed Management	森林流域管理	4
		FOR 517	Advanced Forest Soils	高级森林土壤学	4
		FOR 561	Forest Policy Analysis	林业政策分析	3
		FOR 562	Natural Resource Policy and Law	自然资源政策与法律	3
		FOR 563	Environmental Policy and Law Interactions	环境政策与法律互相作用	3
		FES 524	Natural ResourcesData Analysis	自然资源数据分析	4
		FES 540	Wildland Fire Ecology	林火生态学	3
		FES 545	Ecological Restoration	生态恢复	4
		FES 546	Advanced Forest Community Ecology	高级森林群落生态学	4
		FES 548	Biology of Invasive Plants	入侵植物生物学	3
		FES 600	Global Change Ecology	全球变化生态学	3
		BI 570	Community Structure and Analysis	群落结构与分析	4
		BOT 550	Plant Pathology	植物病理学	5
		CROP 540	Weed Management	杂草管理	4

（续）

	课程代码	课程名称（英文）	课程名称（中文）	学分
造林、防火、森林健康方向	案例教学	GEOG 546	Advanced Landscape and Seascape Ecology	高级景观和海景生态学	4
		GEOG565	Spatio – Temporal Variation in Ecology & Earth Sci	生态与地球科学时空变化	4
		ST 531	Sampling Methods	抽样方法	3
		ST 535	Quantitative Ecology	数量生态学	3
		ST 573	Ecological Sampling	生态取样	3
	其他课程	FE 603	Dissertation	学位论文	36 +
		FOR 699	Seminar（if available）	研讨会	2
森林土壤与流域管理方向	核心课程	FOR 550	Sustainable Forest Management	可持续森林管理	3
		FES 521	Natural Resource Research Planning	自然资源研究计划	3
		ST 511	Methods of Data Analysis Ⅰ	数据分析方法 1	4
		ST 512	Methods of Data Analysis Ⅱ	数据分析方法 2	4
	必修课程	FE 530	Watershed Processes	流域过程学	4
		FE 532	Forest Hydrology	森林水文学	4
		FOR 517	Advanced Forest Soils	高级森林土壤学	4
	案例教学	FE 534	Forest Watershed Management	森林流域管理	4
		FOR 518	Managing Forest Nutrition	森林营养管理	3
		FOR 520	Geospatial Data Analysis with MATLAB	MATLAB 对地理空间数据分析	3
		BEE 512	Physical Hydrology	物理水文学	3
		BEE 545	Sediment Transport	土砂流送	4
		BEE 546	River Engineering	河道工程	4
		BEE 549	Regional Hydrologic Modeling	区域水文建模	3
		CE 513	GIS in Water Resources	水资源地理信息系统	3
		CE 544	Open Channel Flow	开放式渠流	3
		CE 547	WRE Ⅰ：Principles of Fluid Mechanics	流体力学原理	4
		FES 524	Natural Resource Data Analysis	自然资源数据分析	4
		FES 545	Ecological Restoration	生态恢复	4
		FES 546	Advanced Forest Community Ecology	高级森林群落生态学	4
		FW 556	Limnology	湖沼学	5
		FW 580	Stream Ecology	河流生态学	3
		GEOG 523	Snow Hydrology	积雪水文学	3
		GEOG 596	Field Research in Geomorphology & Landscape Eco	地貌学与景观生态学研究	3
		SOIL 513	Properties, Processes, and Functions of Soils	土壤的性质、过程和功能	4
		SOIL 523	Principles of Stable Isotopes	稳定同位素原理	3
		SOIL 525	Mineral Organic Matter Interactions	矿物有机质相互作用	3
		SOIL 535	Soil Physics	土壤物理学	3
		SOIL 545	Environmental Soil Chemistry	环境土壤化学	3
		SOIL 547	Nutrient Cycling	营养循环学	3
		SOIL 566	Soil Morphology and Classification	土壤形态分类学	4
		ST 513	Methods for Data Analysis Ⅲ	数据分析方法 3	4
		ST 515	Design and Analysis of Planned Experiments	计划实验的设计与分析	3

（续）

课程代码		课程名称（英文）	课程名称（中文）	学分
森林土壤与流域管理方向	其他课程	FE 603　Dissertation	学位论文	36 +
		FOR 699　Seminar（if available）	研讨会	2
	核心课程	FOR 550　Sustainable Forest Management	可持续森林管理	3
		FES 521　Natural Resource Research Planning	自然资源研究计划	3
		ST 511　Methods of Data Analysis Ⅰ	数据分析方法 1	4
		ST 512　Methods of Data Analysis Ⅱ	数据分析方法 2	4
	必修课程	FE 532　Forest Hydrology	森林水文学	4
		FE 552　Forest Transportation Systems	森林运输系统	4
可持续林业工程方向	案例教学	FE 515　Forest Road Engineering	林区道路工程	3
		FE 516　Forest Road System Management	森林道路系统管理	4
		FE 522　Forest Geomatics	森林测绘学	4
		FE 536　Watershed Impacts of Forest Disturbance	森林干扰对流域的影响	4
		FE 540　Forest Operations Analysis	森林作业分析	4
		FE 570　Logging Mechanics	伐木力学	4
		FE 571　Harvesting Management	采伐管理	3
		FE 579　Slope and Embankment Design	边坡与路堤设计	3
		FE 640　ST: Heuristics for Combinatorial Optimization	组合优化的启发式算法	3
		FOR 534　Economics of the Forest Resource	森林资源经济学	3
		FES 543　Advanced Silviculture	高级造林学	3
		IE 521　Industrial Systems Optimization Ⅰ	工业系统优化 1	3
		IE 522　Industrial Systems Optimization Ⅱ	工业系统优化 2	3
		IE 545　Human Factors Engineering	人因工程学	4
	其他课程	FE 603　Dissertation	学位论文	36 +
		FOR 699　Seminar（if available）	研讨会	2

3.4.1.10　加拿大不列颠哥伦比亚大学

通过对不列颠哥伦比亚大学涉林专业的研究生课程体系进行调研，其林学院所开设的硕士和博士所有研究生课程见表3-33，可以看出涉林专业研究生课程按照"自然资源保护""森林经营""林学""城市林业"和"木材产品加工"共五大课程模块开设。每个课程模块的侧重领域不同，学生根据自身的兴趣爱好和指导教师的要求选择合适的课程学习。其中"自然资源保护"模块课程内容主要涵盖了生态环境保护、自然资源管理等主要内容，所开展的课程有"保护生物学""国际保护与森林资源管理研究""基础保护"等；"森林经营"模块课程主要包含的课程是"流域水文学"；"林学"模块课程主要包含林业系统基本知识的相关的实践类课程，主要有"森林生态学与造林学""林业科学与管理的原则""实地指导"等课程；"城市林业"模块课程主要包含"城市绿化"和"城市林业与福利"两门专业课程；"木材产品加工"模块课程内容主要涵盖了木材生产以及加工中的设计、管理等内容，主要课程有"木材产品加工与森林管理导论""木材工业中的商业管理""木材性质与产品制造"等。

林学专业的研究生课程模块中，除设置森林生物学、生态学、造林学、分类学、生理学、流域水文学、野生动物、森林可持续管理、信息技术等林学相关的基础理论知识外，还设置了技术沟通技巧和实习、实地考察和综合项目。这说明学院更加注重基础知识与林业实践的结合，几乎每个课程模块都开设了实践类课程。相关专业的硕士与博士研究生可以在导师的指导下，根据自身的学习情况以及兴趣爱好选择下列研究生课程，学院在课程结束后组织相关考试或以提交论文方式来完成课程全部学习。

表 3-33　加拿大不列颠哥伦比亚大学林学院硕博研究生课程体系

课程代码		课程名称（英文）	课程名称（中文）	学分
自然资源保护	CONS 101	Introduction to Conservation and Forest Sciences	森林保护与科学概论	1
	CONS 127	Observing the Earth From Space	空间观测地球	3
	CONS 200	Foundations of Conservation	基础保护	3
	CONS 210	Visualizing Climate Change	可视化的气候变化	3
	CONS 330	Conservation Biology	保护生物学	3
	CONS 340	Introduction to Geographic Information Systems for Forestry and Conservation	森林与保护的地理信息系统概论	3
	CONS 425	Sustainable Energy：Policyand Governance	可持续能源：政策与管理	3
	CONS 453	International Conservation and Forest Resource Management Field School	国际保护与森林资源管理研究	6
	CONS 452	Global Perspectives Capstone	全球展望顶点项目	12
	CONS 481	Recreation and Conservation Planning	游憩与保护计划	3
	CONS 486 / RMES 586	Fish Conservation and Management	渔业保护与管理	3
	CONS 528	Social Science Research Methods and Design for Natural Resource Management	自然资源管理的社会科学研究方法与设计	3
森林经营	FOPR 388	Watershed Hydrology	流域水文学	3
林学	FRST 100	Introduction to Forestry	林学概论	3
	FRST 201	Forest Ecology and Silvics	森林生态学与造林学	3
	FRST 210	Forest Biology II	森林生物学 2	3
	FRST 211	Forest Classification and Silvics	森林分类学与造林学	3
	FRST 231	Introduction to Biometrics and Business Statistics	生物测定学与业务统计导论	3
	FRST 232	Computer Applications in Forestry	林学计算机应用	3
	FRST 270	Community Forests and Community Forestry	社区森林与社区林业	3
	FRST 300/304	Principles of Forest Science and Management	林业科学与管理的原则	3
	FRST 305	Silviculture	造林学	3
	FRST 307	Biotic Disturbances	生物干扰	3
	FRST 311	Plant Physiology	植物生理学	4
	FRST 318	Forest and Conservation Economics	森林与保护经济学	3
	FRST 320	Abiotic Disturbances	非生物干扰	3
	FRST 351	Interior Field School	室内实地指导	2
	FRST 385	Watershed Hydrology	流域水文学	3

（续）

	课程代码	课程名称（英文）	课程名称（中文）	学分
	FRST 386	Aquatic Ecosystems and Fish in Forested Watersheds	森林流域的水生生态系统与鱼类	3
	FRST 395	Forest Wildlife Ecology and Management	森林野生动物生态学与管理	3
	FRST 415	Sustainable Forest Policy	可持续的森林政策	3
	FRST 411	Complex Adaptive Systems，Global Change Science and Ecological Sustainability	复杂自适应系统、全球变化科学与生态可持续性	3
	FRST 424	Sustainable Forest Management	可持续森林管理	3
林学	FRST 436 / 537c	Forest Stand Dynamics	林分动态	3
	FRST 443	Remote Sensing in Forestry and Agriculture	林业与农业遥感	3
	FRST 452	Spring Field School	春季实地指导	2
	FRST 544	Technical Communication Skills（Ⅰ）	技术沟通技巧1	3
	FRST 545	Technical Communication Skills（Ⅱ）	技术沟通技巧2	3
	FRST 547	Forestry in British Columbia	不列颠哥伦比亚林业	3
	FRST 573	Wood-Fluid Relationships	木材—流动的关系	3
城市林业	UFOR 100	Greening the City	城市绿化	3
	UFOR 200	Urban Forests and Well - Being	城市林业与福利	3
木材产品加工	WOOD 120	Introduction to Wood Products and Forest Management	木材产品加工与森林管理导论	3
	WOOD 244	Quantitative Methods in the Wood Industry	木材产业中的定量方法	3
	WOOD 271	Wood Products Chemistry Ⅰ	木制品化学1	4
	WOOD 273	Wood Adhesives and Coatings	木材胶黏剂与涂料	/
	WOOD 280	Wood Anatomy and Identification	木材解剖与鉴定	3
	WOOD 282	Wood Physics and Drying	木材物理学与干燥	3
	WOOD 284	Sawmilling	锯木法	/
	WOOD 292	Two - Dimensional and Solid Computer - Aided Graphics	二维与立体计算机辅助制图	2
	WOOD 330	Industrial Engineering	工业工程学	3
	WOOD 440	Engineering Economics	工程经济学	3
	WOOD 461	Globalization and Sustainability	全球化与可持续发展	3
	WOOD 464	Wood Finishing	木材加工	4
	WOOD 465	Business Management in the Wood Industry	木材工业中的商业管理	3
	WOOD 474	Wood Properties and Products Manufacturing	木材性质与产品制造	2
	WOOD 482	CAD/CAM	计算机辅助设计与制作	4
	WOOD 492	Modelling for Decision Support	建模决策支持	3
	WOOD 493	Project in Program Major	专业项目计划	3

3.4.1.11 加拿大多伦多大学

对多伦多大学涉林专业的研究生课程体系设置进行调研，其林学院开设的全部涉林专业研究生课程设置见表 3-34。可以看出，可供博士和硕士选择的研究生课程内容多以应用型知识为主，如"当前森林保护中的问题""可持续森林管理及认证""城市森林保护实地"等课程。同时也包括研讨与实践课程，如"研究生研讨会""森林保护实习"等课程。开设应用型课程体现了课程设置的多样化，更加注重对学生专业能力的培养。多伦多大学课程学分设置原则是根据开课的时间来决定，半年课程为 0.5 学分，1 年课程为 1 学分，但是学校官网没有明确给出各课程的具体学分。博士研究生需要参加"研究生研讨会"课程，课程学分为 0.5 学分，学生会被要求进行相关的知识探讨以及项目展示。同时，也可以看出多伦多大学的林学研究生课程学习主要集中在对自然资源资源的保护、森林的可持续经营管理、生态经济补偿等方面的知识。

表 3-35 为森林保护学专业学位硕士课程，学制为 16 个月，内容包括：第一学年秋季课程 5 门专业课、第一学年春季课程 4 门专业课及相关选修课程、第一学年夏季课程 2 门专业课、第二学年秋季课程 2 门专业课及相关选修课程。需要指出的是，第一学年夏季课程的 2 门专业课为森林保护实习以及国际森林保护实地学习或森林保护实习和交替野外课程，这两门课全部是野外实践课程，体现出学院对于野外森林保护以及相关实践技能学习的重视。实习地点无论是在加拿大或国外，主要进行实际的森林保护和环境项目工作，由一名学院的学术人员提供咨询和协助安排，实践学习期通常持续 2~3 个月，可为最后的研究论文打下基础。在森林保护学专业学习结束时，最后要求学生提交关于项目的研究论文。

表 3-34 多伦多大学林学院的研究生课程体系

课程代码	课程名称（英文）	课程名称（中文）
FOR1001H	Graduate Seminar	研究生研讨会
FOR1270H	Forest Biomaterial Sciences: Fundamentals, Applications, and the Next Frontier	森林生物材料科学：基础，应用和下一个前沿
FOR1288H	Design and Manufacturing of Biomaterials	生物材料的设计与制造
FOR1294H	Bioenergy and Biorefinery Technology	生物能源和生物炼制技术
FOR1412H	Natural Resource Management 1	自然资源管理 1
FOR1413H	Natural Resource Management 2	自然资源管理 2
FOR1416H	Forest Fire Danger Rating	森林火灾危险等级
FOR1575H	Urban Forest Conservation	城市森林保护
FOR1585H	Urban Forest Conservation Field Camp	城市森林保护实地
JFG1610H	Sustainable Forest Management & Certification	可持续森林管理及认证
FOR1900H	Advanced Topics in Forestry 1	高级林业专题 1
FOR1901H	Advanced Topics in Forestry 2	高级林业专题 2
FOR3000H	Current Issues in Forest Conservation	当前森林保护中的问题
FOR3001H	Biodiversity of Forest Organisms	森林生物多样性
FOR3002H	Applied Forest Ecology and Silviculture	应用森林生态与造林学
FOR3003H	Economics of Forest Ecosystems	森林生态系统经济学
FOR3004H	Forest Management Decision Support Systems	森林经营决策补给系统
FOR3005H	Stresses in the Forest Environment	森林环境应力
FOR3006H	Case Study Analysis in Forest Management	森林经营中的案例分析

（续）

课程代码	课程名称（英文）	课程名称（中文）
FOR3007H	Internship in Forest Conservation	森林保护实习
FOR3008H	Capstone project in Forest Conservation	森林保护定点项目
FOR3009H	Forest Conservation Biology	森林保护生物学
FOR3010H	Society and Forest Conservation	社会与森林保护
FOR3011H	International Forest Conservation Field Camp	国际森林保护实地
FOR3012H	Analytical Methods in Forestry	林业分析方法

表 3-35　森林保护学专业学位硕士课程体系

	课程代码	课程名称（英文）	课程名称（中文）
	FOR 3000H	Current Issues in Forest Conservation	关于森林保护的当前问题
	FOR 3001H	Biodiversity of Forest Organisms	森林的生物多样性
第一学年秋季课程	FOR 3002H	Applied Forest Ecology and Silviculture	应用森林生态与造林学
	FOR 3003H	Economics of Forest Ecosystems	森林生态系统经济学
	FOR 3012H	Analytical Methods in Forestry	林业分析方法
	FOR 3004H	Forest Management Decision Support Systems	森林管理决策支持系统
	FOR 3005H	Stresses in the Forest Environment	森林环境应力
第一学年春季课程	FOR 3009H	Forest Conservation Biology	森林保护生物学
	FOR 3010H	Society and Forest Conservation	社会与森林保护
		Elective(s)	选修课程
	FOR 3007H	Internship in Forest Conservation	森林保护实习
第一学年夏季课程	FOR 3011H or FOR 1585H Urban	International Forest Conservation Field Camp or Forest Conservation Field Camp or alternate eligible field course	国际森林保护实地学习或森林保护实习和交替野外课程
	FOR 3006H	Case Study Analysis in Forest Management	森林管理案例研究分析
第二学年秋季课程	FOR 3008H	Capstone Project in Forest Conservation	森林保护顶点项目
		Elective(s)	选修课程

3.4.1.12　英国阿伯丁大学

以阿伯丁大学环境与森林管理硕士学位研究生和生态保护学硕士学位研究生的课程为例（表 3-36、表 3-37）来分析阿伯丁大学涉林专业研究生的课程体系设置特点。从表 3-36 可以看出，阿伯丁大学环境与森林管理硕士学位研究生的课程分为两个可供学生选择的课程模块，总学分要求为 120 学分，每个模块中均要修满 60 学分的研究生课程，另外还需要在最终提交一份学术论文，论文占 60 学分。所有的研究生课程都是选修课程，最终的课程成绩由教师根据学生的作业判定，课程作业包括传统的论文、个人展示、实践报告和实地调查等几个部分，课程并不安排考试。第一种课程模块内容涵盖了地理信息系统学习、相关林业实验设计、数据统计分析以及相关生态学等知识，主要课程有"试验设计与统计分析""地理信息系统概论""生态系统过程"等；第二种课程模块内容涵盖了森林生态理论、相关实践技能学习以及环境因素研究等，主要课程有"环境影响评价""欧洲林地实地课程""环境管理计划"等。

从表3-37可以看出，生态保护学硕士学位研究生的课程分为必修与选修两类，主要内容包括理论讲授和技能培训，没有课程考试，课程设置更加注重对学生实践技能的培养。其中，必修课程学分要求为52.5学分，学位论文60学分。必修课程包括"试验设计与分析""地理信息系统概论""植物生态学""种群生态学""研究项目计划""生态学项目"。选修课程包含知识内容较广，主要以林学生态学、数理统计、环境管理等内容为主，学生需在导师的指导下选择相应的学习课程。

表3-36 阿伯丁大学环境与森林管理硕士研究生课程

课程代码		课程名称（英文）	课程名称（中文）	学分
可选择的第一种模块，选择60学分	BI5009	Experimental Design and Statistical Analysis	试验设计与统计分析	15
	BI5010	Statistics for Complex Study Design	复杂研究设计的统计分析	7.5
	EV5006	Core Skills for Environmental Sciences	环境科学核心技能	15
	EV5402	Introduction to GIS	地理信息系统概论	7.5
	EV5513	Applications of GIS	地理信息系统应用	7.5
	EV5513	Plant Ecology	植物生态学	15
	SS5008	Global Soil Geography	全球土壤地理学	15
	/	Timber, Harvesting and Measurement	木材，采伐与测量	15
	BI5301	Environmental Pollution	环境污染	15
	PL5303	Ecosystem Processes	生态系统过程	15
可选择的第二种模块，选择60学分	/	Applied Forest Ecology	应用森林生态学	15
	/	Ecology, Conservation and Society	生态，保护与社会	15
	SS5500	Remediation Technology	修复技术	15
	EK5804	Environmental Impact Assessment	环境影响评价	15
	/	Woodland Conservation & Management Field Course	林地保护与管理实地课程	7.5
	FY5701	European Forests Field Course	欧洲林地实地课程	7.5
	/	Catchment Management	流域管理	15
	/	Environmental ManagementPlan	环境管理计划	15
	EV5800	Environmental Analysis	环境因素分析	15

表3-37 阿伯丁大学生态保护学硕士研究生课程

课程代码		课程名称（英文）	课程名称（中文）	学分
必修课程	BI5009	Experimental Design and Analysis	试验设计与分析	15
	EV5402	Intoduction to GIS	地理信息系统概论	7.5
	PL5001	Plant Ecology	植物生态学	15
	ZO5304	Population Ecology	种群生态学	7.5
	EK5805	Research Project Planning	研究项目计划	7.5
	ZO5901	Project in Ecology	生态学项目	60

（续）

课程代码		课程名称(英文)	课程名称(中文)	学分
选修课程	BI5010	Statistics for Complex Study Design	复杂研究设计的统计分析	7.5
	EK5003	Introduction to Ecological Fields Research in Northern Scotland	苏格兰北部生态区域的研究介绍	7.5
	EK5405	Molecular Ecological Techniques	分子生态学技术	7.5
	SS5305	Soils for Food Secruity	土地与食品安全	15
	ZO5303	Aquaculture	水产养殖	7.5
	BI5401	Introduction to Bayesian Inference	贝叶斯推理导论	7.5
	EK5804	Environmental Impact Assessment	环境影响评价	15
	EV5511	Spatial Information Analysis	空间信息分析	7.5
	ZO5508	Marine Spatial Management and Top Predators	海洋空间管理与顶级捕食者	15
	BI5702	Readings in Ecology, Conservation and Environment	生态学、保护与环境解读	7.5
	EK5510	Ecology, Conservation and Society	生态、保护与社会	15
	EK5511	Catchment Management	流域管理	15
	EV5801	Environmental Management Plan	环境管理计划	15
	EK5806	Applied Forest Ecology	应用森林生态学	15
	EK5704	Advanced Modelling for Ecology and Conservation	保护生态学高级建模	7.5

3.4.1.13　丹麦哥本哈根大学

对哥本哈根大学涉林专业研究生的课程体系设置进行调研，表 3-38 为森林及自然管理专业硕士学位研究生的课程设置，其中必修课程包括林业生态的相关理论知识，共 52.5 学分，选修课程未规定所需达到的学分要求，可根据自身学习情况和导师建议选择，课程结束后会有相关考试和论文作业，并且有学位论文的要求。

表 3-39 为哥本哈根大学可持续森林及自然管理专业硕士学位研究生的课程设置，此专业研究生可参加欧盟“伊拉斯莫斯”(Erasmus Mundus)计划，该学习计划分为第一部分专业课和第二部分专业课两种学习模式，学习时间各 1 年，共需 2 年完成硕士阶段的学习。具体的计划内容是：第一部分专业课可以在 3 个欧洲大学中开展学习，学习阶段为第一学年，分别是哥本哈根大学、班戈大学、哥廷根大学，学生需要选择 3 所学校中的一所开展学习，课程性质都为必修课，共需修满 60 学分，课程内容主要是关于可持续森林和自然管理的基本理论知识；第二部分专业课可选择的欧洲大学分别是哥本哈根大学、班戈大学、哥廷根大学、瑞典农业大学、帕多瓦大学，此阶段的学习时间为第二学年，学生需要在硕士阶段的第二学年完成 30 学分的课程学习，以及 30 学分的硕士学位论文。需要注意的是，两个阶段的课程及学校选择中，必须保证有一个阶段的学习是在哥本哈根大学完成。

表 3-40 是部分博士学位研究生的课程内容，多数的博士研究生课程具备专业性和实践性特点，这些课程设定的目的是在为学生提供一个坚实的理论研究的基础上，能够充分发挥学生对于实际科研过程中的主观能动作用。相对于硕士研究生课程内容，博士课程研

究领域更为深入和具体，如"实验性的动物营养与生理学""木本植物边缘种群内和种群间的遗传结构分析"等，专注于对某一林业具体领域的研究。课程设置更加注重实验研究，鼓励学生独立设计和操作实验，对于所选择的学习领域能够产生自己独特的见解并有所创新性发现，最终完成博士学位论文。

表3-38　哥本哈根大学森林及自然管理专业硕士学位研究生的课程体系

	课程代码	课程名称（英文）	课程名称（中文）	学分
必修课程	LNAK10064U	Thematic Course：Ecology and Management of Forests and Other Semi – Natural Terrestrial Ecosystems	主题课程：森林的生态与管理和其他半自然陆地生态系统	15
	LOJK10282U	Applied Economics of Forest and Nature	森林与自然应用经济学	7.5
	LFKK10265U	Conflict Management	矛盾管理	7.5
	LTEK10157U	Natural Resource Sampling and Modelling	自然资源取样与建模	7.5
	LNAK10098U	Forest and Nature Management Planning	森林与自然管理规划	15
选修课程	LFKK10278U	Project Management	项目管理	7.5
	NIFK14032U	Business Development and Innovation	业务发展与创新	7.5
	NIGK14007U	Tree Biology and Arboriculture	树理生物学与栽培	7.5
	NIFK14013U	Tropical Forests，People and Policies	热带森林人口与政策	7.5
	LNAK10037U	Applied Ethnobotany	应用人文植物学	7.5
	LNAK10099U	Biodiversity in Urban Nature	城市自然生物多样性	7.5
	LFKK10270U	Research Planning	研究计划	7.5
	NIFK14031U	Behavioural and Experimental Economics	行为与实验经济学	7.5
	LPLK10360U	From Plants to Bioenergy	从植物到生物能	7.5
	LNAK10017U	Participatory Forest Management	参与式森林管理	7.5
	NPLK14011U	Tropical Botany B	热带植物B	7.5
	NIFK14019U	Empirical Methods in Social Science	社会科学的经验方法	7.5
	NBIK12003U	Conservation Biology	保护生物学	7.5
	LNAK10069U	Climate Change Impacts，Adaptation and Mitigation	气候变化的影响，适应及缓解	15
	NIGK13007U	Ecosystem Services from Forests and Nature	森林与自然生态系统服务	/
	NIFK14029U	Motivation and Proenvironmental Behaviour – Managing Change	动机与环境考虑的行为—变化管理	7.5
	LNAK10072U	Global Environmental Governance	全球环境治理	7.5
	LNAK10066U	Planlægning i det åbne land	开放国家中的规划	7.5
	LNAK10052U	Silviculture of Temperate Forests	温带森林培育	7.5
	NIFK14037U	Climate Change and Forestry：Monitoring and Policies	气候变化与林业：监管与政策	7.5
	LOJK10291U	Introduction to Consultancy	咨询介绍	7.5
	NBIA08029U	Feltkursus i naturforvaltning	Feltkursus的自然保护	7.5
	NFKK14006U	Project in Practice	项目实践	15
	NFKK14001U	Project Outside the Course Scope	项目外课程	7.5

表 3-39　哥本哈根大学可持续森林及自然管理专业硕士学位研究生的课程体系

	课程代码	课程名称（英文）	课程名称（中文）	学分
第一部分专业课	哥本哈根大学		Thematic Course：Ecology and Management of Forestsand Other Semi-Natural Terrestrial Systems	专题课程：森林和其他半自然陆地系统的生态学和管理	15
		LOJK10282U	Applied Economics of Forest and Nature	森林与自然应用经济学	7.5
		LFKK10265U	Conflict Management	冲突管理	7.5
		LNAK10072U	Global Environment Governance	全球环境治理	7.5
		NIFK14037U	Climate Change and Forestry：Monitoring and Policies	气候变化和林业：监测和政策	7.5
		LNAK10104U	Location Specific Knowledge and Fieldwork in Temporary Forest and Nature Management	临时森林和自然管理中的特定地点知识和实地调查	7.5
		NIFK13008U	Sustainable Forest and Nature Management	可持续森林和自然管理	7.5
	斑戈大学	/	Silviculture	造林学	10
			Ecosystem Function	生态系统功能	10
			Natural and Semi-Natural Forests	天然及半天然林	10
			Research Methods	研究方法	10
			Contemporary Temperate Forest and Nature Management：Climate Change and Management Strategies	现代温带森林与自然管理：气候变化和管理战略	5
			Location Specific Knowledge and Fieldwork in Temperate Forest and Nature Management	温带森林与自然的管理的专业知识与野外实习	7.5
			Sustainable Forest and Nature Management	可持续森林及自然管理	7.5
	哥廷根大学	/	Forest Management and Different Climatic Conditions	森林管理与不同气候条件	6
			Monitoring of Forest Resources	森林资源监测	6
			International Forest Policy and Economics	国际森林政策和经济	6
			Biometrical Research Methods	生物统计的研究方法	6
			Remote Sensing Image Processing with Open Source Software	基于开源软件的遥感图像处理	6
			Forestry in Germany	德国林业	10
			Contemporary Temporal Forest and Nature Management：Climate Change and Management Strategies	当代森林与自然管理：气候变化与管理策略	5
			Location Specific Knowledge and Fieldwork in Temporary Forest and Nature Management	温带森林与自然的管理的专业知识与野外实习	7.5
			Sustainable Forest and Nature Management	可持续森林及自然管理	7.5

（续）

	课程代码	课程名称（英文）	课程名称（中文）	学分
第二部分专业课	哥本哈根大学	LFKK10270U Research Planning	研究计划	7.5
		LTEK10157U Natural Resource Sampling and Modelling	自然资源取样和模拟	7.5
		LNAK10098U Forest and Nature Management Planning	森林与自然管理规划	15
	班戈大学	/ Conservation Biology	保护生物学	10
		Evidence Based Conservation	基于保护理论	10
		Research Planning	研究计划	10
	哥廷根大学	/ Bioclimatology and Climate Change	生物气候学和气候变化	6
		Monitoring of Forest Resources	林业资源监测	6
		Biodiversity and Wildlife Management	生物多样性与野生动物管理	6
		Forest Management under Different Climatic Conditions	不同气候条件下的森林经营	6
		Research Planning	研究计划	6
	瑞典农业大学	/ Sustainable Forestry in Southern Sweden	瑞典南部的可持续林业	10
		Planning in Sustainable Forest Management	可持续森林管理规划	10
		National and International Forest Policy	国家和国际森林政策	10
		Broadleaves：Ecology, Nature Conservation, Silviculture	阔叶林：生态、自然保护、造林学	10
		Research Planning	研究计划	10
	帕多瓦大学	/ Management of Mountain Forests and Logging Systems	山地森林和采伐系统的管理	10
		Valuation and Assessment of Forest and Environmental Goods and Services	森林和环境货物的估价和服务	6
		Mountain Fluvial Morphology and Stream Restoration	河流地貌与河流恢复	8
		Research Planning	研究计划	6

表 3-40　哥本哈根大学涉林博士研究生的课程体系（部分）

课程代码	课程名称（英文）	课程名称（中文）	学分
NSCPHD1046	Advanced Methods in Plant Pathology	植物病理学高级方法	5
NSCPHD1047	Advanced Plant Microbe Interactions	高等植物微生物相互作用	5
NSCPHD1066	Advanced Presentation Techniques	高级报告技术	2
NDAK15013U	Advanced Topics in Image Analysis	图像分析中的前沿课题	7.5
NSCPHD1026	Advances in Plant Biology	植物生物学研究进展	12
NSCPHD1127	Agricultural Transformation and Rural Innovations Field Course	农业转型与农村创新领域实地课程	8
NSCPHD1098	Analysis of Genetic Structure Within and Among Populations with Focus on Marginal Populations of Woody Species	木本植物边缘种群内和种群间的遗传结构分析	4
NSCPHD1043	Applied Insect Ecology with Emphasis on Insect-Plant, Insect-Insect and Climate-Insect Interactions	应用昆虫生态学的重点：昆虫和植物，昆虫和昆虫，气候和昆虫的相互作用	8

（续）

课程代码	课程名称（英文）	课程名称（中文）	学分
SBIA10210U	Applied Programming for Biosciences	生物科学应用规划	7.5
NSCPHD1100	Applied Statistical Modelling in Forest and Natural Resource Assessment and Planning	森林与自然资源评价与规划中的应用统计模型	4
NSCPHD1077	Bayesian Statistics	贝叶斯统计	7.5
NSCPHD1295	Bio – Cultural Diversity and Governance Aspects of Urban Green Infrastructures	城市绿色基础设施的生物文化多样性与治理	5
NSCPHD1033	Biological Dynamics	生物动力学	7.5
NSCPHD1014	Categories and Topology	范畴与拓扑	7.5
NSCPHD1009	Environmental Soil Chemistry	环境土壤化学	8
SASA10150U	Experimental Animal Nutrition and Physiology	实验性的动物营养与生理学	7.5
NSCPHD1122	International Nature Conservation	国际自然保护	7.5
NSCPHD1012	Introduction to MATLAB for Multivariate Data Analysis	多元数据分析的 MATLAB 导论	3
NSCPHD1037	Methods in Insect Pathology with Focus on Entomopathogenic Fungi	关注昆虫病原真菌的昆虫病理学方法	4
NSCPHD1007	Microsensor Analysis in the Environmenal Sciences	环境科学传感器分析	5
NSCPHD1211	Modelling Species Distributions Under Climate Change	气候变化下的物种分布模型	4

3.4.1.14　澳大利亚墨尔本大学

对墨尔本大学森林生态系统科学和城市园艺学硕士学位研究生的课程进行调研，结果见表 3-41 和表 3-42，从中可以看出：墨尔本大学的学术型硕士和专业硕士的课程均分为核心课程/必修课程和选修课程两大类，选修课程相对较少。森林生态系统科学专业硕士，旨在为学生提供全球森林和自然资源管理的相关知识、技能和分析能力，学生将学习有关气候变化科学、水资源管理和生物多样性保护的知识，并有能力在该领域开展关键性的实验工作。森林生态系统科学核心课程主要涵盖森林生态系统的相关理论知识和森林经营管理等内容，总学分为 200 学分，必修课共需 125 学分，开展的课程如"木材，可持续与可再生原料""可持续森林经营""林区规划与经营"等，此外还开设了实习课程；选修课程主要包括了"社会研究方法"和"项目管理"两门课程。

城市园艺学的专业课程主要涵盖了城市园艺理论知识和城市景观设计与管理方面的内容。培养学生运用生物、社会文化和环境因素的原则，对当代城市景观和生态系统进行跨学科管理和规划。总学分要求为 200 学分，必修课需选择 50 学分，开设的必修课程主要有"园艺植物科学""景观建设与制图""城市景观管理"等；选修课程包括"景观恢复"和"园林史"两门课程。但只从城市园艺学专业开设的课程内容来看，缺少实践与应用方面的相关课程，理论课程讲授偏多。

表 3-41　墨尔本大学森林生态系统科学硕士学位研究生的课程体系

	课程代码	课程名称（英文）	课程名称（中文）	学分
核心课程	FRST90015	Forest Ecosystems	森林生态系统	12.5
	FRST90016	Trees in a Changing Climate	气候变化中的树木	12.5
	FRST90032	Forests, Carbon and Climate Change	森林，碳与气候变化	12.5
	FRST90021	Sustainable Forest Management	可持续森林经营	12.5
	FRST90022	Forests and Water	森林与水域	12.5
	FRST90031	Timber, Sustainable & Renewable Material	木材，可持续与可再生原料	12.5
	FRST90030	Forests in the Asia Pacific Region	亚太地区的森林	12.5
	FRST90019	Forest Assessment and Monitoring	森林评价与检测	12.5
	FRST90073	Forest Planning and Business Management	林业规划与商业经营	12.5
	FRST90026	Bushfire & Biodiversity	林区与生物多样性	12.5
	FRST90034	Ecological Restoration	生态恢复	12.5
	FRST90035	Forest Internship Project	森林实习项目	25
	FRST90017	Bushfire Planning & Management	林区规划与经营	12.5
选修课程	NRMT90003	Social Research Methods	社会研究方法	12.5
	NRMT90021	Project Management	项目管理	12.5

表 3-42　墨尔本大学城市园艺学硕士学位研究生的课程体系

	课程代码	课程名称（英文）	课程名称（中文）	学分
必修课程	HORT90033	Landscape Plants	园林植物	12.5
	HORT90008	Horticultural Plant Science	园艺植物科学	12.5
	HORT90034	Landscape Design	景观设计	12.5
	HORT90004	Contemporary Plant Production & Establishment	现代植物生长与设施	12.5
	ERTH90028	Urban Soils, Substrates and Water	城市土壤，基质与水	12.5
	HORT90035	Landscape Construction and Graphics	景观建设与制图	12.5
	HORT90047	Short Research Project	简洁研究计划	12.5
	ABPL90337	Managing Urban Landscapes	城市景观管理	12.5
选修课程	HORT90011	Therapeutic Landscapes	景观恢复	12.5
	ABPL90265	History of Landscape Architecture	园林史	12.5

3.4.1.15　瑞典农业科学大学

对瑞典农业科学大学的研究生课程设置进行调研，以植物生理学、鱼类和野生动物种群管理硕士学位研究生课程体系（表 3-43、表 3-44）为例进行分析，可以看出，两个硕士研究生专业的课程体系均包括必修和选修这两大类课程，学制均为 2 年，课程门数虽然不多，但基本都涵盖了相关领域的基础理论和实践项目，内容更偏重于专业理论知识的学习。植物生理学硕士专业的必修课要求达到 60 学分，其中固定必修课程共 45 学分，课程分别为"植物生长发育""遗传多样性与植物育种"和"分子—植物—微生物相互作用"，另外，还需选择 15 学分的必修课程；鱼类和野生动物种群管理硕士专业的必修课要求达到 60 学分，课程分别为"鱼类和野生动物普查技术""应用种群生态学""鱼类和野生动物管理的人类维度"以及"鱼类与野生动物管理"。从整体上看，只开设少数的实践课程，如研究培训、环境科学高级课程项目等。

表 3-45 为瑞典农业科学大学欧洲林务员专业硕士学位研究生的课程体系，必修课程要求达到 60 学分，学制为 2 年，其必修课程分别为"瑞典南部可持续林业""可持续森林管理规划""国家和国际森林政策"以及"阔叶树：森林动态，生物多样性和多目标管理"共 4 门课程，每门课程为 15 学分。专业设置旨在培养林业生态系统的专业管理以及研究人员，在学习林学生态知识的基础上，还需要掌握欧洲以及世界林业政策，扩宽专业领域，同时强调学生学习的自主性以及掌握相关的林业实践管理技能。

表 3-43　瑞典农业科学大学植物生理学硕士学位研究生的课程体系

	课程代码	课程名称（英文）	课程名称（中文）	学分
必修课程		Plant Growth and Development	植物生长发育	15
	BI1103	Genetic Biodiversity and Plant Breeding	遗传多样性与植物育种	15
		Molecular Plant-Microbe Interactions	分子—植物—微生物相互作用	15
必修课程 （选择 15 学分）	BI1258	Biology and Production of Agricultural Plants	农业植物生物学与生产	10
	FÖ0309	Ethics	伦理学	5
	BI1044	Plant Pathology	植物病理学	15
		Genome Function	基因组功能学	15
选修课程	BI1179	Agricultural Cropping Systems	农业种植系统	5
	BI0961	Bioinformatics	生物信息学	10
	BI1249	Research Training	研究培训	15
	BI1161	Genetically Modified Organisms	转基因生物学	10
	BI0962	Genome Analysis	基因组分析	10
	BI1164	Molecular Ecology And Evolution	分子生态与进化学	15
	MV0196	Soil and Water Chemistry	土壤水化学	10
	BI0883	Soil Biology	土壤生物学	5
	MV0199	Soils of The World	世界土壤学	5

表 3-44　瑞典农业科学大学鱼类和野生动物种群管理硕士学位研究生的课程体系

	课程代码	课程名称（英文）	课程名称（中文）	学分
必修课程	SLU－10160	Fish and Wildlife Census Techniques	鱼类和野生动物普查技术	15
	SLU－20111	Applied Population Ecology	应用种群生态学	15
	SLU－30150	Human Dimensions of Fish and Wildlife Management	鱼类和野生动物管理的人类维度	15
	SLU－40110	Fish and Wildlife Management	鱼类与野生动物管理	15
选修课程	SLU－10159/ SLU－20110/ SLU－30152/ SLU－40109/ SLU－50017	Project Based Advanced Course in Environmental Sciences at Dept. of Wildlife Fish, and Environmental Studies	基于野生动物鱼类与环境研究的环境科学高级课程项目	15
	SLU－30156	Forest Animals	森林动物学	7.5
	SLU－30149	Conservation Biology	保护生物学	7.5

表 3-45　瑞典农业科学大学欧洲林务员专业硕士学位研究生的课程体系

	课程代码	课程名称(英文)	课程名称(中文)	学分
必修课程	SLU – 10163	Sustainable Forestry in Southern Sweden	瑞典南部可持续林业	15
	SLU – 20113	Planning in Sustainable Forest Management	可持续森林管理规划	15
	SLU – 30157	National and International Forest Policy	国家和国际森林政策	15
	SLU – 40111	Broadleaves：Forest Dynamics, Biodiversity, and Management for Multiple Goals	阔叶树：森林动态, 生物多样性和多目标管理	15
选修课程	SLU – 10164	Silviculture of Temperate Forests	温带森林培育	15
	SLU – 20112	Tropical and Subtropical Silviculture	热带和亚热带森林培育	15

3.4.2　特点分析

通过对以上 15 所高校的涉林学科专业的研究生课程设置进行的调研, 可以总结出国外高水平大学在研究生课程体系设置中主要有以下几个特点:

(1) 课程体系模块化设置

如耶鲁大学林学专业研究生的课程分为生物科学类、物理科学类、社会科学类、经济学类、资源管理类、专业技能类、专业知识和实地考察等 9 个模块, 每一模块里都有很多课程可供学生选择, 学校只要求学生在每个模块里选择课程的门数和总学分, 并无必修课的要求; 杜克大学林学专业研究生的课程包括必修课程、森林生态与生物学、森林管理、森林政策与管理、定量分析、林业实地考察 6 个模块, 除必修课程模块中的课程必须全部修完外, 其余课程模块的课程都可以根据自己的情况和导师的建议选修; 俄勒冈州立大学可持续森林管理专业研究生的课程按照 6 个方向, 分别设置了核心课程、必修课程、案例教学和其他课程 4 个课程模块; 加拿大不列颠哥伦比亚大学林学院开设的研究生课程分为自然资源保护、森林经营、林学、城市林业和木材产品加工 5 个课程模块; 英国阿伯丁大学环境与森林管理专业的研究生课程分为两种模块, 学生可在相应的模块中选择课程学习。

(2) 重视基础理论课程, 强调数学和方法论、写作等课程

扎实、全面的基础理论知识仍然是研究生教育的基础。研究生教育十分重视学生对基础理论知识的学习和掌握, 以促进学生形成系统全面的知识结构, 提高学生的基础理论素养, 为其今后从事科研活动奠定扎实的理论基础。例如, 耶鲁大学是美国最早进行林科研究生教育的大学, 其林科研究生教育具有很强的代表性。耶鲁大学林学与环境科学院的林业专业硕士课程设置非常具体, 其中基础课程模块就包括了生物科学、物理科学和社会科学等课程。

在基础课程中, 还普遍强调数学和方法论及写作等课程。很多高校都开设了方法论和系统分析相关的课程, 强化方法论、数学建模、数据分析以及软件技能方面的学习, 从而培养研究生独立从事科学研究的能力和水平。耶鲁大学林学与环境科学院的林业专业硕士课程设置中就包括"抽样方法与实践""生态和环境数据的回归建模""环境科学统计导论""多元统计分析""自然科学研究方法""环境写作""研究生统计学或计量经济学""数据分析方法Ⅰ""数据分析方法Ⅱ", 而且都是必修课程。俄勒冈州立大学林学院的森林采运作

业规划与管理博士课程计划中设有"数据分析方法Ⅰ""数据分析方法Ⅱ""数学统计导论Ⅰ""数学统计导论Ⅱ""统计方法Ⅰ""统计方法Ⅱ""研究生统计学或计量经济学""森林生物统计学""地理空间数据分析""批判性思维与研究方法"等课程。

（3）注重实践应用能力的培养

如耶鲁大学林学专业研究生的课程中不仅在测量学课程模块中包括"抽样方法与实践""生态环境数据的回归模型"、"造林实践"等课程，还专门设置了专业技能类、专业知识与实地考察、顶点项目三大类与应用实践能力培养的课程模块；杜克大学林学专业研究生的课程中专门设置了林业实地考察课程模块；西弗吉尼亚大学的研究生课程多以讲座和研讨会的形式开设，内容多以研究方法为主；俄勒冈州立大学可持续森林管理专业研究生的课程中案例教学课程在整个课程体系中是最主要的一类课程，课程门数最多，是强化研究生实践能力的重要途径；加拿大多伦多大学林学院开设的研究生课程中包括"森林经营中的案例分析""森林保护定点项目""森林保护学实习""国际森林保护实地"等；丹麦哥本哈根大学的研究生课程中包括"项目实践""咨询介绍""实地课程"等。这些大学的课程设置，无一不彰显出课程学习对研究生实践应用能力的培养。

（4）重视学科交叉渗透，增设跨学科课程

随着科学技术的迅猛发展，各学科交叉融合、综合化趋势日益增强，当今社会中任何高新科技成果也无一不是多学科交叉、融合的结晶。在这样一个学科交叉、知识融合和技术集成的社会中，人们原先单一的知识结构已远远不能适应现代社会经济和科技快速发展的需要，社会对复合型人才的需求越来越强烈。因此，如何培养出高质量的复合型、创新型人才以满足形势发展的需要已是摆在高等教育面前一个十分突出的问题。

随着林业功能的多样化，林业越来越与自然资源、环境、生态系统、生物多样性等融合交叉，成为一个需要涉及经济学、管理学、社会学、工程学等多学科的综合行业，林业类研究生也需要具有广阔的知识面。从国外高校的课程体系可以看出，强调学科交叉，强调自然科学与社会科学、基础科学与应用科学的结合，几乎所有国外林科类研究生培养的高校都开设了经济类、管理类等社会科学类的课程。耶鲁大学林学与环境科学院的林业专业硕士课程设置中就设有"森林与生态系统财政""自然资源管理经济学""环境估价和环境经济学"4门经济类的课程。这种设置方式，不仅促进了学生全方位、多角度地掌握相关知识，拓宽了学生的知识视野，完善了学生的知识结构，更重要的是培养学生融合各学科知识的能力。

（5）课程设置灵活，选修方式多样

国外研究生教育的课程设置没有统一的规定，课程设置十分灵活，高校在满足社会需要的前提下，由各院系自主设置相应的课程。所以，很难找到两所大学的课程是相同的，即便是同一个专业或者是相同的研究方向，其课程设置也存在差异。有的是在整个院系范围内设置必修课程，有的则是在专业范围内设置必修课程，有的甚至没有规定必修课程。特别是在博士学习阶段，有些学校就没有规定博士课程的具体要求，主要由导师组和学生协商确定。

研究生课程设置的灵活性还体现在研究生课程的选修方式多种多样上。每年，高校都会列出丰富多样的选修课程供学生自由选修。学生可以在导师指导下，按照自己的兴趣和需要选择相应的必修课和选修课，从而促进学生发展兴趣和专长，拓宽知识的厚度和宽度，培养学生的科研能力和创新能力。

(6)课程内容丰富，知识更新较快

研究生教育的课程内容十分丰富，不仅体现在高校开设了大量的选修课供学生自由选择，还体现在学校广泛开设前沿性课程和国际化课程等。另外，研究生教育的课程内容更新速度快，特别强调学科发展的前沿性，着力引领研究生及时把握前沿性热点问题。例如，美国许多高校紧随生物学发展前沿，设置了"计算分子生物学"这一新课程，紧追最新的研究成果，从而不断更新研究生的知识结构，促进创新思维发展，提高研究生的创新能力。

随着全球经济一体化趋势的不断加速，研究生课程内容的国际化趋势也越来越明显。此外，高校都十分重视加强校际、国际研究生课程内容的相互学习和交流，从而为提高研究生的创新能力和学术水准创造良好的环境。重视将学术类讲座或项目研讨会作为课程体系之外的重要补充，国外高校每学期都会要求学生参加学科前沿讲座或项目研讨会，以此来了解本专业领域的最新信息。

(7)注重课程学习过程和实效的考核

如英国阿伯丁大学环境与森林管理专业的所有研究生课程学习中都没有考试，教师根据所有环节的作业完成效果判定成绩，课程作业由论文、个人展示、实践报告和实地调查等环节组成，更加重视对课程学习过程和学习实效的考核。

(8)课程形式的多样化

可持续森林及自然管理和热带可持续林业专业是由欧盟资助的学习项目，称为"伊拉斯莫斯"计划，该计划旨在培养高水平的科学研究型人才，且这个项目在中国已开展，具体可咨询学校国际交流合作处。可持续森林及自然管理和热带可持续林业专业由5所欧洲大学联盟共同提供联合教学，项目要求学生选择在两个大学中开展学习，毕业获得双学位证书，并且得到欧盟奖学金资助。

第4章
借鉴与启示

当今世界，全球经济日益一体化，科学技术日新月异，国际竞争日趋激烈，无论是经济的竞争还是科技的竞争，最终都归于人才的竞争。处于教育体系最高层次的研究生教育，其使命是为社会培养高层次专门人才，在人才培养方面具有举足轻重的地位。

1810年，研究生教育诞生于德国柏林大学，对世界高等教育产生了深远的影响；1853年，密歇根大学文科硕士学位计划的创立，标志着美国现代研究生教育与学位制度的产生；1876年，约翰·霍普斯金大学——美国历史上第一个以研究生院为主的大学的设立，标志着美国研究生教育制度的完善。经过两个世纪的发展，研究生教育规模迅速扩大，学科数量及结构层次不断丰富。纵观各国研究生教育的发展历程，都是在相互借鉴与创新的基础上形成了各具特色的研究生教育体系。

我国自1978年恢复研究生招生和1980年建立学位制度以来，研究生教育发展迅速，为我国社会主义现代化建设输送了大量的高级人才。特别是党的十八大以来，以习近平同志为核心的党中央坚持把教育摆在优先发展的战略地位，教育事业得到了快速发展。几年来，习近平总书记就教育工作做出了一系列重要批示和指示，多次发表重要讲话，尤其是2016年，习总书记在全国"科技三会"、哲学社会科学工作座谈会、高校思想政治工作会议等会议上的重要讲话，都对高等教育做出了重要指示，是习近平治国理政新理念、新思想、新战略在教育领域的具体体现，丰富了中国特色社会主义教育理论和实践。同时，学位与研究生教育管理各方面都迈上了新的台阶。主要表现在以下几个方面：

（1）高层次人才供给能力持续增强

截至2016年，我国已有博士学位授予单位401个、硕士学位授予单位327个，在校研究生人数近260万。2016年专业学位研究生招生27.9万人，占比为47.5%。增设了与国家重大战略需求、产业发展、民生改善相关的一级学科或专业学位类别。研究生教育发展重点从规模增长向优化结构、提高质量转变，发展类型从学术型为主向学术型与专业型并重转变，自主培养能力大大增强，有力支撑了改革开放和现代化建设。

（2）研究生培养质量进一步提升

以"服务需求、提高质量"为主线，打破了学校、学科与产业之间的"围墙"，专业学位研究生培养更加注重产学结合，与行业需求对接；学术学位研究生培养更加注重科教融合，与国家重大科研项目对接。科学道德和学风建设得到加强，初步构建了以培养单位为主体，教育行政部门、学术组织、行业部门和社会机构相互配合的"五位一体"质量保障与监督体系。

（3）综合改革逐步深化

"放管服"改革深入推进，学位授权主动服务国家需求，面向科学前沿，不断优化人才培养的学科和类型的结构，提高了人才培养与经济社会发展的契合度；通过改革考试招生制度、专业学位研究生培养模式、学术学位研究生培养模式、加强协同育人等改革措施，推进研究生培养模式改革的不断深化，使研究生教育抓内涵、促质量日益成为研究生教育发展的主旋律，服务经济社会需求日益成为研究生教育发展的主方向。

（4）保障力度进一步加大

完善了研究生培养财政拨款制度，提高了拨款标准，硕士生从每人每年1万元提高到2.2万元，博士生从每人每年1.2万元提高到2.8万元。在推进培养机制改革、建立研究生教育收费制度的同时，进一步健全奖助体系，实现了全日制研究生资助的全覆盖。

（5）国际影响力大幅提升

我国已与46个国家签署了学历学位互认协定，来华留学攻读学位人数增幅明显。一批学科接近或达到世界一流水平，一批高水平大学在生命科学、物理学、化学等基础学科领域取得了重大原创性成果。

总之，我国学位与研究生教育改革稳步推进，质量稳中有升，为国家改革开放和现代化建设提供了重要的高层次人才支持。但研究生教育作为国民教育的顶端和国家创新战略的后备军，是科技第一生产力、创新第一动力、人才战略第一资源的重要结合点，也面临新形势、新需求、新挑战，需要取得新突破。一是实现"两个一百年"奋斗目标，实现中华民族伟大复兴的中国梦，对高端人才供给能力提出的新要求；二是办好中国特色社会主义大学，对学位与研究生教育整体工作提出的新要求；三是对接国家战略需求，服务经济社会发展，对研究生教育优化结构、提高质量提出的新任务；四是应对国际竞争，适应新科技变革，对提高研究生教育创新能力提出的新挑战；五是推进"双一流"建设，提升高等教育整体实力，对发挥研究生教育高端引领作用提出的新课题。

林学作为农学门类下的一个一级学科，博士学位授权单位只占全国博士学位授权单位的5.2%，硕士学位授权单位占全国硕士学位授权单位的6.67%；2010—2015年，农学博士学位研究生的年度招生人数仅占全国博士研究生招生人数的4.26%～4.54%、硕士学位研究生年度招生数量仅仅占全国硕士研究生招生人数的2.54%～3.75%，而林学研究生的招生人数又仅占农学研究生招生人数的8%～9%。由此可见，不论是林学博士、硕士学位授权单位还是研究生招生人数，在全国的博士、硕士研究生教育中所占的份额都极小。

林业既是一项重要的公益事业，又是一项重要的基础产业，集生态、经济、社会多种效益于一身，全面建成小康社会目标的实现也赋予了林业发展新内涵。习近平总书记指出，绿水青山就是金山银山，赋予林业发展新内涵、新使命，需要高层次的人才支撑。俗话说"他山之石，可以攻玉"，学习和借鉴发达国家的经验是我国研究生教育发展的重要途径。

4.1　我国林学研究生教育存在的问题

4.1.1　按照传统二级学科建立起的招生与培养体系，不能适应现代林业发展对高层次人才的需求

从历史的角度看，我国林学研究生培养学科体系既包含了发端于传统林业产业链的林木遗传育种、森林培育、森林经理、森林保护 4 个二级学科，也包含了与林业与森林关系密切的水土保持与荒漠化防治、野生动植物保护与利用、自然保护区、园林植物与观赏园艺等学科方向。2011 年国务院学位委员会放开二级学科自主设置后，培养单位又陆续设置了经济林等学科方向。此外，2000 年我国进行高等教育改革，部分林学研究生培养单位按照二级学科独立建院(系)，林学学科整体性得以削弱，二级学科方向的研究得到了加强。但与国际上林学学科发展相比，我国林学研究生的培养与现代林学学科发展和现代林业发展对高层次人才所要求具备的更加全面的知识体系、广阔的专业技能、宽广的学科视野、突出的创新能力的要求不太适应。

4.1.2　培养方案制定与课程体系设置亟待完善

4.1.2.1　培养方案制定口径不够宽泛，个性化培养受制约

从目前情况看，各培养单位基本都是按二级学科制定的研究生培养方案，这与我国大多数高校的研究生培养都是按照一级学科授权、二级学科招生和制定培养方案的现状一致。按二级学科制定培养方案能够使研究生更有针对性地掌握其所在学科的基础理论和系统的专业知识，但也会使研究生的知识结构过于专业化，知识面较窄，普适性不高，创新能力受到制约。

同时，按二级学科制定的研究生培养方案，在同一个培养单位内不同二级学科之间的课程设置差异较大，但基本都未设置"生态学""林业或资源资源""植物环境与土壤科学""可持续森林管理""保护生物学""多元统计分析""试验设计与数据分析"等这样一些一级学科范围的平台课，使培养的研究生知识面不够宽广；同时，在同一个二级学科范围内，各培养单位之间的课程设置也千差万别，同样未普遍设置一些使专业知识往纵深方向发展的专业课，如林木遗传育种学科硕士研究生的课程体系中普遍没有开设"分子育种""群体遗传学""种质创新与良种繁育技术"等学科领域前沿专业课和"植物生理研究技术""试验设计与数据分析"等方法类课程。

4.1.2.2　课程体系设置的系统性、综合性不足

课程学习是培养研究生科技自主创新能力的基础，对于研究生知识结构的拓宽、创新思维的形成、学术和实践创新能力的提升都具有非常重要的作用。从前面的分析可以看出，在我国林学研究生教育的课程体系设置和教学安排中还存在以下不足：

(1)博士研究生课程学习学分要求普遍不高

我国各培养单位对林学博士生的总学分要求在 12 ~ 19 学分之间，大多在 16 学分左

右。相比国外，我国博士研究生课程学分要求普遍不高。当然，这也与国外的博士学制较长有关。

（2）研究生公共课程的教学安排重基础轻应用

如"研究生英语"课程教学内容中听、说、读、写能力方面的基础教学内容分配学时相对较多，与研究生学术交流能力、专业学术论文写作能力、专业文献阅读能力提升等方面相关的教学内容学时安排较少，而后者恰恰对研究生科研工作的开展至关重要。开放性问题的调研结果表明，研究生认为课程学习中收获最小的课程为政治类、英语类课程。由此可见，思想政治理论课和英语课的教学未起到应有的作用。思想政治理论课要及时更新教学内容，丰富教学手段，防止形式化、表面化，把思想品德教育与中国特色社会主义理论、中华优秀传统文化教育结合起来，让研究生在课程学习中能领会科学理论的实践价值、中华优秀传统文化的智慧力量、中国发展的时代意义。

（3）课程体系中欠缺实验实践类、方法类、前沿类课程

林业学科总体上属于应用型学科，应重点培养研究生的动手能力和创新能力。但从调研结果得知，林学研究生课程体系设置中方法类、实验实践类、前沿类等几大类课程设置和开设明显不足。实践实验类课程能有效提高研究生的动手能力，为科研工作的顺利开展提供保障，同时也为研究生提供多渠道、多层面的实践学习机会，但根据第 2 章的调研分析发现，大部分高校只开设了 2 ~ 5 门实验实践类课程，仅占总开课门数的 1.43% ~ 4.17%，开设比例严重不足；方法类课程对于促进研究生学习能力、实践能力和团队合作能力的全面发展尤为重要，但被调研的 16 所高校中虽有 14 所高校开设了该类课程，而开设的数量仅占总开课门数的 0.49%~4.11%；专题类课程同样存在着开设比例普遍较低的问题。此外，大部分培养单位课程授课外请专家数量少，研究生缺少与校外同行的交流，课程内容的前沿性不足。在对研究生调研问卷的开放性问题中，研究生对课程体系设置也提出了希望多开设统计分析类课程；改善研讨、实验、案例教学与理论学习比例，优化课程结构；开设一些前沿学科的课程，重视设置交叉学科的课程；课程设置与社会需要更紧密结合等的愿望。

由此可见，林学一级学科研究生教育的课程体系设置中，普遍缺乏一级学科范围的平台课，实验实践类课程、方法类课程、专题类课程设置普遍欠缺。

（4）不同层次之间的课程区分度不明显

在本硕同一学科或相近学科录取的硕士研究生中，22.34% 的研究生认为硕士研究生课程与本科生有 50% 以上的重复，由此可见，硕士生和本科生的课程区分度不明显；对硕博同一学科或相近学科录取博士研究生的调研结果也表明，只有 31% 的在读博士生认为硕博研究生课程的区分程度很大或较大。因此可见，目前博士研究生的课程内容需及时更新并紧跟学术前沿，充分调动研究生的独立思考能力和创新能力；而在本学科与相近专业领域的课程教学方面，只有 33.87% 的研究生认为本学科与相近专业领域的专业学位课程区分度明显，总之，相近学科专业领域的课程教学有差异，但大部分不太明显。因此，总体来说，博士阶段比硕士阶段的课程重复率要高，这不排除在博士阶段更注重科研能力培养的因素，但在课程内容设置上各高校无疑还存在许多问题，培养单位和学科应注重不同学习阶段知识的层次性，不仅要注重知识的广度，还要使课程内容的深度能满足研究生不同

学习阶段的需要，在博士研究生的课程学习中更需要充分调动研究生的独立思考能力和创新能力，课程内容需要及时更新并紧跟学术前沿。

4.1.2.3　课程建设投入力度不足，优质教学用书和教学案例匮乏

从第 2 章的调查分析可知，被调研的 16 个培养单位中，68.75% 的高校在 2011—2015 年期间对林学研究生课程建设、开发方面的投入总经费在 50 万元以内，有 3 所高校的投入总经费在 100 万~200 万元之间，也有未对课程建设投入资金的。我国涉林高校对研究生课程建设投入力度普遍不足，主要表现在：

①研究生全英文课程开设数量明显不足，聘请国外专家讲授课程的学时很少，有部分学校甚至没有开设全英文课程，研究生教育的国际化程度有待提高。

②目前开设案例库课程的高校仅占调研总数的 56%，甚至有一部分高校尚未开设此类课程。在已经开设案例教学课程的培养单位中，大多数培养单位开设案例库课程的数量少，使用的教学案例单一，只有少数高校的个别课程建立了案例库，难以保证案例库课程的整体教学质量。

③已经开展在线课程教学的培养单位仅占调查总数的 12.5%，在线课程建设尚属于刚刚起步阶段，大多数学校还未开始建设。

④各高校出版的研究生教学用书除了数量少，还存在着精品教材匮乏的问题，主干领域核心课的教学用书几乎空白。但要注意研究生教材的框架与体系应有特色，以显著区别于本科教材，更应类似于参考书。重点内容不是知识点，而是如何学习？如何提高科研思维？可以一些科研案例来支撑。

值得指出的是，2014—2016 年，亚太森林网络组织（APFNET）专门资助经费 55 万美元，由北京林业大学与不列颠哥伦比亚大学联合主持，联合墨尔本大学、菲律宾大学、马来西亚博特拉大学开发 6 门全英文林业慕课，并已上线运行，具体课程是：Sustainability Forest Management in Changing World，Governance Public Relationship and Community Development，International Dialogue on Forestry Issues，Restoration of Degraded Forest Ecosystems & Forest Plantation Development，Sustainable Use of Forest Ecosystem Services，Forest Resource Management and Protection。该项目已获加拿大国家级优秀创新教育技术大奖。

十八大以来，党中央、国务院更加重视林业，习近平总书记对生态文明建设和林业改革发展作出了一系列重要指示批示，特别指出，林业建设是事关经济社会可持续发展的根本性问题。新时代林业要牢固树立创新、协调、绿色、开放、共享的发展理念，深入实施以生态建设为主的林业发展战略，以维护森林生态安全为主攻方向，以增绿增质增效为基本要求，深化改革创新，加强资源保护，加快国土绿化，增进绿色惠民，强化基础保障，扩大开放合作，加快推进林业现代化建设，为全面建成小康社会、建设生态文明和美丽中国作出更大贡献。林业发展的新使命赋予了林学新内涵，要求林学的高层次人才培养更具综合性、创新性、交叉性，与生态学、生物学、艺术学等多学科交叉融合，因此，林学的发展要求在人才培养方案的制定中要做到统筹本科—硕士—博士人才培养，本科阶段构建涵盖林学全口径的专业基础、林学课程、二级学科专业课程，硕士研究生阶段按照林学二级学科设置衔接本科课程体系的深度递进课程，博士阶段设置突出培养单位研究特色的灵活、高端前沿课程。按照课程的层次性设置模块，建立灵活的选课模式，既适应林学学科

和林业行业发展需求，又能适应个性化培养所需要的培养方案和课程体系。

4.1.3　研究生课程教学对提高人才培养质量的作用有待加强

课程教学是培养研究生科研自主创新能力的基础，对研究生知识结构的拓宽、批判思维的形成、科研能力的提升都具有非常重要的作用。但从前面的分析可以看出，在我国林学研究生的课程教学中还存在以下不足：

（1）教学质量的总体满意度不高，各培养单位之间差别很大

从在校生和毕业生的视角对课程教学质量的总体满意度调查结果显示：71.58%的毕业生对课程教学质量满意度高，而在读研究生对本校的教学质量表示满意的占56.85%。可见，虽然毕业生对教学质量比较满意和非常满意累计比在校生的高了14.73%，但研究生对课程教学质量的总体满意度不高。对不同培养单位的研究生对本校研究生课程教学质量总体评价的进一步差异性分析结果表明，不同培养单位的在读研究生和毕业生对本校研究生课程教学的总体满意度评价差别很大。由此说明，不同培养单位之间的课程教学水平的差距很大。

（2）课程学习对研究生完成学位论文的支撑效果不明显

针对现有研究生课程教学对完成学位论文支撑度的调研结果表明：只有35.31%的在读研究生认为现有的课程教学对其完成学位论文的作用"至关重要"和"作用较大"。由此可以看出，现有的研究生课程教学一定程度上有助于研究生学位论文的完成，但尚未达到应有的支撑作用，需继续加强课程教学与科研实际工作的结合，强化课程学习对研究生科研能力的训练，缩短研究生进入科研的时间，提高研究生的学习效率和创新能力。重要的是应依据研究方向的特点、学位论文研究内容的需要和研究生的理论与知识基础，有针对性地扩大选修课，满足研究生的个性化需求。

（3）课程教学用书、阅读文献资料的供给不足

推广以研究生为主体的自主式学习为特征的研究型授课方式，加大课外学习力度，明确每门课程课外中外文文献阅读的范围和要求是提高研究生课程学习质量的关键。而在对研究生课程教学中是否提供教学用书、参考书、文献阅读资料问题的调研结果表明：70.52%的研究生认为只有不到50%的课程提供了教学与学习资料。由此可见，研究生课程在提供教学用书、参考书、文献阅读资料等方面仍存在不足，不能充分满足研究生对课程学习资料的需要。作为导师，重点应提供参考资料清单或获取信息的路径，不一定提供纸质材料，因为现在通过网络获取数字信息很便捷。

（4）教学方法手段单一，学生对授课方式的满意度普遍不高

调研结果显示，不同高校研究生对本校研究生课程教学授课方式满意度的差异性显著，但总体上来看，满意度普遍不高。而对毕业生最喜欢的课堂教学方式调查结果显示：大多数毕业生（43.14%）更接受理论讲授加研讨或实验的教学方式，其次分别为实验教学（仿真、嵌入式、实验室）、案例教学、团队合作项目训练、理论讲授。这一结果与在读研究生最喜欢的课堂教学方式有所不同。在读研究生最喜欢偏重实验实习的教学方式，而毕业生则偏重于理论结合实践的教学方式，说明研究生在从事工作过程中还是感觉到课堂教学和实际工作中使用的知识、技能有一定的脱节，而且在校生感觉自己动手能力不足是最

主要的问题，这也与他们不知道实际工作中需要什么样的知识、能力有关。

对于研讨或实验与课堂面授的学时比例调查结果显示：选择研讨或实验与课堂面授的学时为 1:3 的研究生人数最多，但与选择学时比例为 1:1 与 1:2 的研究生人数基本持平，远高于选择学时比例为 1:4 和 1:5 的研究生人数。这一结果充分说明了大多数在读研究生认同实际操作的重要性，与目前研究生缺乏实际动手能力的现状吻合。优化课堂面授与实验实践的课时分配，压缩理论讲授，增加实验实践类课程的开设比例和科学研究方法类、工具类、专项技能类等公共课程平台，使研究生所学的理论知识更好地转化为科研创新或实践创新所需的能力也是培养单位教学改革的重要方面。

（5）课程考核更需多样化，成绩评定需客观化

研究生认为对自身学习帮助较大的最主要的课程考核方式的调查结果表明：课程论文、报告、作品、设计方案的考核方式比重最大，其次为课堂操作和演示（PPT 展示），选择这两者的人数远大于其他考核方式，达到了 77.51%，可以说明大多数研究生更偏爱灵活的考核方式，相比考试或随堂测验更偏重于实践。通过对毕业生反馈的课程考核过关影响因素进行的定序回归分析结果显示："课程复习需要很多时间精力"和"课程考核方式能激励研究生更多地投入到学习中"两个因素对课程考试过关影响最显著；而对在校研究生课程考核过关及其影响因素进行的定序回归分析结果显示："课程复习中付出时间和精力"和"任课教师评分是否公平公正"是影响课程考核能否过关的主要因素。由此可见，课程复习中是否需要付出很多时间和精力、课程考核方式是能否激励研究生更多地投入到学习中的关键因素；任课教师评分是否公平公正是研究生最重视的课程考核影响因素。

在课程考核开放性问题调研中，研究生提出在考试考核方面，希望学校能科学安排考试，注重考核学生对于知识理论的掌握程度，减少形式上的考试。因此，改革课程考试方式及成绩评定方式，注重过程考核，加大课外学习的要求和考核力度，全面、客观地评价研究生基本知识及综合能力，特别是明确每门课程课外中外文文献阅读的范围和要求，才能更好地促进研究生学习和掌握扎实的理论知识。

4.1.4 研究生的课程学习动力不足，培养单位对课程学习的支撑度有待提升

4.1.4.1 研究生对课程学习的投入度不足

课程学习是研究生获得专业理论与知识的最主要途径，但如果研究生在这方面投入精力较少，不仅很难使学校提供的教学资源发挥应有的价值，而且影响到研究生培养的总体水平。通过研究生对课程学习投入精力的统计分析发现，仅 47.97% 的研究生对课程学习投入较多。而在细分的选项中，超过一半的研究生对阅读课程文献资料投入的精力较多，而对课后作业、课程实习、主动关注学科前沿的方面投入较多精力的研究生数均不超过调查学生总数的 50%；重视课后作业的研究生比例最低，仅占调查总数的 45.84%。由此可以看出，目前我国林学类研究生对课程学习的投入度和重视程度还远远不够，学校还需加强引导，强调扎实的专业知识对科研活动和今后工作中的重要性，营造健康的学术氛围，提高研究生对课程学习的重视程度。

4.1.4.2 课程支撑体系建设力度仍需增强

在校生对课程支撑体系的总体满意度调查显示，52.76% 的在校研究生对课程支撑体

系表示满意，39.93%的在校研究生满意度一般，7.32%的研究生表示非常不满意。在明细分类的选项中，在读研究生对图书资料、SCI检索、课堂设备及条件、实验实习条件满意度较高，而对可使用的交流平台和资助国际交流合作机会的满意度相对较低，表示满意的研究生比例均低于50%。综合来看，各培养单位对研究生课程支撑体系的建设力度仍需增强。

4.1.4.3 培养单位对课程学习的重视程度尚需提高

对林学类研究生就读单位是否强调课程学习的调研结果显示：超过一半的培养单位强调研究生课程学习，仅10.97%的学校对课程教学不重视。再进一步分析所存在的问题时发现：研究生认为邀请校外知名专家授课和为研究生提供丰富的课程资源这两方面受到的重视比较多，其次是注意研究生的反馈意见并做出调整，而鼓励研究生修读跨学科或院系的课程这一方面被重视得较少。虽然研究生认为各项指标被重视和强调的比例超过50%，但仍有一部分研究生认为学校对课程学习的强调程度一般(41.55%)，还需各培养单位针对自身实际情况进行调整或改革。

4.1.4.4 激励机制有待完善

奖惩机制是教学评价正常运行的重要保障，如果没有针对评价结果的奖惩机制会使教学评价所起作用大打折扣。81.25%的培养单位尚未建立与研究生课程教学效果评价结果相关联的奖惩机制。在被调查的高校中，69.23%学校认为与研究生课程教学效果评价结果相关联的奖惩机制对各学科教学具有指导意义，30.76%的学校认为没有意义或意义一般，可以看出，少数高校对奖惩机制的作用还缺乏认识。

4.1.5 联合培养模式和运行机制尚需完善

"联合培养"的本质为合作教育，意味着学生培养过程的多主体参与。根据联合主体的不同，联合培养模式可分为"高校—高校""高校—企业、行业部门(如地方林业局)、科研院所"等多种形式。

4.1.5.1 高校与高校联合培养模式

为了更好地培养符合时代要求的人才，使研究生具有创新思维和多元化视角，很多高校与其他国内外高校开展了联合培养项目，以此加强校际之间、学生之间及中外文化的沟通与交流。

(1)中外联合培养

对于中外联合培养研究生，首先是中方导师、外国导师与研究生一起共同制定联合培养方案，双方共同指导研究生完成学位论文的研究工作。研究生的理论学习和基本实验及部分课题研究在国内实验室进行。由于学生在国内中方课题组掌握了较好的实验技能和科研方法，在国外学习期间能很快融入实验室良好的科研环境和秩序中，同时在国外导师的指导下，可提高独立分析和解决问题的能力，并借助国外先进的科研条件，高质量地完成学位论文研究。

(2)国内高校联合培养

联合培养也是国内高校之间一种重要的交流合作方式。国内高校的联合培养促进了跨学科交叉培养，使高校之间的师资、学生、教学设备和资源得到充分的交流利用。这样的培养模式，催生了高校间以联合的方式共同承担一些大型的、综合性科研项目，学生也就有机会参与到课题中来，培养独立思考和创新思维的习惯，获取知识、分析问题和解决问题的能力。

4.1.5.2　高校与科研院所联合培养模式

高校与科研院所联合培养研究生是指学校和科研院所合作，为研究生培养提供软（师资、资讯等）、硬（实验室、生活设施等）环境，按照培养计划要求，共同培养研究生的一种模式。2009 年，教育部印发了关于《高等学校和科研机构开展联合培养博士生工作暂行办法》的通知，2010 年，教育部开展了工程研究院所与高校联合培养博士生试点工作，几年来参与联合培养项目的高校与科研院所数量稳步增长，学科范围不断扩大，如北京林业大学与中国林业科学研究院经教育部批准开展了联合培养博士生工作，建立起了配套的规章制度和实施流程。南京林业大学与中国林业科学研究院通过组建协同创新中心也建立了联合培养研究生配套的规章制度和实施流程。

联合培养博士生按照"联合招生、合作培养、双重管理、资源（成果）共享"的培养模式，采用"导师组集体指导，主管导师负责"的指导方式。由双方在招生学科遴选出若干名学术造诣深厚、创新意识强和创新能力突出、学术道德高尚的学术骨干共同组成导师组，作为联合培养博士生的招生和培养的责任主体；高等学校与科研院所成立该学科的培养联合体，统一命题、统一招生、统一培养、联合教学、共同指导。虽然科研院所相对独立地行使录取权，但录取的研究生的学籍是在高等学校的学籍里。联合培养研究生的课程阶段原则上在联合申报项目的高等学校上课，高等学校也可聘请联合申报单位的研究生导师或其他工程技术人员为研究生开设某些课程，以保证联合点招收的研究生课程教学质量。学位论文答辩一般在第一导师所在单位进行，应聘请双方有关导师和专家参加。联合培养研究生的毕业证书和学位证书由高等学校颁发和注册。这种方式可以充分利用双方的人力资源，提高教育资源的共享率，推动学科建设的发展。

4.1.5.3　高校与企业、行业部门联合培养

这种模式与高校与科研院所联合培养模式有些相似，研究生入学后由所在学科点或学院、研究生院和企业、行业部门商讨安排学校导师和企业导师，学校导师负责制订培养计划，并与企业、行业部门导师充分协商，为研究生选定学位论文题目。研究生按培养计划要求在第一学年内完成课程学习、文献检索并做好开题报告，第二学年进入企业开展课题研究，按要求完成学位论文研究或调研、设计、实践后回校参加答辩。此种模式主要用于全日制专业学位研究生的培养。

此外，跨学科交叉培养基本都是在各培养单位内部自行组织开展的，虽然已经为跨学科交叉融合培养和国内外联合培养研究生模式运行积累了丰富经验，但模式相对来讲还比较单一，联合培养研究生的规模很小，培养方案和课程体系缺乏特色，双方联合开发课程不足，合作机制不够健全。

4.1.5.4　高校与高校及科研院所的混合模式

北京大学（Peking University）、清华大学（Tsinghua University）和北京生命科学研究所

（National Institute of Biological Sciences，Beijing）联合培养博士研究生项目（即 PTN 项目）于 2009 年经教育部批准，旨在积极探索和推进具有中国特色又与国际接轨的博士研究生招生方式和培养机制，选拔优秀创新人才，充分发挥高等学校、科研院所和导师的积极性和主动性，对改革招生录取制度以及转变培养模式具有积极意义和示范作用，是我国本土联合培养博士研究生培养模式改革的成功典型，该项目的研究生录取和管理都由 PTN 项目委员会负责，其课程设置和开设、培养过程管理都非常有特色。

课程设置方面，联合项目培养委员会听取 3 个单位的教授和学生的意见，并结合国外优秀大学的课程设置情况，全面统一安排新型研究生课程，形成有特色且可以和国际一流研究生计划媲美的新型研究生课程设置；新的研究生课程设置遵循培养一流生命科学研究工作者的宗旨，使学生能够尽快完成从只具有初步现代生物学知识到能够理解其专业前沿研究工作并具有初步研究型思维的转变。

虽然开展联合培养模式尤其是联合培养博士生项目，有利于优化配置教育资源，有利于发挥双方的优势，增进强强联合，并已取得了一些显著的进展和成效。但联合培养是一种新的人才培养模式，还存在着这样或那样的问题，主要集中在导师不太愿意支持博士生出国联合培养、联合培养博士研究生难以实现学籍的双重管理、培养方案和课程体系缺乏特色、双方联合开发课程不足、学位授予标准存在差异等，在某种程度上也影响联合培养研究生模式优势作用的充分发挥。

4.2　国外高水平大学涉林专业研究生培养主要特点

4.2.1　培养目标明确，紧密围绕社会经济发展需求

国外高水平大学不同学位层次、类型的研究生培养目标非常明确，不同的学位类型对应不同的就业去向。如学术型硕士和专业硕士的培养目标非常明确，学术型硕士的培养标准是能够开展研究工作，熟练掌握本领域知识，在科学范围内进行学术活动，学术型硕士可以是终结学位，也可以继续攻读博士学位，学制通常为 2 年或 2 年以上；专业学位不是培养学生的研究兴趣或继续深造而攻读更高学位，而要求学生完成一个技术性项目，而不是研究论文，学制一般为 1 年或 1 年以上。林业博士学位研究生的培养目标是培养教学或科研人员，学生应具有相关管理和资源问题的广阔知识，同时在某一研究领域方面具有深入扎实的研究；博士研究生的学制一般为 3 年或 3 年以上；培养标准是能够在知识的原创性方面做出重要贡献，熟练掌握本领域知识，在伦理范围内进行学术活动。此外，要求博士毕业生能够熟练掌握科研方法和教学方法。不同国家林业及生态环境资源的现状不同，林业行业需要解决的实际问题或面临的矛盾不同，林业高层次人才的培养目标和方向则完全不同。

4.2.2　博士学位研究生教育的学科专业设置更灵活，博士研究项目

很多高校的博士、硕士学位是按照学科论证其 program 的，获得的博士学位均为哲学

博士(PH. D.)，由学生与导师共同商讨专业名称和研究内容，并在导师的指导下接受具体的课程学习任务。如英国阿伯丁大学只规定博士研究生的学制为 3.5～4 年，没有明确具体的博士专业名称；丹麦哥本哈根大学在科学学院设有林学相关的研究方向，但没有具体的博士学位专业名称；瑞典农业科学大学也没有明确具体的博士专业名称。

同时，开展博士研究生教育的学科专业设置较为宽泛，涉及的领域较广，如美国耶鲁大学的林业、环境科学与人类学、生态学与进化生物学专业开展博士研究生教育；美国北卡罗来纳州立大学的林业和环境资源专业开展学术型博士研究生教育；美国路易斯安那州立大学开展植物、环境与土壤科学专业学术型博士生教育；缅因大学在林业资源专业开展博士研究生教育；美国俄勒冈州立大学开展森林生态系统与社会专业学术型博士研究生教育；加拿大多伦多大学开展生态学与进化生物学博士生教育；澳大利亚墨尔本大学在生态系统与森林科学专业开展学术型博士研究生教育，这些学科专业内涵都很宽广与综合，很多专业都是从综合化、全球化、生态系统多角度培养高层次人才。

4.2.3　课程体系设置注重基础和综合，适应社会和经济发展需求

4.2.3.1　课程体系设置模块化，选修课程多样化

如耶鲁大学林学专业研究生的课程分为生物科学类、物理科学类、社会科学类、经济学类、资源管理类、专业技能类、专业知识和实地考察等 9 个模块，每一模块里都有很多课程可供学生选择，学校只要求学生在每个模块里选择课程的门数和总学分要求，并无必修课的要求；杜克大学林学专业研究生的课程包括必修课程、森林生态与生物学、森林管理、森林政策与管理、定量分析、林业实地考察等六个模块，除必修课程模块中的课程必须全部修完外，其余课程模块的课程都可以根据自己的情况和导师的建议选择修读；俄勒冈州立大学可持续森林管理专业研究生的课程按照六大方向，分别设置了核心课程、必修课程、案例教学和其他课程四大课程模块；加拿大不列颠哥伦比亚大学林学院开设的研究生课程也分为自然资源保护、森林经营、林学、城市林业和木材产品加工 5 个课程模块；英国阿伯丁大学环境与森林管理专业的研究生课程也分为两种模块，学生可在相应的模块中选择课程学习。

国外研究生教育的课程设置没有统一的规定，课程设置十分灵活，高校在满足社会需要的前提下，由各院系自主设置相应的课程。很难找到两所大学的课程是相同的，即便是同一个专业或者是相同的研究方向，其课程设置也存在差异。有的是在整个院系范围内设置必修课程，有的则是在专业范围内设置必修课程，有的甚至没有规定必修课程。特别是在博士学习阶段，有些学校就没有规定博士课程的具体要求，主要由导师组和学生协商确定。研究生课程设置的灵活性还体现在研究生课程的选修方式多种多样上。每年，高校都会列出丰富多样的选修课程供学生自由选修。学生可以在导师指导下，按照自己的兴趣和需要选择相应的必修课和选修课，从而促进学生发展兴趣和专长，拓展知识的厚度和宽度，培养学生的科研能力和创新能力。

4.2.3.2　重视基础理论，强化数学和方法论及写作能力

扎实、全面的基础理论知识仍然是研究生教育的基石。在课程体系中强调开设基础理

论课程为研究生的科研创新活动奠定了重要的理论基础。研究生教育十分重视学生对基础理论知识的学习和掌握，以促进学生形成系统全面的知识结构，提高学生的基础理论素养，为其今后从事科研活动奠定扎实的理论基础。例如，耶鲁大学是美国最早进行林科研究生教育的大学，其林科研究生教育具有很强的代表性。耶鲁大学林学与环境科学院的林业专业硕士课程设置非常具体，其中基础课程模块就包括了生物科学、物理科学和社会科学等共7门课程。

在基础课程中，还普遍强化数学和方法论及写作等课程。很多高校都开设了方法论和系统分析相关的课程，强化方法论、数学建模、数据分析以及软件技能方面的学习，从而培养研究生独立从事科学研究的能力和水平。耶鲁大学林学与环境科学院的林业专业硕士课程设置中就包括"抽样方法与实践""生态环境数据的回归建模""环境科学统计概论"和"多元统计分析""自然科学研究方法""环境科学写作"。研究生统计学或计量经济学、数据分析方法Ⅰ、数据分析方法Ⅱ。而且都是必修课程。俄勒冈州立大学林学院的森林采运作业规划与管理博士课程计划中设有"数据分析方法""数据分析方法Ⅱ""数学统计导论Ⅰ""数学统计导论Ⅱ""统计方法Ⅰ""统计方法Ⅱ""研究生统计学""计量经济学""森林生物统计学""地理空间数据分析""批判性思维与研究方法"等课程。

4.2.3.3 重视学科交叉渗透，跨学科课程开设和知识更新

随着林业功能的多样化，林业研究不仅要与自然资源、环境、生态系统、生物多样性等学科深化融合交叉，也要与经济学、管理学、社会学、工程学等多学科交叉，林业类研究生也需要具有广阔的知识面。从国外高校的课程体系可以看出，他们强调学科交叉，强调自然科学与社会科学、基础科学与应用科学的结合，几乎所有国外林科类研究生培养的高校都开设了经济类、管理类等社会科学类的课程。耶鲁大学林学与环境科学院的林业专业硕士课程设置中就设有"森林与生态系统财政""自然资源管理经济学""环境估价"和"环境经济学"4门经济类的课程。这种设置方式，不仅促进了学生全方位、多角度地掌握相关知识，拓宽了学生的知识视野，完善了学生的知识结构，更重要的是培养了学生融合各学科知识的能力。

研究生教育的课程内容十分丰富，不仅体现在高校开设了大量的选修课供学生自由选择，还体现在学校广泛开设前沿性课程和国际化课程等。另外，研究生教育的课程内容更新速度快，特别强调学科发展的前沿性，着力引领研究生及时把握前沿性热点问题。例如，美国许多高校紧随生物学发展前沿，设置了"计算分子生物学"这一新课程，不断更新研究生的知识结构，促进创新思维发展，提高研究生的创新能力。此外，随着全球经济一体化趋势的不断加速，研究生课程内容的国际化趋势也越来越明显。学术类讲座或项目研讨会是课程体系之外的重要补充，每学期都会要求学生参加学科前沿讲座或项目研讨会，以此来了解本专业领域的最新信息。

4.2.3.4 课程教学注重国际视野，强化能力培养

高水平大学重视研究生的全球视野培养，如阿伯丁大学与许多欧洲学校开展了联合培养项目等培养模式和学习方式，鼓励学生到欧洲或其他国家进行学习交流。这种培养模式可以帮助涉林专业的研究生对世界林业可持续发展、森林资源保护与利用、森林经营与管

理等研究理论与方法有所掌握。使学生更具国际视野，不仅能够应对当地相关林业问题的挑战，更能在全球森林保护与管理方面做出贡献；丹麦哥本哈根大学为学生提供了多种交叉学科的林学专业学位项目和联合培养项目，使研究生具备重要的理论基础，拥有林学实践与国际学习的经验，以及跨学科的研究能力，涉林专业毕业生经常能够申请到国际组织，如世界自然基金会、联合国粮农组织、联合国环境规划署等的工作机会；佐治亚大学会推荐优秀毕业生到国际性组织，如联合国、国际粮农组织、经济贸易合作组织、世界银行等机构工作。

注重实践能力的培养，如耶鲁大学林学专业研究生的课程中，不仅在测量学课程模块中包括"抽样方法与实践""生态环境数据的回归模型""造林实践"等课程，还专门设置了专业技能类、专业知识与实地考察、定点项目三大类与实践应用能力培养的课程模块；杜克大学林学专业研究生的课程中专门设置了林业实地考察课程模块；西弗吉尼亚大学的研究生课程多以讲座和研讨会的形式开设，内容多以研究方法为主；俄勒冈州立大学可持续森林管理专业研究生的课程中案例教学课程在整个课程体系中是最主要的一类课程，课程门数最多，是强化研究生实践能力的重要途径；加拿大多伦多大学林学院开设的研究生课程中包括"森林经营中的案例分析""森林保护定点项目""森林保护学实习""国际森林保护实地项目"等；丹麦哥本哈根大学的研究生课程中包括"项目实践""咨询介绍""实地课程"等课程；无一不彰显出课程学习对研究生实践应用能力的培养。

课程考核注重过程和解决实际问题能力的考核，如英国阿伯丁大学环境与森林管理专业的所有研究生课程学习中都没有考试，教师根据所有环节的作业完成效果判定成绩，课程作业由论文、个人展示、实践报告和实地调查等环节组成，更加重视对课程学习过程和学习实效的考核。

4.2.4　严把论文质量关，建立了专门化的研究生教育质量评估机构

导师在研究生的培养中发挥着重要的作用，研究生从论文选题到制订科研计划等，都是在导师的指导下进行的。因此，各个国家都对提高研究生导师素质给予了高度的重视，为提高研究生的质量提供了可靠的保证。法国研究生的论文答辩，由指导教授聘请两名审查人，其中有一名是校外的教授级学者。答辩委员会由 3 人以上组成，博士生论文答辩一般由 4~6 人组成，成员总数不能超过 8 人，一般均为教授。德国的博士研究生培养以论文质量而著称，要求特别严格。学位论文每章节的内容都必须经过导师和学生讨论后确定，对论文每章的观点都要举行由教师和学生参加的公开报告；学生写完初稿经检查合格后呈交 15 个以上的同行专家征求意见，并对反馈的意见展开讨论。这一套操作机制促进了研究生的学术交流，有效地保障了博士论文的质量。加拿大不列颠哥伦比亚大学在博士生学习两年左右后进行一次综合考试，考察基础知识和实验能力，如不通过则可以考虑硕士资格结业，如合格则进入博士论文研究阶段，答辩前再进行一次资格考试，对考试结果不满意的，6 个月后补考一次。

评估是提高研究生教育质量的一种重要手段，对评价优秀的研究生院给予教育资源的重点支持，已经成为各国制定研究生教育战略必不可少的一项措施。英国从 20 世纪末开始实施的"科研评估"（Research Assessment Exercise），主要侧重于博士生和学术型硕士生

教育，其目的是提高高等学科科研质量，增强国家投资的效益；高等教育监督机制是美国教育质量保证体系的一个重要环节，20 世纪末以来，这一机制伴随着美国高等教育的发展而不断完善，对各个高校的研究生教育质量提高发挥了积极的作用。大学排名活动已经成为一种国际高等教育评估的趋势，如卡内基基金会对美国高等教育机构的分类标准有着广泛的影响。

4.3 对提高我国林学研究生培养质量的思考与建议

4.3.1 服务国家需求，进一步完善学科布局，优化学科专业结构

①东北三省是我国的林业资源储备大省，目前却只有一所林学博士一级学科学位授权单位；华南地区地处亚热带，拥有较多有地域特色的林木资源，但还没有林学博士学位授权单位，因此，在学位授权审核中应进一步完善学科布局。

②新时期我国林业建设的作用、地位、目标、发展思路等都发生了重大的调整和变化，加之随着国家生态环境建设的需求，生态、环境、生物质能源类新兴，交叉学科的不断出现，各培养单位调整和优化林学学科专业方向设置十分必要。与国外相比，我国林学学科和专业设置仍然属于传统林业的范围，面比较窄，缺少自然资源保护与管理、环境科学、生态系统、土地管理、社会林业、混农林业、国际林业、森林生物统计学和测绘学、生物质能源、可再生材料等学科和专业。因此，我国涉林高校的林学学科专业方向设置应主动顺应世界林业学科的发展趋势，适应我国林业发展的实际需要，进一步拓宽范围，主动交叉与融合。

③我国幅员辽阔、生态地理气候带多样化，各培养单位继续用好学科动态调整政策，优化学科专业方向设置，重点突出区域性林业高校的区位特色、优势和各自的研究生培养特色，才能避免研究生教育的同质化，并为区域经济发展、生态环境建设更好地服务。

4.3.2 启动设置林业博士专业学位研究论证

当前，加快林业发展已形成全球共识。随着生态问题的日益突出，国际社会对保护森林、改善生态的认识高度统一，发展林业已成为各国应对气候变化和治理全球生态的共同行动。党中央、国务院对林业工作高度重视。党的十八大将生态文明建设写进《中国共产党章程》，纳入中国特色社会主义事业"五位一体"总体布局，成为党的事业重要组成部分。2015 年，中共中央颁布了《国有林场改革方案》和《国有林区改革指导意见》《关于加快推进生态文明建设的意见》《生态文明体制改革总体方案》等成套文件，对林业改革发展和生态文明建设作出了全面部署，赋予林业重大使命和艰巨任务。习近平总书记指出，森林是陆地生态的主体，是自然生态系统的顶层，是人类生存的根基，关系生存安全、淡水安全、国土安全、物种安全、气候安全和国家外交战略大局；林业建设是事关经济社会可持续发展的根本性问题；林业要为全面建成小康社会、实现中华民族伟大复兴的中国梦不断创造更好的生态条件。这些重要论述，深刻阐述了林业的地位与作用，标志着我们党对林

业重要性的认识产生了新的飞跃。在这些重要思想指引下，林业已成为实施国家战略的重要保障。推进"一带一路"建设，防沙治沙和林业"走出去"是重要内容；推进京津冀协同发展，生态是要求率先突破的 3 个领域之一；推动长江经济带发展，要求把修复长江生态环境摆在压倒性位置，把实施重大生态修复工程作为优先选项。十八届五中全会进一步明确，坚持绿色发展、绿色富国、绿色惠民，大力推进森林城市建设等。这些重大举措和重要思想，为林业发展指明了方向，既对林业工作提出了新的更高要求，又为林业改革发展创造了良好条件。

我们在看到这些发展机遇的同时，还要看到林业面临的挑战。我国林业的体制机制需要继续改革创新，发展活力和吸引力有待进一步增强。我国森林总量不足、质量不高的状况没有根本改变，难以维护国家生态安全和木材安全，也难以满足人民群众对良好生态的巨大需求；现有造林地大部分在立地条件差的地区和地块，造林绿化越来越困难；森林资源精准经营管理水平有待进一步提高；林区水电路等基础设施薄弱，林业物质装备技术落后，基层管理水平仍需提高，职工生活十分困难，技术人才大量流失。这些问题都严重制约着我国林业现代化的进程。在 2016 年 9 月 23 日召开的全国林业科技创新大会上，汪洋副总理强调，科技创新是提升林业发展水平的重大举措，要充分发挥科技第一生产力、创新第一驱动力作用，以自主创新、协同创新、制度创新加快林业科技进步，为保障森林生态安全、促进生态文明建设和经济社会健康发展提供有力支撑。要提高林业创新能力，加快科技进步，最根本的是要靠人才队伍素质的不断提高。当前我国林区人才队伍紧缺，尤其是林业高端人才缺乏，既与加快林业发展的要求不适应，也与国家整体发展水平不协调。可以说，这将为林业硕士专业学位研究生教育创造更大的发展空间。针对我国林业发展的实际需要，培养具有较强职业能力的高素质林业专业学位研究生，对实现科教兴林、人才兴林，进而推动现代林业发展、促进我国生态文明建设具有长远的战略意义，因此，设置林业博士专业学位类型显得尤为迫切。

4.3.3　继续深化综合改革，推动内涵发展和质量提升

（1）创新拔尖创新人才选拔模式

建立分类考试、综合评价、多元录取的考试招生模式是深化考试招生改革的主要任务。借助高等教育学、心理学、社会学等交叉学科知识，通过对学生个人素质、综合素质、学业成绩考核，探索能够综合评价学生知识、能力、品行等综合素养的科学指标体系和评价方式，将具有良好发展潜质的创新人才选拔出来。利用大数据分析技术对招生数据进行分析和挖掘，为学科专业优化提供科学精准服务，主动适应经济社会发展的需要。

（2）建立多学科交叉融合机制，全面提升研究生创新能力

继续深化改革，转变思想观念，培育多学科交叉融合的意识，积极探索多学科交叉融合的有效途径，激发创新活力，提高创新质量，全面提升研究生培养质量。通过建立多学科交叉融合的研究生学术交流平台、搭建多学科交叉融合的招生培养平台、打造以开展联合科研攻关为目标的多学科交叉融合协同创新平台等多种方式汇聚创新资源，构建结构合理、功能完善、分工明确、运转高效的多学科交叉融合平台。同时，通过改变单纯以创新成果为主的评价方式，建立以创新度和贡献度为导向的评价机制来健全多学科交叉融合的

绩效评价机制和实施以多学科交叉融合为导向的资源配置机制，充分释放人才、资源、技术等要素的活力，创新管理体制，建立多学科交叉融合的运行机制和体制。

（3）继续探索研究生联合培养的机制与模式，全面提高研究生培养质量

对于博士研究生，教育主管部门应大力鼓励和支持国内外高校与高校、高校与科研机构之间开展多种形式的联合培养，积极推进我国博士研究生教育的国际化联合培养。

对于硕士层次，学术型硕士研究生应以招收单位独立培养为主，而专业硕士（全日制和非全日制）研究生的培养应积极推动高校与企业或地方行业部门联合培养。

政府角色转换与政策调整：政府从项目主导者转变为协助者，承担起整体性政策制定、投资和监督工作。首先，从宏观层面进一步推动协同创新，打破原有体制机制束缚，改变"科教分离"现状。其次，鼓励跨学科合作，给予高校和科研院所更多自主权，使得具有不同一级学科学位授权单位的导师都能开展跨学科交流，联合招收研究生；允许多个高校与科研院所，乃至企业所属科研机构联合申报博士学位点。第三，利用区域集中优势，鼓励组建区域联合培养基地，形成"高校与科研集群"，形成多形式合作，降低合作成本。

（4）继续开展林业硕士专业学位研究生培养模式的改革创新

在林业硕士专业学位研究生教育的课程体系设置、师资队伍建设、教学内容与方式、专业实践训练、专业实践基地运行机制以及学位论文考核评价标准等方面进行探索和创新，力争5年内在林业硕士专业学位研究生教育与林业行（企）业协同机制、教学科研实践考核与评价机制、教育管理机构建设与完善等方面取得有效突破，逐步构建和完善与现代社会经济发展需要相适应的专业学位研究生教育体系。引导和鼓励相关行业主管部门或行业协会积极参与相应专业学位类别研究生的招考条件、培养目标、培养方案和质量标准的制定，进一步强化专业学位研究生的职业素养和创新创业能力。

4.3.4 优化课程教学体系，提高课程教学质量

研究生教育的目标是培养具有创新意识的高水平、高素质专门人才。创新意识建立在合理的知识结构基础上，需要经过系统的课程学习，培养坚实的基础理论知识和广泛的专业知识，课程作为知识结构的载体，其整体上是否完善决定着研究生知识结构的合理形成和创新意识的发展。因此，培养研究生的创新意识，应从课程教学入手，"知识属外在，是对所见事物的认识；智慧属内涵，是对无形事物的了解和理解。人才的培养需要兼备知识和智慧。"智慧更多的是指能力，知识是能力转化的基础和前提。课程教学为研究生知识积累和转化能力提供了必要条件，为研究生全面发展奠定了基础。因此，研究生课程教学改革势在必行，否则无法适应现代科技发展的创新型要求，而且课程教学改革不能仅依赖于某一方面或某一项内容的改革，必须是整体的改革，使之对研究生学术素养和研究能力的培育渗透到课程教学的每一个细节，包括以下几个方面。

4.3.4.1 有的放矢，优化研究生课程体系

国外研究生课程体系构建与我国研究生课程体系构建差异很大，其课程体系不是以一级、二级学科为基础构建的，而是以问题为主线，在解决问题的过程中去探究知识、发现问题。研究生课程开设是以专业性、方向性的架构为主导，其思维模式就是解决问题—探究知识—解决问题。研究生课程体系的构建不仅要符合研究生知识体系的规律，而且也有

适应社会、经济发展的需求。

　　在优化研究生课程体系过程中力争做到两点。首先，要以培养目标为导向，合理设置和优化研究生课程体系：根据博士、硕士不同层次，学术型和专业学位不同类型，全日制和非全日制两种模式研究生的培养目标，构建和优化不同层次、不同类型和不同培养模式研究生的课程体系。其次，课程体系要做到博士、硕士、本科各层次的合理衔接：同一学科专业的博士、硕士、本科课程设置及内容要认真研究、分清界面，进行课程体系的系统重构；要注意公共课和专业课的学分及课时比例，保证研究生有足够的时间开展科学研究工作；要注意必修课和选修课的学分及课时比例，扩大选修课的范围，保证研究生能够根据学科需要与研究兴趣自行选择课程学习，提升研究生的学术素养和人文素养；要注意学科交叉与融合的设置及要求，增设跨学科课程，保证研究生能吸取相关学科知识，启迪创新思维。

　　应探索建立"树形结构"的研究生课程体系，如以一级学科为主的基础或通用类课程、思政类和外语类课程为干，以体现主要研究方向特色或专业基础的课程集为枝，至于选修课，完全可由导师和研究生依据研究论文需要和研究生知识结构来选定，并大量增加专题性、讨论性、前沿性的模块结构型的课程设置。

4.3.4.2　创新教学目标，使其适应现代科技人才的需求

　　长期以来，大学的教学目标就是传授基础的知识，然而，现代社会科学技术的快速发展使得知识急剧膨胀十分迅速，知识的类别逐渐增多，知识的综合集中度越来越高教育变得愈加抽象，仅靠在课堂学习知识是远远不够的。因此，教学理念和教学目标必须变革，传统的接受式教育模式应转向研究型教学模式，在新的教学模式下教学的理念和目标应是引导学生深入理解课程的作用和社会价值，提高学生的自主学习能力，培养学术研究能力与创新思维，使学生在未来的工作或研究中更有信心，更有生产力地进行创造和创新。同时，研究生课程应明确树立知识产权意识，要使学生在未来的研究中明白创新才是科学技术研究的真正驱动力，创新必须以前人的研究为基础，创新必须不断质疑前人的成果，学习知识不是研究生课程的最终目的，学习是为了发现问题，解决问题，探索未知。

4.3.4.3　激发学习兴趣，引导学生系统阅读经典文献和最新成果

　　大量阅读学术研究论文有利于提高研究生的综合研究能力，主要表现在：①提高学生阅读学术资料的能力。对资料的阅读及其研讨，国外教授都有明确要求，一般也计入最后的考核成绩。要求学生对论文的研究背景、问题定义、阐述理论、技术或方法、研究结论以及存在的问题在研讨中进行报告。特别是对论文的质疑是要求学生必须思考的问题。②有利于学生对本领域经典文献及重要思想进行深入理解。学生阅读原始文献促进了学生对学科发展历史的了解，对概念、理论和方法的起因、作用及应用价值有深入的思考，有助于启迪创新的思维。③有利于拓宽学生的知识面。大量的阅读和深入理解使学生不仅仅拘泥于课堂内的有限知识，而是具有更为宽泛的研究视野。

　　研究生的课程教学应紧密结合学科前沿，要明确每门课程课外中外文献阅读的范围和要求，引导学生了解面临的困难和挑战，更开放地吸收顶级国际会议和一流学术刊物的素材，推广以研究生为主体、自主式学习为特征的研究型授课方式，倡导以问题为中心的启

发式、互动式、案例式教学。要注重培养研究生严谨、求实的科研作风，求新、求异的探索精神，独立从事科研和专门技术工作的能力。

4.3.4.4 增加研究方法类课程，丰富教学方式和方法

在对国外高水平大学研究生课程体系的调研中发现研究生课程体系中都开设方法类课程，门数较多，类型丰富，主要包括"研究方法"（或"方法论"）"统计分析""数学方法""问卷调查""论文写作"等课程，此外，还提供一些讲座内容涵盖科研的方方面面：资料阅读、选题、撰写论文、参加学术会议、作学术报告、制作PPT等，这些辅助性课程的设立对于全面提高研究生的学术素养具有重要的作用。国外高校课程教学除采取课程讲授的形式外，还采取讨论的教学形式，教学方式上更为多样，采取的其他教学方式主要包括实验、上机、野外实习、报告、案例讨论、实践模拟、角色扮演、调研、助教答疑、文献阅读等。我国林学研究生课程体系中普遍缺乏方法类课程，教学方式多以讲授为主，需要增加方法类课程设置，结合不同教学内容，充分利用现代信息技术，改革教学方法、教学手段，逐步形成案例式、讲座式、研讨式、实验（实践）教学、问题导向式等多种途径、多种媒体有机结合的"立体化"教学体系，使研讨式和问题导向式的教学方式成为研究生专业课教学的主要方式，达到研究生课程教学具有探究性、交互性、实践性、启发性和开放性目标，助推科研创新工作。

4.3.4.5 改进考核方式，促进创新能力培养

目前采取的课程考核方式大多是以期末考试和论文报告为主，缺乏过程考核和动态性，无法全面评价学生的综合能力，以至于学生在处理实际问题时往往"纸上谈兵"，不利于创新人才的培养。国外对学生的考核方式与国内相比更为细致、科学。在国外的研究生考核方式中，围绕项目进行的考核一般分为合作项目得分和个人贡献得分。而个人项目的得分既有教师对学生表现的评价、学生自己的实际工作成果（如实验报告、研究报告等），还有不同合作者的评价。现代科技的研究工作离不开团队的合作，在研究生课程教学中鼓励学生以合作小组的形式开展研究，这种群组学习方式是个体主动学习方式的一种补充。在研究能力的培养和考核中既鼓励独立思考也强调合作研究。如何设计科学、合理的考核方式对教师也提出了更高的要求。因此，需要根据课程内容、教学要求、教学方式等的特点确定考核方式，注重考核形式的多样化、有效性和可操作性，加强对研究生基础知识、创新性思维和发现问题、解决问题能力的考查，通过考核促进研究生积极学习和教师课程教学的改进提高。

4.3.4.6 加强课程建设，提高课程学习实效

从调研可以看出，我国林业类和涉林高校对林学研究生课程建设的投入普遍不足，课程教学对于人才培养质量的作用有待于进一步增强，因此，加大课程建设投入力度、明确课程学习效果，提高课程教学实效是课程建设的重中之重。

课程建设应从以下4个方面着手：①一级学科范畴内大力加强有利于拓展基础理论的专业基础平台课程的建设，将基础平台课程的学时适当增加，以保障授课内容的深度和学生知识体系的构建，可以借鉴国外高水平大学的模块化课程体系或结合研究方向建设课程群，有利于学生针对感兴趣的研究方向合理选课，但要明确课程群中每门课的教学大纲和

教学内容，加强课程群内部的知识融合，避免相同的知识点的重复。②加强导师队伍建设，让高水平人才或教学团队讲授专业课，通过丰富的教学内容来拓宽和完善学生的知识体系。③开展精品课程建设，案例库课程及前沿专题类、实践类课程建设，不断创新教学内容和教学方式；加强课程载体建设，逐步实现课程在线学习，促进研究生自主学习能力和习惯的提升；大力支持全英文课程建设，促进具有国际视野、知识应用、国际交流、科技创新能力研究生的培养。④整合利用多种教学资源，构建网络教学平台。鼓励自编特色教材，引进并使用国内外优秀教材、原版教材，积极探索利用国际著名出版商学术电子资源，引导研究生开展自主式、分析式学习。鼓励开发多媒体和网络教学课件，组建配套的电子教案、电子图书、试题库、资料库、案例库等，为研究生提供丰富的自主学习平台，实现优质教学资源的全面共享，带动其他课程的建设。

由教育主管部门加强投入，在国家层面上立项建设一批林学学科普适性的高端网络课程，尤其是方法类课程、一级学科前沿类课程、全英文教学课程等共性课程，供全国的研究生在线学习。林业一流高校在课程建设方面发挥引领作用，地方院校则可以将主要精力集中，在案例教学和特色课程建设及实践类教学课程建设方面做出努力。

将学生学习效果作为课程建设成效评价的重要指标与依据，课程学习效果要明确、准确、具体。主要包括：①通过课程学习需掌握的具体知识范围和达到对课程知识准确理解的程度，知识范围既不能过于宽泛，又不失系统性、深入性和前沿性；②课程教学达到对研究生学术思维能力训练的效果，如逻辑推理与分析能力、信息与数据集成和评价能力、问题解决能力等；③课程学习达到的实践技能效果，包括文献资料识别与获取、应用知识解决有限复杂程度实际问题的能力、专业写作与表述能力、开展野外试验或职业实践能力、实验操作与试验设计能力等；④课程学习获取的通用技能，如交流沟通与团队协作能力等。总之，课程建设要将研究生学习效果与课程学习考核有机结合，学习效果和目标既要体现在具体的教学内容上，又要体现在相应的考核上，将严格的课程考核体系作为实现课程学习效果的主要评价手段。

4.3.4.7　鼓励开放和交叉融合，建设优秀教学团队

鼓励和支持优质核心课程建设与高水平教学团队建设的有机结合，由课程建设带动教学团队建设。鼓励组建由多名各具特长的教师以及相关领域专家、学者组成高水平的研究生课程教学团队，充分发挥团队教学促进学科交叉融合作用，支持学术前沿专题讲座，聘请本领域知名的国际、国内一流专家学者、企业精英人才作为教学团队成员，将其作为课程教学团队的有机组成部分，其讲座内容作为课程教学的重要组成部分；任课教师积极参与教学与教改工作，潜心研究教学规律，形成完整、规范的教学档案。

4.3.5　以"双一流"建设为契机，提升林学研究生教育的国际化水平

教育主管部门加大经费投入，资助各培养单位继续搭建高水平学术交流平台、主办高水平学术会议，资助国内外研究生进行学术交流；定期举办暑期学校、大师讲堂等，聘请国外知名专家学者来授课。进一步扩大公派出国联合培养博士研究生比例。开设"一带一路"国际研究生班，探讨区域化合作机制。积极开展研究生培养质量的国际评估；出台措施吸引发达国家留学生来华攻读学位或进行科学研究，设立高标准的国际奖学金，全方位

推进全英文研究生课程建设；进一步拓展国内外高校间合作渠道，完善协作机制，开展多元化的联合培养研究生项目；实施"全球化课程"计划项目，建设一批品牌化、特色化和常态化的学生交流项目，提升教育的国际化水平。

4.3.6 完善协同育人机制

推进人才培养与社会需求间的协同，与用人部门、政府、科研院所、相关行业部门共同推进全流程协同育人，建立培养部门协同、教师队伍协同、资源共享协同、管理协同机制，加强高校教师与用人部门的交流。建设与行业企业共建共享的协同育人实践基地，共同研究教学内容、教学方式，共同制定教学、学生管理、安全保障制度，共同推进开放共享，吸纳其他高校的学生到基地进行实践教学。其中，特别应加强与用人部门的合作，一则听取用人部门对人才培养的建议；二则为学生提供实习就业机会。

4.4 结语

学科是人才培养和科学研究的基础。随着经济社会文化的发展，学科的内涵与外延也会与时俱进。学科的发展需要紧跟世界一流学术前沿，立足国内，面向世界，开拓学术视野，扩展学术领域，不断加强与国内外学术界的沟通交流，提升本学科的内涵发展、开放发展，积极应对国际科研、人才和研究生教育的竞争。

学科评议组作为国务院学位办的"智库"，承担着把握学科发展特点与方向、推动人才培养质量提升的政策研究、政策咨询、提出建议的重要任务，是研究生教育改革的推动者和实践者。关注本学科的整体发展，有计划地开展研究，通过调研、资料收集和国际比较分析，对本领域学科的发展情况进行总结，制定进一步提高培养质量的发展战略。我国在研究生教育的质量标准方面还有很多空白，还有很多提升空间，如课程建设标准、学位授予标准、一流学科质量标准、专业学位培养标准等，评议组将积极开展这些方面的研究，为政府部门决策提供科学支撑；对学科发展中遇到的许多重大理论和实践问题，认真研究思考，前瞻谋划布局，推动理论创新。

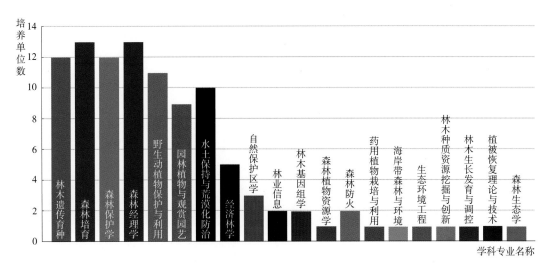

彩图1　我国林学博士一级学科授权单位学科方向设置

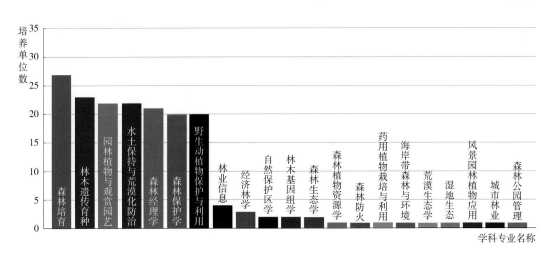

彩图2　我国林学硕士一级、二级学科授权单位学科方向设置

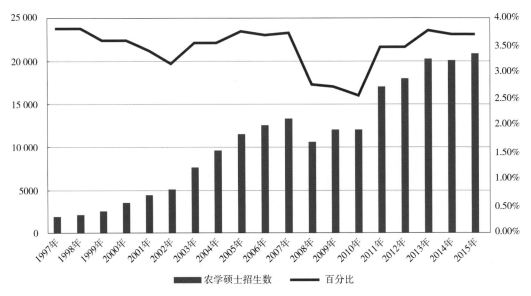

彩图 3　1997—2015 年农学硕士研究生招生规模变化趋势图

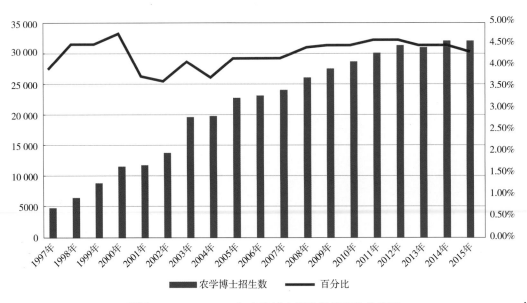

彩图 4　1997—2015 年农学博士招生规模变化趋势图

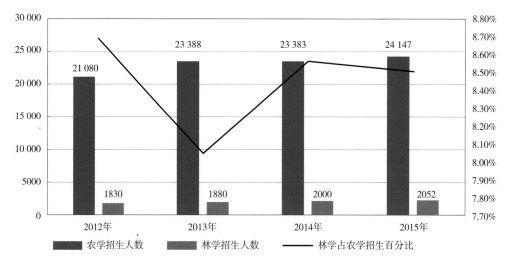

彩图 5　林学在农学研究生中的招生比例

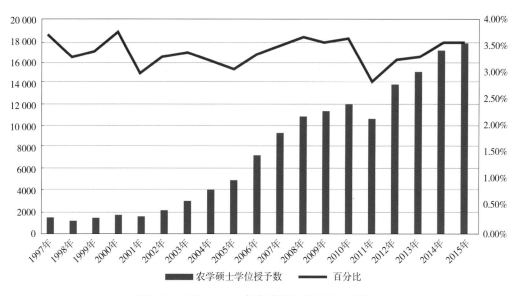

彩图 6　1997—2015 年农学硕士毕业生人数统计

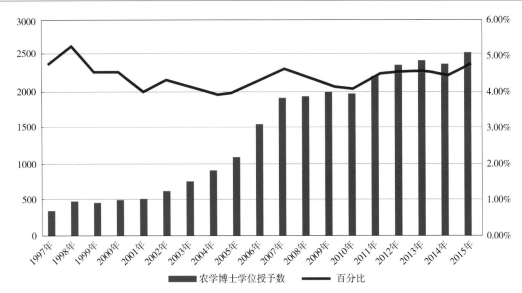

彩图 7　1997—2015 年农学博士学位授予人数情况统计

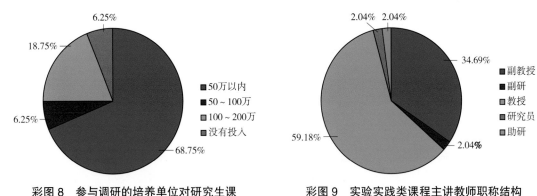

彩图 8　参与调研的培养单位对研究生课
程建设 / 开发投入力度

彩图 9　实验实践类课程主讲教师职称结构

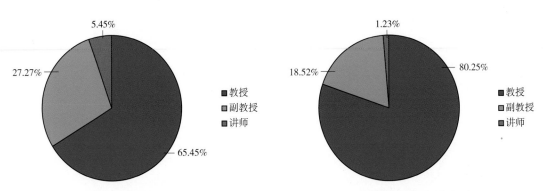

彩图 10　方法类课程主讲教师职称结构

彩图 11　专题类课程任课教师的职称结构

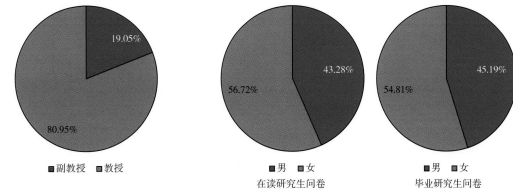

彩图12　案例库课程任课教师的职称
　　　　结构分布

彩图13　参与调研的在读研究生和毕业生性别统计情况

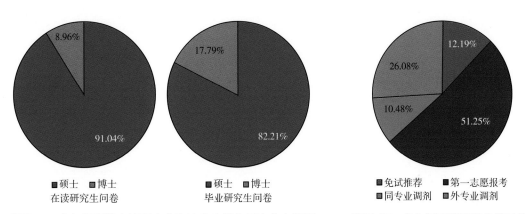

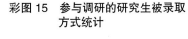

彩图14　参与调研的在读研究生和毕业生学位层次分布情况

彩图15　参与调研的研究生被录取
　　　　方式统计

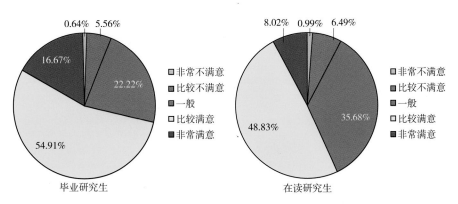

彩图16　研究生对课程教学质量的总体满意度评价

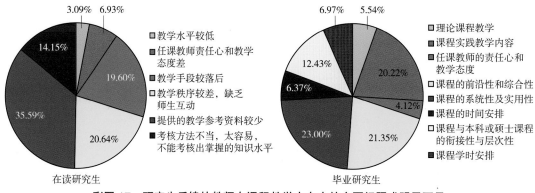

彩图 17　研究生反馈的教师在课程教学中存在的主要问题或明显不足

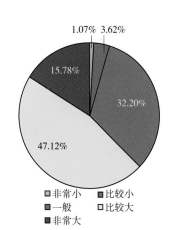

彩图 18　毕业研究生反馈的课程
学习对其知识结构完善
或构建的作用

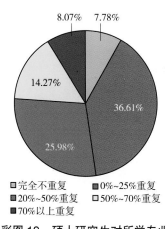

彩图 19　硕士研究生对所学专业
课程内容与本科阶段同
一学科或专业课程内容
的重复度看法

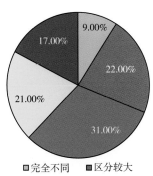

彩图 20　博士研究生课程与
硕士研究生课程的
区分度

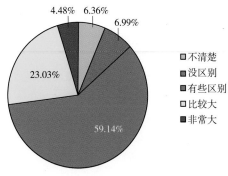

彩图 21　本学科与相近专业领域的专业学位
研究生在课程教学上的区别

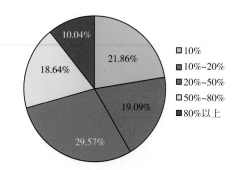

彩图 22　研究生课程提供教学用书、参考书、
阅读文献资料的比例

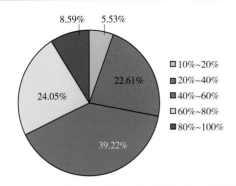

彩图 23　研究生所学课程中需要课后文献阅读
　　　　或实践要求的课程比重

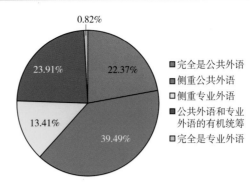

彩图 24　研究生对外语教学内容与学科专业特点的
　　　　结合情况看法

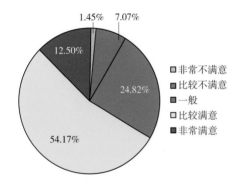

彩图 25　在读研究生对教师的教学方式方法的
　　　　满意度评价

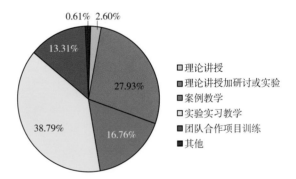

彩图 26　研究生在学习过程中喜欢的课堂教学
　　　　方式占比

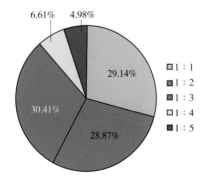

彩图 27　研究生接受的研讨或实验和课堂面授
　　　　的学时比例

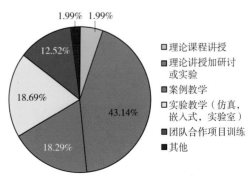

彩图 28　毕业生最喜欢的课堂教学方式调查结果

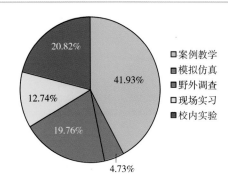

彩图 29　研究生对课程学习中教师采取的主要
　　　　　实践教学方式看法

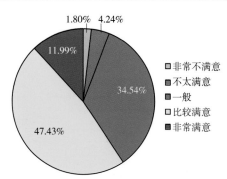

彩图 30　在校研究生对案例教学的总体
　　　　　满意度评价

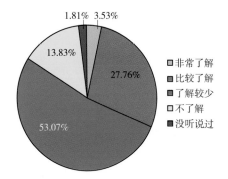

彩图 31　在读研究生对在线网络课程学习的
　　　　　了解程度

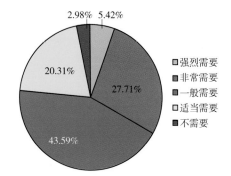

彩图 32　在读研究生对在线网络课程学习的
　　　　　需求度

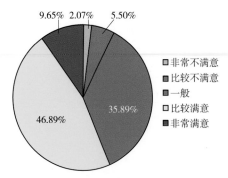

彩图 33　研究生对教学环节实施的总体
　　　　　满意度评价

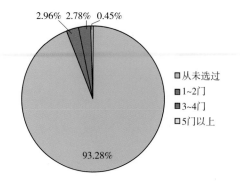

彩图 34　在读研究生校外选修课程情况的分析

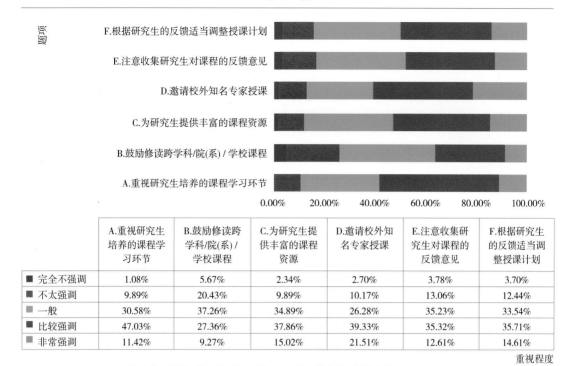

	A.重视研究生培养的课程学习环节	B.鼓励修读跨学科/院(系) / 学校课程	C.为研究生提供丰富的课程资源	D.邀请校外知名专家授课	E.注意收集研究生对课程的反馈意见	F.根据研究生的反馈适当调整授课计划
■ 完全不强调	1.08%	5.67%	2.34%	2.70%	3.78%	3.70%
■ 不太强调	9.89%	20.43%	9.89%	10.17%	13.06%	12.44%
■ 一般	30.58%	37.26%	34.89%	26.28%	35.23%	33.54%
■ 比较强调	47.03%	27.36%	37.86%	39.33%	35.32%	35.71%
■ 非常强调	11.42%	9.27%	15.02%	21.51%	12.61%	14.61%

重视程度

■ 完全不强调　■ 不太强调　■ 一般　■ 比较强调　■ 非常强调

彩图 35　研究生就读专业是否强调课程学习的看法

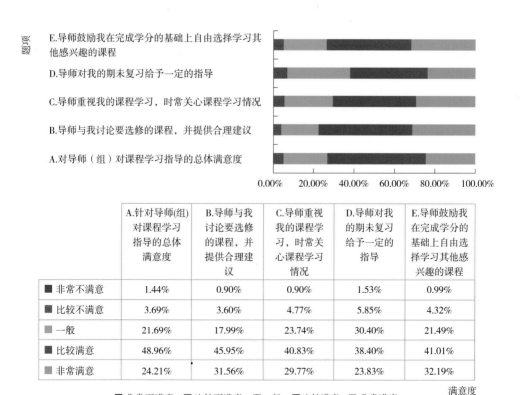

	A.针对导师(组)对课程学习指导的总体满意度	B.导师与我讨论要选修的课程，并提供合理建议	C.导师重视我的课程学习，时常关心课程学习情况	D.导师对我的期末复习给予一定的指导	E.导师鼓励我在完成学分的基础上自由选择学习其他感兴趣的课程
■ 非常不满意	1.44%	0.90%	0.90%	1.53%	0.99%
■ 比较不满意	3.69%	3.60%	4.77%	5.85%	4.32%
■ 一般	21.69%	17.99%	23.74%	30.40%	21.49%
■ 比较满意	48.96%	45.95%	40.83%	38.40%	41.01%
■ 非常满意	24.21%	31.56%	29.77%	23.83%	32.19%

满意度

■ 非常不满意　■ 比较不满意　■ 一般　■ 比较满意　■ 非常满意

彩图 36　研究生对师、导师组对课程学习的指导的满意度

257

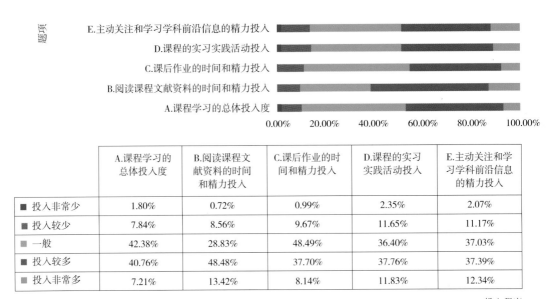

	A.课程学习的总体投入度	B.阅读课程文献资料的时间和精力投入	C.课后作业的时间和精力投入	D.课程的实习实践活动投入	E.主动关注和学习学科前沿信息的精力投入
■ 投入非常少	1.80%	0.72%	0.99%	2.35%	2.07%
■ 投入较少	7.84%	8.56%	9.67%	11.65%	11.17%
■ 一般	42.38%	28.83%	48.49%	36.40%	37.03%
■ 投入较多	40.76%	48.48%	37.70%	37.76%	37.39%
■ 投入非常多	7.21%	13.42%	8.14%	11.83%	12.34%

投入程度

■ 投入非常少　■ 投入较少　■ 一般　■ 投入较多　■ 投入非常多

彩图 37　研究生对课程学习的投入度、投入精力的总体情况

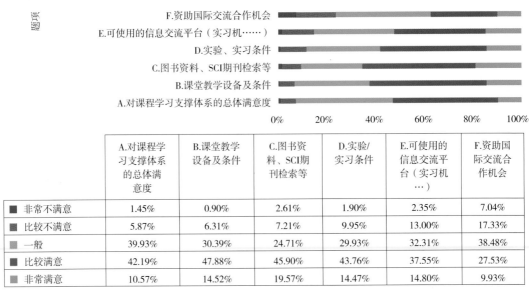

	A.对课程学习支撑体系的总体满意度	B.课堂教学设备及条件	C.图书资料、SCI期刊检索等	D.实验/实习条件	E.可使用的信息交流平台（实习机…）	F.资助国际交流合作机会
■ 非常不满意	1.45%	0.90%	2.61%	1.90%	2.35%	7.04%
■ 比较不满意	5.87%	6.31%	7.21%	9.95%	13.00%	17.33%
■ 一般	39.93%	30.39%	24.71%	29.93%	32.31%	38.48%
■ 比较满意	42.19%	47.88%	45.90%	43.76%	37.55%	27.53%
■ 非常满意	10.57%	14.52%	19.57%	14.47%	14.80%	9.93%

满意度

■ 非常不满意　■ 比较不满意　■ 一般　■ 比较满意　■ 非常满意

彩图 38　在校研究生对课程支撑体系的满意度评价

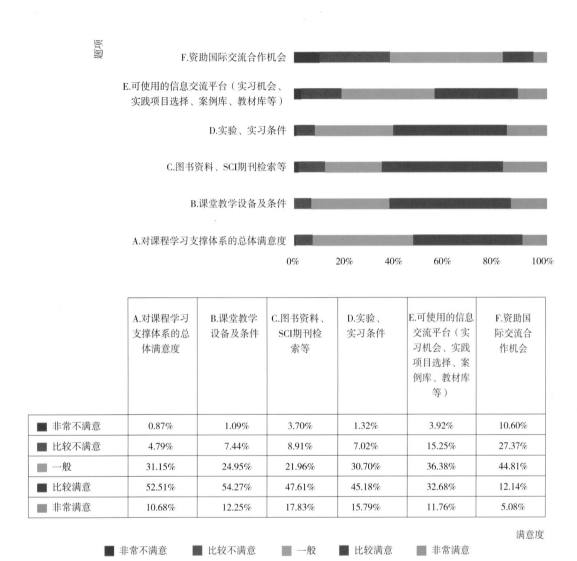

	A.对课程学习支撑体系的总体满意度	B.课堂教学设备及条件	C.图书资料、SCI期刊检索等	D.实验、实习条件	E.可使用的信息交流平台（实习机会、实践项目选择、案例库、教材库等）	F.资助国际交流合作机会
■ 非常不满意	0.87%	1.09%	3.70%	1.32%	3.92%	10.60%
■ 比较不满意	4.79%	7.44%	8.91%	7.02%	15.25%	27.37%
■ 一般	31.15%	24.95%	21.96%	30.70%	36.38%	44.81%
■ 比较满意	52.51%	54.27%	47.61%	45.18%	32.68%	12.14%
■ 非常满意	10.68%	12.25%	17.83%	15.79%	11.76%	5.08%

满意度

■ 非常不满意　■ 比较不满意　■ 一般　■ 比较满意　■ 非常满意

彩图 39　毕业研究生对课程支撑体系的满意度评价

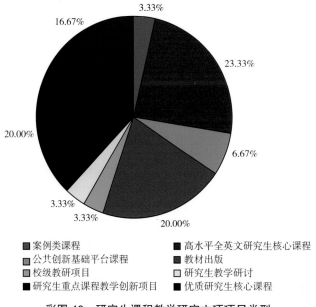

彩图 40　研究生课程教学研究立项项目类型

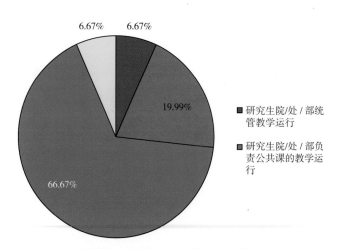

彩图 41　研究生课程管理运行模式